U0219463

阳台蔬菜
栽培技术问答

Yangtai Shucai Zaipei Jishu Wenda

韩莹琰 赵真真 胡克玲 编著

本套丛书
总印数已达
75 万册以上

中国农业大学出版社
CHINA AGRICULTURAL UNIVERSITY PRESS

内 容 摘 要

　　本书以问答的形式介绍了阳台蔬菜的栽培技术。全书内容共分三大部分,第一部分为阳台蔬菜概论,包括种植阳台蔬菜的优势、如何选择种植种类以及阳台蔬菜采用的栽培方式等一系列问题;第二部分为阳台蔬菜栽培技术概论,包括阳台蔬菜如何播种、出苗前管理、施肥、植株调整、常见病虫害等问题;第三部分为阳台蔬菜栽培技术,这部分详细介绍了叶菜类、根茎类、芽苗菜、花菜类、果菜类、瓜类等各类蔬菜的阳台栽培技术。本书以问答的形式来讲述阳台蔬菜栽培中的关键问题,语言通俗易懂,贴近居民实际生活,可以作为广大城市居民种植阳台蔬菜的重要参考。

图书在版编目(CIP)数据

　　阳台蔬菜栽培技术问答/韩莹琰,赵真真,胡克玲编著.—北京:中国农业大学出版社,2015.8

　　ISBN 978-7-5655-1353-4

　　Ⅰ.①阳… Ⅱ.①韩…②赵…③胡… Ⅲ.①阳台-蔬菜园艺-问题解答 Ⅳ.①S63-44

　　中国版本图书馆 CIP 数据核字(2015)第 177634 号

书　　名	阳台蔬菜栽培技术问答
作　　者	韩莹琰　赵真真　胡克玲　编著

策划编辑	张秀环	**责任编辑**	张秀环
封面设计	郑　川		
出版发行	中国农业大学出版社		
社　　址	北京市海淀区圆明园西路 2 号	**邮政编码**	100193
电　　话	发行部 010-62818525,8625	**读者服务部**	010-62732336
	编辑部 010-62732617,2618	**出 版 部**	010-62733440
网　　址	http://www.cau.edu.cn/caup	**e-mail**	cbsszs @ cau.edu.cn
经　　销	新华书店		
印　　刷	涿州市星河印刷有限公司		
版　　次	2016 年 1 月第 1 版　2016 年 1 月第 1 次印刷		
规　　格	850×1 168　32 开本　11.5 印张　286 千字		
定　　价	25.00 元		

目　录

第一部分　阳台蔬菜概论

☞ 1. 种植阳台蔬菜有哪些优势?

随着生活水平的提高,人们对品质的追求也越来越高,目前蔬菜市场的产品花样繁多,来源广泛,但对农药残留没有有力的监察制度,食品安全存在一定的隐患,阳台蔬菜的种植可以提供应季蔬菜,安全放心,绿色环保。

(1)绿色安全。环境的污染,以及过量化肥、农药的使用,蔬菜瓜果有害物质超标已成为严重的社会问题。家庭阳台蔬菜生长过程中只使用专用营养液,无须农药化肥,不存在食品安全问题,是无公害的安全绿色食品,吃得放心,看着舒心。

(2)新鲜可口。市场上卖的蔬菜往往是经过长距离运输后才周转到消费者手上,从采摘到购买至少已经一两天时间,蔬菜的新鲜度下降,部分营养被消耗掉,有的甚至会产生有害物质,造成食品安全隐患,阳台种植的蔬菜保证现摘现食,绝对新鲜。

(3)美化环境。阳台蔬菜充分利用阳台的空间,种植样式繁多,经过精心的栽种、搭配,极具观赏性,而且还可以净化室内空气,分解一些有害物质,吸收室内甲醛,增加空气湿度等。在蔬菜种植过程中,各种废旧瓶子、塑料盒子的使用既解决了家庭生活垃圾,又能种出放心菜,还能美化阳台,同时给家庭生活增添了乐趣,绿色环保,一举多得。

(4)管理方便。阳台蔬菜只需要浇灌已经配制好的营养液,进行简单的日常管理,在工作之余便可轻松种植,不需要太多的人力、物力,省时方便。

(5)成本低廉。阳台蔬菜所需物品主要包括种植的容器、种子、喷壶、小铲等,这些物品价格不高,且有的可以多年利用,同时再利用家庭废旧的瓶子、盒子进行改造,成本很低,并且能收获各类蔬菜,省去部分买蔬菜的费用,又能体验家庭农场的乐趣,实在是非常划算。

☞ 2.哪些蔬菜适合在阳台上种植?

不是所有蔬菜都适合在家庭种植,有不少人选择品种仅仅是随着自己的喜好,没有考虑到后期的管理,在后期种植的过程中管理不当,造成不必要的麻烦。因为阳台环境的限制,不能像温室那样同期种植多种蔬菜,必须考虑阳台的空间、光照、通风等情况,而且有些蔬菜品种易招虫,一些花粉有过敏原,给家庭生活带来不便,另外,阳台蔬菜除了食用这一目的,还要求整洁美观,具有景观艺术效果。因此蔬菜品种要选择色彩美观、观赏性强,口感品质好,元素含量丰富、营养价值高,病虫害少、抗病性强,株型紧凑、叶片相对较小,管理方便等的优良品种。

根据不同的喜好和需求对蔬菜进行选择,各类适合在阳台上种植的蔬菜主要有:

(1)周期短的速生蔬菜。小油菜、蒜、芥菜、芽苗菜、油麦菜、莙荙菜等。

(2)收获周期长的蔬菜。番茄、辣椒、韭菜、香菜、葱等。

(3)节省空间的蔬菜。胡萝卜、萝卜、莴苣、葱、姜、香菜等。

(4)易于栽种的蔬菜。苦瓜、胡萝卜、葱、姜、生菜、小白菜等。

(5)不易生虫子的蔬菜。葱、韭菜、番薯叶、人参草、芦荟、角菜等。

(6)观果类蔬菜。彩色甜椒、矮生番茄、樱桃番茄、硬果番茄观赏茄子、香艳茄、小型辣椒、袖珍西瓜、各种南瓜、甜瓜、西葫芦、黄秋葵、红秋葵、草莓、佛手瓜、金丝瓜、瓠瓜、苦瓜等。

（7）彩色蔬菜。红梗叶甜菜、黄梗叶甜菜、白梗叶甜菜、各种生菜、紫背天葵、紫苏、紫落葵、红心羽衣甘蓝、粉心羽衣甘蓝、白心羽衣甘蓝、紫甘蓝、花叶羽衣甘蓝等。

（8）绿叶保健蔬菜。黄心苦苣、绿叶苦苣、芥蓝、美国大速生生菜、意大利生菜、罗马直立生菜、金丝芥菜、香芹、藤三七、地肤、京水菜、珍珠菜、羽衣甘蓝、罗勒、薄荷、叶用枸杞、韭菜、乌塌菜、宝塔花椰菜、抱子甘蓝、油麦菜及菜用黄麻等。

（9）根茎类蔬菜。茴香、樱桃萝卜、胡萝卜、心里美萝卜、水果苤蓝、芜菁、芋头、牛蒡、根芹菜、根甜菜等。

☞ 3·初学者适合种什么蔬菜？

阳台种菜新手和初学者可选择易于种植的蔬菜或速生菜。通常有以下几种：

（1）芽苗菜。芽苗菜是利用植物的种子或其他营养器官，在黑暗或光照条件下直接生长出可供食用的嫩芽、芽苗、芽球、幼梢或幼茎，是近几年来新兴的无污染、食用安全的保健型蔬菜。播种前进行催芽，穴盘育苗，生长周期短，一般1周左右便可收获。

（2）小油菜。生长期短，从播种至采收为45～60 d。可全年种植，但在不同季节播种，需采用不同品种。如在冬季、早春气温较低时播种，应选用耐寒、抽薹迟的品种。

（3）青蒜苗。一般播后60～80 d为采收适期。适应性强，管理方便，一般蒜苗长到20 cm左右后，便可收获，可多次采收。

（4）油麦菜。又名莜麦菜，有的地方又叫苦菜，属菊料，是以嫩梢、嫩叶为产品的尖叶形叶用莴苣，叶片呈长披针形，色泽淡绿、质地脆嫩，口感极为鲜嫩。根系再生能力强，耐热、耐寒、适应性强，管理简单,定植后根据各种不同条件 30～50 d 即可收获,冬季时间要长一些。

另外,苦瓜、葱、姜等适应性强,且本身有股特殊味道,因此昆虫不喜接近,不需用农药、化肥也能生长得很好。

☞ 4．如何根据阳台的朝向选择适合栽种的蔬菜?

阳台种什么菜,除了家庭用菜方面的需要,还要考虑阳台的空间与环境。一般情况下,如果阳台空间允许,可选择的蔬菜种类较多,如瓜果类蔬菜;若空间较小,则需要选择节省空间的蔬菜种植,如韭菜等。蔬菜生长过程需要合适的光照、温度、水分及气体。阳台的选择主要考虑阳台的封闭情况和朝向,它们分别影响蔬菜生长过程的温度及光照。温度过高会导致蔬菜干烧心、干烧边等;温度过低蔬菜植株弱小,生长不良。若光线不足,则植株光合作用弱,导致营养供用不足。

根据封闭性,家庭阳台一般可分为全封闭型、半封闭型和未封闭型。可对于全封闭的阳台,冬季温度高,能满足蔬菜生长对温度的需求,可全年种植;而半封闭和未封闭阳台冬季温度低,可种植的蔬菜种类就少,且夏天正午要避免阳光直射,进行遮阳降温保护。

在温度允许的条件下,要根据阳台朝向选择蔬菜。朝南的阳台为全日照,光照充足、通风良好,是最理想的阳台。冬季搭建简易的保温设施,提高蔬菜生长的小环境温度,也可进行冬季蔬菜栽培。一般蔬菜一年四季均可在朝南的阳台上种植,如黄瓜、苦瓜、番茄、菜豆、金针菜、芥菜、西葫芦、青椒、莴苣、韭菜等。

朝东、朝西的阳台为半日照,适宜种植喜光耐阴蔬菜,如洋葱、油麦菜、芸豆、豆角、小油菜、韭菜、丝瓜、苦瓜、香菜、萝卜等。但朝西阳台夏季西晒时温度较高,导致一些蔬菜产生日烧,轻者落叶,重者死亡,因此最好栽植蔓性耐高温的蔬菜,并进行适当的遮阳。

朝北阳台全天几乎没有日照,应选择喜阴或耐阴的蔬菜种植,如莴苣、韭菜、油菜、芦笋、香椿、茼蒿、木耳菜等。在夏季,对后面楼层反射过来的强光及辐射光也要进行防御。

另外,要选择通风透气良好的阳台种植蔬菜,若通风透气不好,阳台空气不流通,会影响植株光合作用和呼吸作用,导致病菌滋生,并且浇水后阳台环境的湿度增加,若通风不良,则引起蔬菜徒长。总之,阳台的选择要综合考虑各种因素,根据实际情况来选择蔬菜的种类、品种,进行合理的空间利用,促进蔬菜更好地生长。

☞ 5.阳台蔬菜根据农业生物学分类法可分为哪几类?

(1)白菜类。以柔嫩的叶球或叶丛供食用,要求土壤具有充足的水分和氮肥,生长期需要湿润及冷凉的气候。种子繁殖,多为二年生,第一年形成产品器官,第二年抽薹开花。植株生长迅速,根系较浅,要求充足的肥水。如大白菜、小白菜、芥菜、青菜、甘蓝、花椰菜等。

(2)根菜类。以肥大肉质根供食用,要求疏松肥沃、土层深厚的土壤,第一年形成肉质根,第二年开花结籽。生长期喜冷凉气候,低温下通过春化阶段,长日照通过光照阶段。均用种子繁殖,要求疏松而深厚的土壤,以利于直根形成。如萝卜、胡萝卜、根用芥菜、根用甜菜等。

(3)绿叶菜类。以嫩茎叶供食用,用种子繁殖,生长期短,大部分植株矮小,常作为高秆蔬菜的间作物或套作物,要求不断供应氮肥和水分。如菠菜、芹菜、茼蒿、莴苣、蕹菜、落葵等。

(4)瓜类。以熟果或嫩果供食用,茎为蔓性,雌雄同株,起源于热带的葫芦科植物,要求较高的温度和充足的阳光,适于昼夜温差大的气候及排水良好的疏松土壤。瓜类为一年生作物,一般用种子繁殖,可育苗移栽,采用摘心、整蔓及利用施肥等来调控其营养生长与结果的关系。如黄瓜、冬瓜、南瓜、丝瓜、苦瓜等。

(5)茄果类。以熟果或嫩果供食用,不耐寒冷,根群发达,要求肥沃而深厚的土壤及较高的温度,对日照长短要求不严。一般用种子繁殖、育苗移栽,常采用整枝技术以调节营养生长和生殖生长的平衡。为春、夏季主要蔬菜。如番茄、辣椒、茄子。

(6)葱蒜类。以富含辛香物质的叶片或鳞茎供食用,分泌植物杀菌素,大多数耐贮运。单子叶,须根系。叶鞘基部能形成鳞茎,所以也叫"鳞茎类"。性耐寒,长光照下成鳞茎,低温下通过春化,种子繁殖或营养繁殖。春、秋季为主要栽培季节。如葱、蒜、洋葱、韭菜等。

(7)豆类。以嫩荚果或嫩豆粒供使用,对土壤肥力要求不高,一般要求温暖的生长环境。它们都是一年生作物,用种子繁殖,蔓生种需支架,有发达的根群,能充分利用土壤中的水分和养料,且共生有根瘤菌,可行固氮作用。为夏季主要蔬菜。如豇豆、菜豆、扁豆、豌豆等。

(8)薯芋类。以富含淀粉的地下肥大的根茎供食用,要求疏松肥沃的土壤,除马铃薯生长期较短、不耐高温外,其余均耐热,生长期长。耐贮藏,均用无性器官繁殖。如马铃薯、芋、姜等。

(9)水生蔬菜。多年生植物,要求肥沃土壤和淡水层。起源于南洋的植物,生长期需要较高热的气候及肥沃的土壤,气候寒冷时地上部分枯凋。如莼菜等。

(10)芽菜类。这是一类新开发的蔬菜,用蔬菜种子或粮食作物种子发芽作蔬菜产品。如豌豆芽、萝卜芽等。

(11)野生蔬菜。野生蔬菜种类很多,环境适应性强,生长快。如荠菜、苋菜、地肤(扫帚菜)等。

☞ 6 . 阳台蔬菜根据食用器官可分为哪几类?

根据食用器官的不同来进行分类,可以了解彼此在形态上及生理上的关系。一般而言,食用器官相同的蔬菜,栽培方式及生物学特性也大体相同。根据食用器官可分为以下几类:

(1)根菜类。以肥大的根部为产品,可分为直根类和块根类两类。直根类以种子发生的肥大主根为产品,如萝卜、胡萝卜、根用芥菜等;块根类以肥大的侧根或由营养芽发生的根为产品。如甘薯、豆薯。

(2)茎菜类。以肥大的茎部为产品的蔬菜,可分为地下茎类和地上茎类两大类。地下茎类又可分为 3 类:以肥大的地下块茎为产品的块茎类,如马铃薯;以地下肥大的根状茎为产品的根状茎类,如姜;以地下的球茎为产品的球茎类,如芋等。地上茎类包含嫩茎类和肉质茎类两类,以肥大的地上茎为产品,如球茎甘蓝等。

(3)叶菜类。以叶片及叶柄为产品的蔬菜,可分为 4 类:普通叶菜类,如小白菜、叶用芥菜、菠菜、芹菜、茼蒿等;结球叶菜类,如大白菜、结球甘蓝、结球莴苣、包心芥菜等;叶有香辛味的香辛叶菜类,如葱、韭菜、芫荽等;在形态学上由叶鞘基部膨大而形成的鳞茎类,如洋葱、大蒜等。

(4)花菜类。以花器或肥嫩的花枝为产品的蔬菜,如花椰菜、金针菜等。

(5)果菜类。以果实及种子为产品的蔬菜。包括瓠果类(瓜类),如南瓜、瓠瓜、西瓜、丝瓜、苦瓜等;茄果类,如番茄、茄子、辣椒等;荚果类(豆类),如菜豆、豇豆、刀豆、毛豆、豌豆、蚕豆等。

☞ 7. 阳台种菜常用的工具有哪些?

阳台种菜需要准备一些常用的工具。

(1)喷壶。喷壶的主要功能是喷洒水,因为阳台种菜一般在花盆等容器中种植,如果直接浇灌容易使土壤板结,影响作物生长,因此可以从市场购买洒水壶浇水,也可以自己制作浇水工具。如将矿泉水瓶盖戳几个眼,然后装水浇菜。

(2)水管。阳台种植面积较大可以用水管连接水龙头进行浇灌。作物采收以后需要清理种植区域,可以有效地减少劳动量。

(3)小铁铲。蔬菜种植过程幼苗的移栽、填土、中耕除草、松土等操作,是较为常用的工具。

(4)剪刀。在蔬菜栽培过程中的植株调整,用来整枝、打权等,给蔓生的蔬菜搭架等都需要用到剪刀。此外收获果菜类蔬菜时,直接用手摘,可能会造成植株的伤害,影响后期坐果,可用剪刀直接剪取。

☞ 8. 阳台种菜可以利用哪些覆盖材料?

阳台蔬菜种植可以利用的覆盖材料有遮阳网、防虫网、无纺布、草苫、塑料薄膜等。

(1)遮阳网。一种塑料织丝网。常用的有黑色和银灰色两种,并有数种密度规格,遮光率各有不同。主要用于夏天遮阳防雨,也可作冬天保温覆盖。

(2)防虫网。通过覆盖在棚架上构建人工隔离屏障,将害虫拒之网外,切断害虫(成虫)繁殖途径,有效控制各类害虫,如菜青虫、菜螟、小菜蛾、蚜虫、跳甲、甜菜夜蛾、美洲斑潜蝇、斜纹夜蛾等的传播以及预防病毒传播的危害。

（3）无纺布。一种涤纶长丝，不经织纺的布状物。分黑色、白色两种，并有不同的密度和厚度，除保温外还可作遮阳网用。

（4）草苫。用稻草纺织而成，保温性能好，是夜间保温材料的首选。

（5）塑料薄膜。以聚乙烯或聚氯乙烯为原料，无色透明。

☞ *9.* 种菜用的容器如何选择？

阳台是一个特殊的环境，阳台蔬菜是一种新型的种植形式，选择适宜的栽培容器非常重要，若选用不当，容易污染环境，增加管理难度。盆栽蔬菜的容器种类很多，质地不一，形状各异。按栽培要求，盆的质地坚固，透气性好，容纳营养土多，有利于蔬菜的生长与发育。从观赏角度出发，要求盆式美观，制作精细，价格低廉，小巧玲珑，艺术效果较好。市场上形形色色的花盆都可以种植蔬菜，在购买时，要本着透气、渗水、轻便的原则进行选择，综合考虑花盆的材质、颜色、尺寸等。

首先，材质方面。①陶盆又称瓦盆，经济实用，盆壁上有许多细微孔隙，透气渗水性能都很理想，这对蔬菜根系的呼吸和生长都有好处，但瓦盆色彩单调，造型单一，表面粗糙，规格少、易破碎，而且搬运不方便。②紫砂盆造型美观，其盆壁多刻有花鸟、山水、题字等，典雅大方，价格相对较高，透气性比瓦盆稍差，作为套盆使用，十分美观。③塑料盆规格多样，质料轻巧，使用方便，造型美观，色彩鲜艳，不破碎，经久耐用，内外盆壁光洁，换盆时磕土容易，易于洗涤和消毒，但不透气渗水，应使用疏松盆土，增加其透气性，避免造成根系腐烂，且塑料容器重量较轻，容易被风吹倒，不要放在窗边，避免掉落发生危险。④瓷盆、釉盆外表美观，颜色多样，但透气透水性差，不易掌握盆土干湿情况，不利于蔬菜根系呼吸，作套盆使用能增强蔬菜的观赏性，陈列在阳台或居室非常雅致美观。

⑤木桶一般是指用松木或柏木制成的较大规格的圆形或方形水桶,主要用来栽种深根系或开展度较大的蔬菜,这种木桶容量大,便于蔬菜根系伸展,但用得久了容易腐烂,木桶外面可涂绿色油漆,里面涂黑色的沥青以达到防腐的目的。排水较快,需要多浇水,但不要使用经高压处理的木制容器,高压处理过程中加入了化学防腐剂,木材本身含有有毒物质,对蔬菜生长造成不良影响。

其次,颜色方面。市场上卖的花盆五颜六色,花纹各异,如果想让蔬菜盆栽看起来更加美观,可以根据蔬菜的颜色、形态选择不同颜色不同图案的花盆进行合理的搭配,这样就能使蔬菜的生长与花盆达到融合统一,传达出不同的意境,增加观赏性,但在选择时以浅色为主,最好不用黑色,因为黑色吸热,尤其夏天光照较强时,容易导致盆土温度过高,损害植物根系,破坏根系呼吸,导致不能正常吸收水分和养分,出现萎蔫甚至死亡。还可以将蔬菜种在瓦盆中,再以外形美观的瓷盆或紫砂盆等作套盆,这样既能保证蔬菜正常生长,又能增加观赏性。

再次,尺寸方面。容器的选择要根据所种蔬菜的数量及生长特性来决定,宁大勿小,大点的容器可以为根系生长提供足够的空间,而且有充足的地方存放肥料,蓄水量也大,夏季不会很快干涸,若容器过小,会导致根系伸展不开,蓄水量不足,植株生长缓慢,待蔬菜长到一定大小还需要倒盆,不仅损伤根系,还增加了管理难度。一般来说,根系深、开展度大以及生长期相对较长的蔬菜,如番茄、黄瓜等要选择口径大、相对较高的容器;韭菜、葱等长势整齐,伸展度较小的蔬菜可选择浅而宽的容器;菠菜、苤蓝、水果萝卜等个体较小的蔬菜,可根据所种的数量进行选择,容器可小一点,每件容器种1～2株;甘蓝、生菜等偏大一点的蔬菜则需要种在口径较大的容器中,以避免生长后期空间不足。

除了市场上出售的各类花盆,还可以将生活中的废旧塑料瓶、塑料盒、木箱子、小桶、坛子、篮子、麻袋等加以利用,只要保障蔬菜生长所需的水肥等,给蔬菜生长提供足够的空间,就可以发挥想象力创造出各式各样的容器,简单又不失美观。但无论选用何种容器栽种蔬菜,都必须保证底部有排水孔,保证排水通畅。排水不良,植物根系窒息腐烂;排水过快,又会使植物缺水而枯死,且容易导致富有营养的泥土流失。市场上购买的花盆花槽等专业容器,底部都有排水孔,为避免浇水时泥土流失,可进行"垫盆",即用碎的花盆片、瓦片或窗纱覆盖住排水孔,要求既挡住排水孔;为促进排水,可在垫盆物之上放一些粗沙砾或小石子,保持排水通畅。用生活器物改装的容器,要自己在底部周围均衡地钻几个直径0.5～1 cm的排水孔,保证排水。

☞ *10.* 阳台蔬菜可以采用哪些栽培方式?

　　(1)柱状栽培。立柱式无土栽培技术是在不影响地面栽培的情况下,通过四周竖起来的圆柱作为植物生长的载体,向空间发展,充分发挥有限地面的生产潜力,在阳台上使用非常具有观赏性。使用专门的无土栽培柱,栽培柱由若干个短的模型管构成,每一个模型管有几个突出的杯状物,里面充满基质,用以栽植幼苗。另外,由北京蔬菜研究中心开发研制的栽培钵也可用来进行立柱栽培,栽培钵形状为中空、六瓣体塑钵。其规格为高 20 cm,直径20 cm,瓣间距 10 cm。钵中装入粒棉(岩棉的一种)。6 个花瓣处定植 6 株菜苗。将多个栽培钵错开花瓣位置叠放在立柱上,串成柱形。选择紫背天葵、大叶茼蒿、草莓、直立生菜、油菜、三叶芹等小株型的叶菜,株高不宜超过 45 cm,株型较高的蔬菜会因空间限制和重力作用茎秆倒下,影响生长,果菜类对光照条件要求较高,一般不宜立柱栽培。立柱式栽培占用阳台的面积小,有效利用空间,形状多样,可根据自己的喜好搭配不同的植物,美观大方,但是光照不均匀,从上到下的光照强度依次递减,为了弥补光照,可在旁边设置人工光源进行补光,或者定期旋转立柱保证各个位置的蔬菜都能得到充足的光照。

(2)长袋状栽培。栽培袋采用直径 15 cm,厚 0.15 mm 的聚乙烯筒膜,底端结紧以防基质落下,或长 90～100 cm,宽 30 cm,高 15 cm 的黑色耐老化不透光筒状薄膜袋,从上端装入岩棉等基质呈香肠状或长筒状,上端结扎,然后悬挂在阳台上,在袋的四周开直径为 2.5～5 cm 的定植孔,孔内定植蔬菜幼苗。在袋的底部和两侧各开 0.5～1 cm 的孔洞 2～3 个,排出积存的水分或营养液,防止沤根。袋子在悬挂时一定要固定好,防止掉落造成不必要的伤害,开孔均不宜过大,否则浇水时内部的基质容易随水流出,要根据幼苗的大小确定所开孔洞的位置,预留出植株生长的空间,不宜过密栽植,也要经常旋转,保证蔬菜充足的光照。

(3)管道式栽培。管道式无土栽培装置是由若干 PVC 管组成,可根据空间大小做成不同的管道造型。管道上开有用于栽种的定植孔,将蔬菜幼苗用海绵等固定放入定植孔,让根系浸入营养液吸收水分和养分,满足生长的需要。另外,选择较粗的 PVC 管,在上用打孔器进行均匀的四周打孔,管内填充栽培基质,并于悬吊端钻孔拧上吊环镙丝,就可以进行垂吊种植。市场上有成套的管道装置出售,这种装置一般可供营养液上下循环,每天只需定点打开水泵浇水,隔几天添加营养液即可;也可以自行购买管道及支架,在上面打上圆孔,根据不同的空间及种植需要进行组装,定期浇灌,也能达到栽植的效果。管道式栽培具有结构简单、管理方便、环境洁净、病虫害易控制的优点,适用于生菜、芹菜、油菜、叶用甜菜等小型叶菜的栽培。但该装置受光不均匀,需要进行人工补光或调控管道方向满足蔬菜对光照的需求。

(4)槽式栽培。槽式栽培的建槽材料多采用塑料、木板、木条、竹竿、砖块等,槽边框高 15～20 cm,槽宽依不同蔬菜种类而定。可单槽平放于地面种植,也可以多个种植槽立体高架或悬挂种植,槽内放基质,定期供给液体肥料来补充养料。槽的底部应设排水孔,使过剩的水流出,槽下最好有 4～5 cm 厚的碎瓦片等的排水层,在排水层上放粗粒的有机物阻挡土壤渗滤进排水层。槽式栽培可选择的蔬菜较多,生菜、芹菜、辣椒、草莓、甜菜等均可用种植槽种植。使用种植槽可有效避免土壤营养成分流失,病虫害较少,管理方便,育苗量大,有效利用空间,是较好的阳台蔬菜栽培方式之一。

(5)箱式栽培。箱式栽培以营养液栽培、基质栽培为主,大小、形状不一,颜色以不透光的深色为主。营养液栽培的箱子一般是塑料材质,基本为封闭型,箱子带盖,盖上有孔,孔的距离根据所种蔬菜的大小而异,用海绵等将蔬菜苗固定在小孔上,蔬菜根系浸入箱内的营养液中。木质或泡沫箱等可用基质栽培,直接将蔬菜种到基质中,根据蔬菜大小决定种植株距和行距。这种栽培方式操作简单,占地面积小,病虫害少,营养液更换方便,方便搬运,可种植的蔬菜种类多样,除了小型的水果萝卜、生菜、芹菜、韭菜等蔬菜,还可单株种植茄子、辣椒、番茄等株型较大的蔬菜。

(6)花架栽培。花架栽培形式多样,可根据自己的喜好购买不同材质、不同大小、不同形状及颜色的花架,然后放置单株盆栽蔬菜或小型槽式栽培的蔬菜,也可以种植豆类、瓜类等攀援蔬菜,底下放置比较耐阴的葱、韭菜、芽苗菜等蔬菜。花架栽培可以充分利用空间,种植多种蔬菜,层次感较强,颜色艳丽,但购买时不能只考虑美观,一定要选择稳定性好、架体牢固的花架,使用时也要时常转转方向,增加光照。

☞ *11.* 什么是立体种植?

广义来说立体种植也可以理解成充分利用时间、空间等多方面种植条件来实现优质、高产、高效、节能、环保的农业种养模式。

狭义的立体农业仅指立体种植而言,是农作物复合群体在时空上的充分利用。根据不同作物的不同特性,如高秆与矮秆、富光与耐阴、早熟与晚熟、深根与浅根、豆科与禾本科,利用它们在生长过程中的时空差,合理地实行科学的间种、套种、混种、复种、轮种等配套种植,形成多种作物、多层次、多时序的立体交叉种植结构。一般趋向狭义的理解。

☞ *12.* 阳台蔬菜立体种植需要注意哪些问题?

(1)将吸收土壤营养不同、根系深浅不同的蔬菜互相轮作或间套作,如需要氮肥较多的叶菜与消耗较多钾肥的根、茎菜或消耗磷肥较多的花果菜,以及深根性茄果类、瓜、豆类与浅根性的叶菜类、葱蒜类轮换或搭配。

(2)同一个科、属的植物多有共同的病虫害,不宜连作,应选不同科之间的作物互相轮作。

(3)豆科作物有根瘤,可以培肥土壤,葱蒜类有一定的杀菌作用,因此可与其他类蔬菜轮作或间套作。水生作物可以抑制旱地杂草及地下病虫害,是其他类蔬菜的良好前作。

(4)喜强光的瓜类、茄子、番茄、豇豆、扁豆、菜豆与喜弱光的葱、韭、姜、蒜、芹、莴苣、茼蒿、茴香,高秆直立或搭架的与矮秆塌地的配合,如玉米与大豆、马铃薯、大白菜间(套)作。

(5)生长期长的高秆作物与生长期短的攀援植物间、套作,后期利用高秆作物的茎秆作支架供蔓生作物攀援,如烤烟地套种菜豌豆,玉米套种豇豆、菜豆、豌豆等,或者利用前作的支架间套瓜类或豆类,如用番茄地间套西瓜、冬瓜、丝瓜、苦瓜、豇豆等。

(6)合理安排好田间群体结构、处理好主作与副作争空间、争水肥的矛盾。在保证主作密度及产量的前提下,适当提高副作的密度及产量,尽量缩小前后茬共生的时间。或者采取一些相应的栽培技术措施,随时调整主副作的关系,促进它们向互利方向发展。

☞ *13*. 阳台蔬菜在选择时要注意哪些问题?

通风透气不是很好或者空间较小的阳台,尽量不要种植藤蔓茂密、需要棚架攀爬的蔬菜,如冬瓜、青瓜、黄瓜、豇豆、四季豆等,否则藤蔓攀爬到阳台防盗网上,会严重影响居室的通风透气,导致室内空气质量差,不利于健康。如果阳台是未封闭式且经常有大风,或者种菜的容器很小,没有支架固定苗秆,尽量不要选择高秆的蔬菜品种,如番茄、辣椒和茄子等,这些蔬菜需要庞大稳固的根系,才能有效抗倒伏,没有支架或容器小的情况下容易被风刮倒,甚至是折断,若放在阳台边上,不慎跌落,还可能造成意外伤害。

很多蔬菜一旦缺乏照料,很可能种不活,或者开花结果不良造成歉收且蔬菜品质下降。如果经常不在家,不能每天照料所栽植的蔬菜,那就尽量选择耐旱耐涝的蔬菜,不要选生菜等需要精心照料的品种。如茄子需要打杈,去掉部分侧枝,若长时间不管理,则造成营养浪费;豆类蔬菜则需要及时将藤蔓绑好固定,防止其乱爬;黄瓜也要常常疏花,平衡雄花和雌花数量,保证足量的雌花,促进结果等。

不要选择容易招虫的蔬菜品种,尤其是一些招毛毛虫的品种,一般以豆类为主,那些毛毛虫很容易导致家居环境里充满过敏源,出现皮肤问题。黄瓜等病虫害较多的蔬菜也要注意提前预防病虫,可以悬挂黄板,或者在病虫的幼虫期提前喷施相应的虫剂,但要控制用量,防止虫剂进入居室,对人体造成伤害,尤其是喷药后要避免儿童触摸及误食蔬菜,也可以同期种植葱、姜、蒜等辛辣植物。家里有花粉过敏的病人,要注意品种选择,有针对地避免种植导致过敏的蔬菜,尽量不要选择需要经过花期才能采收的蔬菜。

如果同时栽种的蔬菜数量较多,家里人口又少,则要注意选择丰收期不一致的蔬菜品种,若多种蔬菜同一期收获,容易造成浪费,而且最好种植当季蔬菜,这样种出来的蔬菜口感较好。可根据蔬菜生长期,有计划地播种或栽植,避免同期管理多种蔬菜,浪费精力,避开不同品种的收获期,这样在不同的时间就可以收获不同的蔬菜,同时也能减少管理上的麻烦。

☞ *14*·阳台蔬菜栽培的基质有哪些?

阳台种植蔬菜已经脱离地面,可以直接从居住的小区取土,最好选用腐殖质较多、比较松软的园土,装入栽培容器中即可,简单方便又经济实惠。但就地取土可能会含有很多石头、瓦砾等杂物,需要进行筛选,从小区外面取土又非常繁重,且一般土壤持水性差,易板结,不利于蔬菜根系生长,在阳台上使用比较脏,常常含有病菌、虫卵,造成蔬菜病虫害的发生。因此最好使用基质栽培或营养液栽培的方式,这样可以减少病虫害,促进蔬菜的生长。基质主要是指代替土壤用来栽培植株的物质,其作用是用于固定植株,并提供根系营养的基础物质。生产中使用的基质有很多种,下面介绍一些适于阳台蔬菜栽培使用的基质种类。

(1)草炭。是沼泽发育过程中的产物,由沼泽植物的残体,在多水的嫌气条件下,不能完全分解堆积而成。形成草炭的主要植物是泥炭藓、冰藓、苔草和其他水生植物。草炭具有保水性、透气性、改良土壤等作用,草炭含有丰富的有机质、腐植酸等,是纯天然的有机物,无毒无菌,但透气性差,偏酸性。草炭是普遍认为最好的无土栽培基质之一,不单独作基质使用,与蛭石、珍珠岩等基质混合使用可以增加容重,改善基质结构,增加透气性,栽培使用效果较好。

（2）蛭石。为云母类矿物,具有良好的缓冲性和离子交换能力,不溶于水,吸水能力强,透气性好,但使用后易破碎,使用后可作肥料或施用到土壤中。由于其具有良好的阳离子交换性和吸附性,可改善土壤的结构,储水保墒,提高土壤的透气性和含水性;蛭石还可起到缓冲作用,阻碍 pH 的迅速变化,使肥料在作物生长介质中缓慢释放;蛭石自身含有的 K、Mg、Ca、Fe 以及微量的 Mn、Cu、Zn 等元素,蔬菜栽培中可适量释放,为蔬菜生长提供营养。蛭石与草炭、蛭石等基质混合使用,能够有效地促进植物根系的生长和小苗的稳定发育,增加产量。

（3）珍珠岩。珍珠岩属于铝硅物质,性质稳定,坚固,不会因长期使用而溃碎,但不含矿质养分。pH 为中性,保肥、保水、无菌、透气性好,物理性质稳定,质量小,能有效减少温度波动,添加到其他基质中可增加基质通透性,有效促进蔬菜生长。

（4）岩棉。岩棉是 60% 辉绿石、20% 石灰石和 20% 焦炭的混合制品,经高温处理,无毒无菌,质地较轻,孔隙度大,通气性好,具有较强的保水力,新的岩棉 pH 较高,因而在使用前必须用水漫泡,使 pH 降到 6.5 以下再使用。化学性质稳定,但不易分解,易造成环境污染。

（5）陶粒。利用各类黏土、板岩、页岩、煤矸石及工业固体废弃物等多种原料,经过陶瓷烧结而成。陶粒的外观特征大部分呈圆形或椭圆形球体,内部结构特征呈细密蜂窝状微孔,因此其质量较轻,膨胀陶粒作为基质排水透气性良好,颗粒中的小孔可以持水,不含病菌、虫卵,可长期作基质使用。

（6）砂。最早应用于无土栽培的基质,取材广泛,价格便宜,但持水性差,升温降温快,温度不稳定,且容重大,运输不便。不同区域的砂成分及大小差异较大,通常使用的砂粒径在 0.5～3 mm 最为适宜,过大则保水力差,植株易缺水。作基质使用时,管理相对麻烦一些,要勤浇少浇。

(7)锯木屑。来源丰富,价格低,质量轻,容重小,通透性好,吸水保水性好。但碳氮比较高,且含有大量杂菌及致病微生物,使用前需要进行适当的处理和发酵腐熟,补充大量氮肥,否则植株容易缺氮。

生产上其他的诸如碳化稻壳、玻璃纤维、合成泡沫、树皮、煤渣、蔗渣、菇渣等基质经过正确处理后也可以作为添加基质,用来种植阳台蔬菜。

☞ 15. 复合基质常用的配方是什么?

多数基质不单独使用,按不同的比例将不同的基质混合后,能有效地互补,弥补单一基质的缺陷,常用的复配比例有:1 份草炭+1 份蛭石、1 份草炭+2 份蛭石、1 份草炭+1 份珍珠岩、3 份草炭+1 份珍珠岩、7 份草炭+3 份珍珠岩、1 份草炭+1 份蛭石+1 份珍珠岩、4 份草炭+3 份蛭石+3 份珍珠岩、4 份草炭+1 份蛭石+1 份珍珠岩、1 份草炭+1 份珍珠岩+1 份砂、1 份草炭+1 份砂、3 份草炭+1 份砂、1 份草炭+1 份锯木屑、1 份草炭+1 份蛭石+1 份锯木屑等。混合基质时,要根据不同蔬菜的生长要求来添加不同的比例。

配制复合基质一般用 2～3 种为宜,要求混合基质改善单一基质的物理性质,增加孔隙度,提高水分和空气含量,通气性好,保水保肥、透水能力强,酸碱度适中,不含病菌,不携带虫卵,不含有毒的重金属等离子,化学及物理性质稳定,并且具有一定的缓冲作用,保障外来物质或植株自身新陈代谢产生的有害物质损害植株根系时,能够缓解或化解危害,价格便宜,容易得到。如果感觉自己配制基质比较麻烦,且用量并不大,可到市场上直接购买已经配制好的混合基质,但一定要弄清混合基质所含的物质,及适宜栽植的蔬菜品种。

基质使用前要除去里面杂物,对大块的颗粒进行粉碎,有条件的家庭可以将基质堆成小堆,用塑料膜盖好,加入一定量的水,阳光下暴晒 10 d 左右,进行高温消毒。

☞ *16* ·阳台蔬菜栽培的营养液中所含元素有哪些?

营养液是无土栽培作物营养的主要来源,作物必需的营养元素有 16 种,碳、氢、氧由空气和水提供,其余的氮、磷、钾、钙、镁、硫、铁、锰、锌、铜、钼、硼、氯,13 种元素由营养液提供。氮(N)、磷(P)、钾(K)是植物生长所需的三大营养元素,通常情况下分别促进叶、果、根的生长。由于植物对养分的要求因种类和生长发育的阶段而异,所以配方也要相应地改变,如叶菜类需要较多的氮,氮可以促进叶片的生长,番茄、黄瓜要开花结果,比叶菜类需要较多的 P、K、Ca;不同的生长发育时期,植物对营养元素的需求也有差异,如对番茄苗期的营养液 N、P、K 等元素可以少些,随着植株的生长再增加用量。营养液是无土栽培的关键,不同作物要求不同的营养液配方。目前世界上发表的配方很多,但大同小异,营养液配方中,差别最大的是其中氮和钾的比例。

☞ *17* ·无土栽培营养液配方的组成原则是什么?

第一,配方中必须含有蔬菜生长所需的全部营养元素,即氮、磷、钾、钙、镁、硫、铁、锰、锌、铜、钼、硼、氯,其中氮、磷、钾、钙、镁、硫为大量元素,植株的需求量大,铁、锰、锌、铜、钼、硼、氯为微量元素,植物的需求量相对较少。这些元素缺少任何一种都可能导致缺素症,引起植株生长不良。

第二,营养液中的各种化合物必须是植物根部可以有效吸收的形态。不能被植物直接吸收利用的有机肥不宜作为营养液肥源。通常选用的营养元素化合物应是水溶性的盐类或有机螯合物,这些化合物能溶于水,转化成根系可吸收的离子状态,供植株生长。

第三,各营养元素的比例和数量应符合蔬菜正常生长的需要,根据不同的蔬菜种类选择不同的比例及数量,保证根系对营养元素的充分吸收。吸收量少的元素不宜过量,避免根系吸收少造成浪费,并且根系不能吸收的元素在营养液中聚集,可能产生离子拮抗等反应,不利于根系生长。在保证作物所需营养元素齐全的情况下,应尽可能减少肥料的种类,以防止施入作物不需要的元素而在作物内产生杂质。

第四,营养液配方中的各种化合物必须在蔬菜生长过程中长期保持有效性,避免空气氧化、离子间相互作用而使有效性降低的情况出现,一旦发生氧化,元素可能转化为根系不可直接吸收利用的形式,影响植株正常生长。

第五,营养液中无机盐类构成的总盐分浓度及酸碱反应应该是适合作物正常生长要求的。浓度太低会使作物缺乏营养,太高则会使作物产生盐害。营养液的酸碱度也是至关重要的,不同的作物 pH 要求也不同,如西瓜、南瓜、马铃薯等要求略低,pH 为 5.5~6;而甘蓝、胡萝卜、芹菜、花椰菜等适宜的 pH 为 6.5~7.5;多数蔬菜 pH 为 5.5~6.5。营养液的 pH 影响作物的代谢和作物对营养元素的吸收,如铁对营养液的 pH 特别敏感,在碱性条件下,易转化为三价铁而沉淀,有效性也随之降低。

第六,营养液配方中的一些化合物表现出生理酸性或生理碱性,但所有化合物的总体表现出来的生理酸碱性应该保持平稳。

各种营养液配方的主要差异是氮、磷给源的选择。作物生育期间，氮素对营养液反应最大，常用的含氮无机盐主要有铵盐和硝酸盐两种。随着作物对养分的吸收，硝酸盐呈生理碱性反应，使营养液的 pH 升高，铵盐呈生理酸性反应，使 pH 下降，引起酸化反应，使用时需要适当调节铵态和硝态氮的比例，使溶液的 pH 稳定。磷酸盐不仅是植物的主要营养元素，而且对缓冲有一定的作用，通常用一代磷酸盐和二代磷酸盐，以形成缓冲体系。

☞ **18 . 阳台蔬菜常用的营养液配方都有哪些?**

在配制营养液时，由于育苗的蔬菜种类不同，以及肥料条件不同等因素，因此选择的营养液配方也有所不同。现列举部分营养液配方，供选择使用。

(1)霍格兰和阿农通用营养液配方(Hoagl 和 Arnon)。

肥料名称	硝酸钙	硫酸钾	磷酸二氢铵	硫酸镁	EDTA铁钠盐	硫酸亚铁
用量/(mg/L)	945	607	115	493	20~40	15

肥料名称	硼酸	硼砂	硫酸锰	硫酸铜	硫酸锌	钼酸铵
用量/(mg/L)	2.86	4.5	2.13	0.05	0.22	0.02

(2)日本园试通用营养液。

名称	硝酸钙	硝酸钾	磷酸二氢铵	硫酸镁	螯合铁
用量/(mg/L)	950	810	155	500	25

名称	硫酸锰	硼酸	硫酸锌	硫酸铜	钼酸铵
用量/(mg/L)	2	3	0.22	0.05	0.02

（3）芹菜（西洋芹）营养液配方。

配方1：

肥料名称	硫酸镁	磷酸一钙	硫酸钾	硝酸钠	硫酸钙	磷酸二氢钾	氯化钠
用量/(mg/L)	752	24	500	644	337	175	156

肥料名称	EDTA铁钠盐	硫酸亚铁	硼酸	硼砂	硫酸锰	硫酸铜	硫酸锌	钼酸铵
用量/(mg/L)	20～40	15	2.86	4.5	2.13	0.05	0.22	0.02

配方2（王学军,1987）：

肥料名称	硝酸钙	硫酸钾	重过磷酸钙	硫酸钙	硫酸镁	EDTA铁钠盐
用量/(mg/L)	295	404	725	123	492	20～40

肥料名称	硫酸亚铁	硼酸	硼砂	硫酸锰	硫酸铜	硫酸锌	钼酸铵
用量/(mg/L)	15	2.86	4.5	2.13	0.05	0.22	0.02

（4）黄瓜营养液配方（山东农业大学）。

肥料名称	硝酸钙	硝酸钾	硫酸镁	过磷酸钙	EDTA铁钠盐	硫酸亚铁
用量/(mg/L)	900	810	500	840	20～40	15

肥料名称	硼酸	硼砂	硫酸锰	硫酸铜	硫酸锌	钼酸铵
用量/(mg/L)	2.86	4.5	2.13	0.05	0.22	0.02

（5）绿叶菜（甘蓝等）营养液配方。

肥料名称	硝酸钙	硫酸钾	磷酸二氢铵	硫酸镁	硫酸铵	EDTA铁钠盐	硫酸亚铁
用量/(mg/L)	1 260	250	350	537	237	20～40	15

肥料名称	硼酸	硼砂	硫酸锰	硫酸铜	硫酸锌	钼酸铵
用量/(mg/L)	2.86	4.5	2.13	0.05	0.22	0.02

（6）莴苣营养液配方。

肥料名称	硝酸钙	硝酸钾	硫酸钙	硫酸铵	硫酸镁	磷酸一钙	EDTA铁钠盐
用量/(mg/L)	658	550	78	237	537	589	20～40

肥料名称	硫酸亚铁	硼酸	硼砂	硫酸锰	硫酸铜	硫酸锌	钼酸铵
用量/(mg/L)	15	2.86	4.5	2.13	0.05	0.22	0.02

（7）茄子营养液配方（日本山崎）。

肥料名称	硝酸钙	硫酸钾	磷酸二氢铵	硫酸镁	EDTA铁钠盐	硫酸亚铁
用量/(mg/L)	354	708	115	246	20～40	15

肥料名称	硼酸	硼砂	硫酸锰	硫酸铜	硫酸锌	钼酸铵
用量/(mg/L)	2.86	4.5	2.13	0.05	0.22	0.02

(8)甜椒营养液配方(日本山崎)。

肥料名称	硝酸钙	硫酸钾	磷酸二氢铵	硫酸镁	EDTA铁钠盐	硫酸亚铁
用量/(mg/L)	354	607	96	185	20～40	15

肥料名称	硼酸	硼砂	硫酸锰	硫酸铜	硫酸锌	钼酸铵
用量/(mg/L)	2.86	4.5	2.13	0.05	0.22	0.02

(9)番茄营养液配方。

配方1(华南农业大学):

名称	硝酸钙	硝酸钾	磷酸二氢钾	硫酸镁	硫酸亚铁	乙二胺四乙酸二钠
用量/(mg/L)	590	404	136	246	13.9	18.6

名称	硼酸	硫酸锰	硫酸锌	硫酸铜	钼酸铵
用量/(mg/L)	2.86	2.13	0.22	0.08	0.02

配方2(陈振德等,1994):

肥料名称	尿素	磷酸二铵	磷酸二氢钾	硫酸钾	硫酸镁	EDTA铁钠盐
用量/(mg/L)	427	600	437	670	500	6.44

肥料名称	硫酸锰	硫酸锌	硼酸	硫酸铜	钼酸钠
用量/(mg/L)	1.72	1.46	2.38	0.20	0.13

配方3（山东农业大学）：

肥料名称	硝酸钙	硝酸钾	硫酸镁	过磷酸钙	EDTA铁钠盐	硫酸亚铁
用量/（mg/L）	590	606	492	680	20～40	15

肥料名称	硼酸	硼砂	硫酸锰	硫酸铜	硫酸锌	钼酸铵
用量/（mg/L）	2.86	4.5	2.13	0.05	0.22	0.02

（10）草莓营养液配方。

名称	硝酸钙	硝酸钾	硝酸铵	硝酸氢二铵	硫酸镁	硫酸锰·H_2O
用量/（mg/L）	209	330	70	95	286	1.106 5

名称	硫酸铜·$5H_2O$	硫酸钾	硼酸	钼酸钠	硫酸亚铁	乙二胺四乙酸二钠
用量/（mg/L）	0.064 87	0.11	3.5	0.11	13.9	18.65

☞ **19.无土栽培及营养液配制时对水质的要求是什么？**

　　蔬菜无土栽培常用自来水、井水或收集的雨水作为水源。水源在使用前必须经过分析化验以确定是否适于蔬菜栽培。自来水因价格较高而增加了生产成本，但由于自来水是经过处理的，符合饮用水标准，一般说营养液的水源与饮用水相当，因此作为蔬菜无土栽培的水源自来水的水质是比较好的。水质的好坏，对无土栽培的影响很大，最主要的几项指标是硬度、酸碱度和有毒物质的含量。

（1）硬度。根据水中含有钙盐和镁盐的数量可将水分为软水和硬水两大类型。其含量标准统一用氧化钙多少来表示，含氧化钙在 90～100 mg/L 的称为硬水，不足 90 mg/L 的称为软水，电导率在 0.5 mS/cm 左右，水质较好，适宜作为无土栽培用。

硬水中的钙盐主要是重碳酸钙 Ca（HCO_3）$_2$、硫酸钙（$CaSO_4$）、氯化钙（$CaCl_2$）和碳酸钙（$CaCO_3$），而镁盐主要为氯化镁（$MgCl_2$）、硫酸镁（$MgSO_4$）、重碳酸镁 Mg（HCO_3）$_2$ 和碳酸镁（$MgCO_3$）等。而软水的这些盐类含量较低。硬水由于含有钙盐、镁盐较多，因此，一方面其 pH 较高，另一方面在配制营养液时如果按营养液配方中的用量来配制时，常会使营养液中的钙、镁的含量过高，甚至总盐分浓度也过高。一般利用 15°以下的硬水来进行无土栽培较好，硬度太高的硬水不能够作为无土栽培用水，特别是配制营养液时。

（2）酸碱度。范围较广，pH 5.5～8.5 的均可使用。

（3）有毒物质。重金属及有害健康的元素不能过量，各元素含量为：汞≤0.005 mg/L，铬≤0.05 mg/L，镉≤0.01 mg/L，铜≤0.1 mg/L，砷≤0.01 mg/L，锌≤0.2mg/L，硒≤0.01 mg/L，铁≤0.5 mg/L，铅≤0.05 mg/L，氟≤1 mg/L。

另外，水中的氯化钠含量要≤100 mg/L；氯（Cl_2）主要来自自来水中消毒时残存于水中的余氯和进行设施消毒时所用含氯消毒剂，如次氯酸钠（NaClO）或次氯酸钙［Ca（ClO）$_2$］，残留的氯应≤0.01％，自来水需要放置一段时间以后才能使用。

☞ **20. 营养液配制的步骤有哪些？**

制备营养液应按一定的操作步骤进行，总的原则是要避免溶解过程中出现难溶性物质沉淀。正确的营养液配方在各化合物完全溶解之后是不会产生沉淀的，但是如果操作步骤掌握不好，就会出现沉淀现象。

（1）根据要栽培的蔬菜的种类、栽培方式以及成本的大小，确定好营养液配方。

（2）选用适当的肥料（无机盐类）。既要考虑肥料中可供营养元素的浓度和比例，又要选择溶解度高、纯度高、杂质少、价格低的肥料。

（3）准备好储液罐，营养液一般配成浓缩 100～1 000 倍的母液备用。每一配方要 2～3 个母液罐。

（4）确定需要配制的营养液的体积，根据配方中各营养元素的浓度比例，分别计算出各种肥料的用量。配方中各种盐用量计算经过反复核对无误后，分别称取各种肥料，置于干净容器或塑料薄膜袋以及平摊地面的塑料薄膜上，待用。

（5）选择并备好用水。配制营养液的用水十分重要，要对水质予以选择。井水、河水、泉水、自来水以至雨水均能用于配制营养液，但应用要求不含重金属化合物和病菌、虫卵以及其他有毒污染物。

（6）混合与溶解肥料时，不能一次将所有肥料倒入水中，严格注意顺序，依次加入各种肥料，用棍棒等物品不停搅拌，待一种肥料完全溶于水中时，再加入另外一种肥料。要把 Ca^{2+} 和 SO_4^{2-}、PO_4^{3-} 分开，即硝酸钙不能与硝酸钾以外的几种肥料如硫酸镁等硫酸盐类、磷酸二氢铵等混合，以免产生钙的沉淀。

（7）溶好的营养液存放在储液罐中，盖上盖子减少水分蒸发，以备使用。

☞ *21*. **配制营养液时要注意哪些问题？**

（1）配制营养液时，忌用金属容器，更不能用它来存放营养液，最好使用玻璃、搪瓷、陶瓷器皿。

（2）在配制时最好先用50℃的少量温水将各种无机盐类分别溶化，然后按照配方中所开列的物品顺序倒入装有相当于所定容量75％～80％的水中，边倒边搅拌，最后将水加到足量。

（3）在配制营养液时如果使用自来水，则要对自来水进行处理，因为自来水中大多含有氯化物和硫化物，它们对植物均有害，还有一些重碳酸盐也会妨碍根系对铁的吸收。因此，在使用自来水配制营养液时，应加入少量的乙二胺四乙酸钠或腐殖酸盐化合物来处理水中氯化物和硫化物。如果地下水的水质不良，可以采用无污染的河水或湖水配制。

（4）营养液一般分浓缩贮备液（母液）和营养液（栽培营养液），浓缩营养液一般是生产营养液的100倍。在制备浓缩营养液时，不能将所有营养化合物的盐类都溶解在一起，因为浓度高时，一些盐类易发生化学反应而产生沉淀，稀释后的溶液则不产生此问题。母液可分 A、B 或 A、B、C 储液罐。A 罐混合并溶解硝酸钙和硝酸钾，或将微量元素中的硫酸亚铁和 $Na_2 \cdot EDTA$ 与硝酸钙溶解在 A 罐、B 罐中，混合溶解硝酸钾、硫酸镁、磷酸二氢铵以及其他微量元素，有的将所有微量元素混合溶解于 C 罐中。A 罐肥料溶解顺序，先用温水溶解 $Na_2 \cdot EDTA$ 和硫酸亚铁，然后溶解硝酸钙，边加水边搅拌直至溶解均匀，B 罐先溶硫酸镁，然后依次加入磷酸二氢铵和硝酸钾，加水搅拌直至完全溶解，硼酸以温水溶解后加入，然后分别加入其余的微量元素肥料。A、B 两罐均按母液浓缩倍数，加水至一定容积，搅匀后备用。

（5）在制备营养液的许多盐类中，硝酸盐最易与其他化合物发生反应，如硝酸钙和硫酸钾混合在一起，易产生硫酸钙沉淀，硝酸钙与浓磷酸盐发生磷酸钙沉淀。因此在配制营养液时，硝酸钙要单独溶解，并放在一个容器中，稀释后者能和其他的盐类混合。除硝酸钙外，还有其他大量元素和微量元素的盐类，可混合溶进一个容器中，如母液长期贮存，就将其酸化，以防止产生沉淀。一般可用硝酸把 pH 调到 3～4。

（6）母液稀释前要在即将盛放营养液的容器中加 80% 左右的水,加入一种盐类溶液后充分搅动,混合好后再加入另一种。加入的顺序是先加最易溶的,然后加能使 pH 降低的,这样可抑制磷酸盐的沉淀。

（7）配制营养液要考虑到化学试剂的纯度和成本,生产上可以使用化肥以降低成本。

（8）营养液的 pH 要经过测定,必须调整到适于作物生育的 pH 范围,可用硫酸或氢氧化钾溶液进行 pH 调整,水增时尤其要注意 pH 的调整,以免发生毒害。

（9）盛装母液容器必须分别有不同颜色的标记,全部操作过程应有记录,备查。

☞ 22·营养液的使用要点有哪些?

（1）确定适宜的营养液管理浓度。不同作物,不同的栽培方式,不同的发育阶段和季节,对营养液的浓度要求不同。蔬菜生长发育过程中吸收的元素浓度,并不是越大越好,而是要求适宜的浓度。一般果菜的营养液浓度高于速生叶菜,生育中后期的管理浓度要求高于生育前期和苗期。不同作物对不同养分的需要,特别是对氮、磷和钾的需求有差异,一般叶菜类可忍受较高浓度的氮,因为氮能促进营养生长,而果菜类则喜较低浓度的氮和较高浓度的磷、钾和钙。

（2）掌握好供液次数和供液量。要根据不同的栽培方式、不同的季节、不同的作物和不同的生育阶段具体掌握。供液次数和供液量都要适宜,太多易造成植物根系缺氧,发生腐烂等现象,且造成浪费,太少则不能满足植株正常生长发育要求。

（3）及时调整和补充营养液。在无土栽培中营养液使用一段时间后,由于营养液中的元素不断被作物吸收、自然蒸发等,而使营养液的浓度不断发生变化,一般说随着时间的延长,营养元素会逐步减少,此时要进行检查和补充。由于作物生育的需要,不断选择吸收养分并大量吸收水分,营养液浓度发生了变化,要定期检查,予以调整和补充。

(4)经常检测 pH 的变化并予以调整。在作物的生育期中,营养液的 pH 变化很大,直接影响到作物对养分的吸收与生长发育,还会影响矿质盐类的溶解度。pH 变化的方向与营养液配方中所用盐的种类有着密切的关系,如用硝酸钙、硫酸钾等时,多呈生理酸性反应,因此要尽量使几种不同的盐类。不同的作物对 pH 的适应范围不一,应严格掌握。

(5)防止营养失调症状的发生。由于作物对不同离子选择吸收的结果,以及 pH 的变化,会导致营养液中或作物体内养分失调,出现相应症状,影响作物正常生长发育和产量,重者招致失败,因此,要准确诊断并予以防治。

(6)营养液的更换。由于作物根系吸收营养元素的同时,也会释放一些有机酸和糖类物质,使营养液的酸碱度和成分发生变化,所以必须及时加以调整,才能满足作物正常生长的需要。一般3~6周更换 1 次为好。

(7)营养液的温度直接影响作物对营养元素的吸收,一般夏季的温度不超过 28℃,冬季不低于 18℃。

☞ 23 . 什么是种子发芽力、种子生命力、种子活力?

种子发芽力是指种子在适宜条件下长成正常植株的能力,通常用发芽势和发芽率表示。其中,种子发芽势是指发芽试验初期,在规定的日期内正常发芽的种子数占供试种子数的百分率。种子发芽势高,表示种子生命力强,发芽整齐,出苗一致。发芽率是指种子发芽终止在规定时间内的全部正常发芽种子粒数占供检种子粒数的百分率。

种子生命力是指种子发芽的潜在能力或种胚具有的生命力，通常用供检样品中活种子数占样品总数的百分率表示。

种子活力简单地说就是指高发芽率种子或种子批在田间表现的差异。表现良好的为高活力种子，表现差的为低活力种子。种子活力是比发芽力更敏感的种子质量指标。它表明了种子发芽、幼苗生长的速率和整齐度；种子在不利环境条件下的出苗能力；贮藏后，能保持发芽力的性能。高活力种子即使在不适宜的环境条件下，仍具有良好性能的潜力。

种子生命力和活力均伴随种子老化、劣变的进程而下降，而活力的下降趋势要先于生命力。如种子经过大约 8 个月的贮藏，生命力下降到大约 80% 的水平，而活力已下降到大约 30% 的水平。

当种子处于休眠状态时，采用标准发芽试验，仍不能发芽，但它不是死种子而是有生命力的，当破除休眠后，能长成正常幼苗。生命力反映的是种子发芽率和休眠种子百分率的总和。所以种子生命力测定能提供给种子使用者和生产者重要的质量信息，反映的是种子的最大发芽潜力。

发芽试验可以比较不同种子批的质量，可估测播种价值。发芽率已作为世界各国制定种子质量标准的主要指标，在种子认证和种子检验中得到广泛应用，有时可用生命力来代替来不及发芽的发芽率，但是最后结果还是要用发芽率作为正式的依据。

☞ *24*．购买种子时怎样辨别种子质量优劣？

目前市场上卖的种子品种繁多，质量参差不齐，劣质的种子，出苗率低，植株生长不良或开花结果不良，造成经济损失。下面介绍一些购买种子时的注意事项及辨别种子优劣的方法。

（1）要选择具有一定规模、信誉比较好的种子公司和经营部门购买蔬菜种子。凡从事种子经营的单位或个人，都必须到种子管理部门办理《种子经营许可证》，到工商行政管理部门办理《营业执照》，应具有地方种子管理单位颁发的种子经营许可证、种子生产许可证和种子检验合格证。凡证照齐全的经营单位，一般都比较可靠，所经营的种子质量基本上都有保证。即使出现质量问题，生产单位和经营单位也会负责。

（2）选择合适的栽培品种。不要盲目购买新品种，每个地区都有几个常规大量栽培的品种，它们适应性强，高产抗病，一定要看清品种介绍，以免造成不必要的经济损失。购买蔬菜品种时，最好应是由国家或地方品种审定委员会审定过的品种。求购蔬菜种子，既不要盲目求新，也不要盲目选购外地品种。只要是适宜种植、市场看好的蔬菜品种，方能规避市场风险，才能成为最好的蔬菜种子。

（3）看好种子质量的标示。大多数种子没有标注该产品的质量执行标准，购买时要慎重。质量标准分三等，最好的是 ISO 9000 标准，其次是国标和部标，最差的是地方标准和研究所标准。现在的蔬菜种子基本上实现了小包装销售，包装袋上都应注明品种名称、产地、净度、纯度、芽率、水分、生产单位、日期、净重等质量标示，以及该品种的特征特性、栽培方式、适用范围、栽培适宜的温度、抗病能力等说明。另外还要注意，一定要选购种子管理部门审定的品种。一定不能购买三无产品，在蔬菜包装上一定要有商标、厂名和生产厂商的地址及联系方式，附有网址的最好，这里最主要的是商标，最好购买知名商标的蔬菜种子。

（4）学会对种子进行简易识别。市场上经销的蔬菜瓜果种子都用小包装，一是选择包装美观大方、有商标及信誉较好的包装，看包装的封口是否规范，有无防伪标志，包装袋上是否有品种栽培说明书及四项质量指标、审定编号等；二是看种子袋上的图形和字迹是否清晰,袋上标注的品种名称、产地、净含量、种子经营许可证编号、质量指标、品种说明、检疫证明编号、生产单位及联系地址、联系方式、生产年月等内容是否齐全、明确,注意不能购买包装效果差、字迹模糊不清、袋上标注内容不准确、不正规、不明确的种子。任何品种都有一定适应的地区和适应一定季节的特性,要认真查看品种介绍、仔细了解栽培技术,再根据自家阳台的环境等确定是否适合种植该品种。

(5)购买种子时,可以打开包装,对种子进行简单辨别:首先看种子色泽,色泽鲜亮的种子是新种子,而陈种子色泽较暗。其次看包衣种子的种衣剂的成膜性、附着力牢固度是否完好,然后剥壳看种子是否鲜亮、透明,这样的种子生命力较强。最后看种子有无虫蛀、霉烂、杂质。打开包装后,闻一下包装袋内是否有霉变的味道,有些种子有特殊的味道,如辣椒、芹菜等,新种子比陈种子味道浓。把手插到种堆内感觉是否有发潮、发黏、发热等不正常现象。例如,西红柿新种子上有很多小茸毛,且有番茄味,旧种子上茸毛少或脱落,气味也变淡;辣椒新种子辣味浓,种子颜色为金黄色;芹菜种子味道浓郁,当年结的新种子不能用,必须存一年后才能用;茄子新种子外皮有光亮,乳黄色,而陈种子表面暗红色,无光亮;白菜、萝卜、甘蓝新种子表面光滑,陈种子表面发暗,用指甲将种子压破后,新种子成饼不碎,陈种子则易碎,种皮易脱落;新鲜黄瓜种子表面为白色或乳白色,表面光滑,种子尖端的毛刺较尖,而陈种子表面出现黄斑,失去光泽。

(6)购买蔬菜种子时,应该注意保留发票和信誉卡。发票上面要写清楚购买的品种名称和经营单位等,以备后用。当种子有争议时,消费者也可凭购种发票和种子包装,到相关部门投诉,以维护自己的权益。

购买蔬菜种子后,最好进行发芽试验。如发芽率不好,应及时与购种单位联系,请求退货或调换。其次做好蔬菜种子的贮藏与保管技术环节。一般可将购买的种子放入布袋内，吊挂在阴凉、通风、干燥处，防止受潮；也可将袋装种子或用剩的种子重新密封好后放入冰箱内冷冻保存。特别是有包衣的蔬菜种子，应远离小孩或家畜，避免产生毒副作用；种子保管时应注意防潮、防蛀或避免与化肥、农药等物质同放，以免影响蔬菜种子发芽率。

☞ 25. 蔬菜壮苗的标准是什么？

如果不想自己播种，可到市场选购幼苗直接栽植。俗话说"秧好禾半"，蔬菜壮苗移栽成活率高，是蔬菜早熟、丰产的重要物质基础。

壮苗的植物生理指标有生理活性较强，植株新陈代谢正常，吸收能力和再生力强，细胞内糖分含量高，原生质的黏性较大，幼苗抗逆性，特别是耐寒、耐热性较强。壮苗的植株形态特征有生长健壮，高度适中，茎粗壮，节间较短、叶片较大而肥厚，叶色正常，子叶和叶片都不过早脱落或变黄，根系发育良好，须根发达，植株生长整齐，无病苗等。果菜类蔬菜秧苗的花芽分化早、花芽数多，发育良好等。这种秧苗定植后，抗逆性较强，缓苗快，生长旺盛，为早熟、丰产打下良好的生理基础。徒长苗的主要特征有茎细、节间长、叶片薄、叶色淡、子叶甚至基部的叶片黄化或脱落，根系发育差，须根少，病苗多，抗逆性差等，定植后缓苗慢，易引起落花落果，甚至影响蔬菜产品商品性和产量。

不同蔬菜的壮苗标准不完全一样，下面是部分蔬菜定植时的壮苗标准。

（1）黄瓜。具有叶 3～4 片，叶片厚，色深；茎粗，节间短，苗高 10 cm 以下，子叶完好。

（2）番茄。具有 8 片真叶，叶色绿，带花蕾而未开放，茎粗 0.5 cm，苗高 20 cm 以下。

（3）辣椒。具有叶 10～12 片,叶片大而厚,叶色浓绿;茎粗 0.4～0.5 cm,苗高 15～20 cm,第一花蕾已现。

（4）茄子。具有叶 5～6 片,叶色浓绿,叶片肥厚,茎粗节短,根系发达而完整,苗高 15 cm 左右,花蕾长出待开或刚开。

（5）菜豆、豆角。具有 1～2 片真叶,叶片大,颜色深绿;茎粗,节间短,苗高 5～8 cm。

（6）甘蓝、花椰菜。叶丛紧凑,节间短,具有 6～8 片叶,叶色深绿,根系发达。

☞ *26*. 挑选蔬菜壮苗时有哪些注意事项?

阳台适宜种植的蔬菜,如一些叶菜类容易播种发芽,适宜买种子直接播种。但家庭种菜育苗的环境不好,加上经验缺乏,对一些需要育苗的果菜类如番茄、辣椒、西瓜、苦瓜等往往需要购买秧苗。一般可到市郊蔬菜大户的大棚、花卉蔬菜市场购买以及专门的育苗基地购买种苗,还可以同菜友交换来获取质量较好的幼苗进行栽种,在购买时一定要购买符合壮苗标准的幼苗,同时要注意以下几个问题:

（1）尽量购买有单独营养钵栽种的菜苗,虽然价钱贵一些,但缓苗快,容易存活。如果不带营养钵,尽量要带土坨的幼苗,这样的幼苗根系损伤少,缓苗快。

（2）检查幼苗根系是否完好,看须根数量多少,根系完整,无断根情况,且须根数量多、长势好,这样的幼苗根系吸水吸肥性强,生长旺。

（3）看叶片数量,一般叶片数多、叶片肥厚的营养生长较旺,叶片颜色要正,不能有发黄、卷边或脱落现象。茎要粗壮。

（4）问清蔬菜苗的品种及生长特性,同时考虑自家阳台的具体情况,不能盲目听从销售人员的说辞。

(5)买苗时仔细挑选,剔除病苗、受伤的苗。不要贪多,尤其那种一簇簇扎堆生长的小苗,看着不错,实际上这种苗一般长势较弱,宁愿多花一点钱少买几棵壮苗,也不能贪便宜买弱苗。

(6)买到的苗平放在篮子或盒子等容器里,不要挤压,最好洒上少量水,到家后,要尽快栽种,放太久植株容易萎蔫。

☞27. 种子播种前要进行哪些处理?

为了提高种子的生命力,促进种子萌动发芽,杀灭种子所带的菌,使幼苗健壮成长,提高秧苗对不良环境的抗逆能力,有效地防止病害的传播,减少种子在土壤中受病虫危害的机会,实现早熟、丰产、增收的目的,在播种之前进行种子处理。种子处理的方法很多,包括浸种、低温处理和变温处理、化学药剂处理、催芽等。

(1)浸种。浸种的目的是使种子较快地吸水,达到能正常发芽的含水量。干燥的种子含水率通常在15%以下,生理活动非常微弱,处于休眠状态。种子吸收水分后,种皮膨胀软化,溶解在水中的氧气随着水分进入细胞,种子中的酶也开始活化。由于酶的作用,胚的呼吸作用增强,胚乳贮藏的不溶性物质也逐渐转变为可溶性物质,并随着水分输送到胚部。种胚获得了水分、能量和营养物质,在适宜的温度和氧气条件下,细胞才开始分裂、伸长、突破颖壳(发芽)。

浸种常用3种水温:热水烫种用75~85℃,温汤浸种用55~60℃,温水浸种用25~30℃。其中热水烫种和温汤浸种时间都短,同时需按同一方向不断搅动,待水温降到25~30℃时浸种。一般对一些种皮坚硬、革质或附有蜡质的种子可采取烫种方法,以提高种皮透性,加速种子吸水过程;对一些种皮薄、吸水快的蔬菜种子,多用温水浸种。

在种子消毒方法中,以温汤浸种方法较为简易、经济、有效。

借助一定温度在恒温或变温的条件下,杀死潜伏或黏附在种子内外的病菌,去除种子萌发抑制物质,增加种皮通透性,活化种子内部各种酶的活性,有利于种子萌发一致。温汤浸种时,先用常温水浸种 15 min,再转入 55～60℃热水中浸种,不断搅拌,并保持该水温 10～15 min,然后让水温降至 30℃,继续浸种。若结合药液浸种,杀菌效果更好。

部分蔬菜种子温汤浸种处理情况如下:

种类	预防的病害	处理时间/min	处理水温/℃
茎用芥菜	黑腐病	10	50
甘蓝	黑腐病等	25	50
花菜	黑腐病等	15	50
番茄	细菌性病害	25	50
茄子	青枯病	30	50
洋葱	疫病、霜霉病	25	50
萝卜	疫病、黑腐病	15	50
鳞茎类(大葱、大蒜)	茎部线虫病	12	48

浸种的重点是掌握适宜的水温和浸泡的时间。一般好温暖的蔬菜种子可用 16～25℃的水温浸种;好冷凉的蔬菜种子可用 0～5℃的水温浸种;菠菜、芹菜、莴苣等种子在 25℃以下浸种。十字花科蔬菜及瓜类蔬菜等种皮较薄,吸水较快,水温不宜过高,浸种时间不宜过长,一般 5～12 h;茄子、莴苣(包括莴笋)、芹菜等菊科种子可浸种 25～40 h;洋葱、韭菜、石刁柏、蕹菜种皮较厚,吸水慢的蔬菜,可浸种 50～60 h;豆类种子蛋白质含量多,易溶解于水,浸泡时间不宜过长,一般不超过 2～4 h。茄果类蔬菜种子也可用 50～55℃的温水浸种 10～15 min,边浸边搅动,然后自然冷却再浸泡 24 h。

浸种时间过长和不足都将影响种子萌发，原则上是使种子吸足水分但不过量。浸种结束的标志是：种皮变软，切开种子，种仁（即胚及子叶）部位已充分吸水时为止。浸种时，水质要清洁，装水的容器要卫生，防止异物异味污染、影响发芽率；浸泡时间较长的种子浸泡5～10 h后再换1次水，水分也不宜过多，避免养分损失，防止种子腐烂。浸种后，应用手将种皮上的黏液搓洗干净，清除发芽抑制物质，漂去杂质及瘪籽，并用清水冲洗干净。对种皮坚硬的瓜类，如苦瓜、蛇瓜等则要嗑开种皮（嗑开种皮后的种子不能再行浸种，以免影响发芽），然后在适温下进行催芽。

另外，还可以选择使用白酒浸种，白酒具有一定的杀菌作用，将白酒、种子、水按照一定的比例混合，如按照重量1：2：1的比例配制好，将种子放入浸泡10 min左右取出，并用清水冲洗干净。这种方法在家庭中使用非常简单、操作性强。

(2)低温处理和变温处理。低温处理是把吸水膨胀的种子置于0℃左右的温度下处理1～2 d，然后播种，可以提高种子的抗寒力。变温处理是将要发芽的种子每天用1～5℃的温度处理12～18 h，然后转到18～22℃的温度下处理12～16 h，如此反复处理数天，可显著提高种子抗寒性，并有利于出苗。

低温处理种子可使种子发芽迅速而整齐，提高耐寒能力，提早成熟和增加产量。黄瓜萌动的种子经5℃、72 h低温处理，发芽快而整齐；莴笋（苣）、芹菜等种子在高温下不易出芽，夏季播种时将种子在冷水中浸泡10 h后，将种子置于深水井中距水面33～50 cm处，或置于冰箱中低层的贮藏室中处理，约72 h即可出芽。

有些蔬菜种子催芽中要进行变温处理。蔬菜种子催芽中的变温处理，是用高温、低温交替变化对萌动的种子进行锻炼的一种温度处理方法。具体做法是：把萌动的种子，每天放置在1～5℃的低温下12～8 h，再放到18～22℃的较高温度下6～12 h，如此反复进行，直到催芽结束。经变温锻炼的种子，能增强瓜类、茄果类等喜温蔬菜秧苗的抗寒力,使种子发芽粗壮,并可加快生长发育速度,使生育期提早;尤其是苗期根系抗低温能力增强,进而提早瓜果类蔬菜开花结果期,提高早期产量。

(3)化学药剂处理。用药剂处理种子,可以杀死附着在种子表面或潜伏在种子内部的病原菌,减轻苗期病害。一般常用药粉拌种和药水浸种处理。

药粉拌种。药粉用量一般为种子重量的 0.1%～0.5%,药粉必须与种子充分拌和均匀,播种后遇水溶解发挥药效,起到杀菌消毒作用。如用种子重量的 0.3% 的 70% 敌克松粉剂拌种,或用种子重量的 0.2% 的 50% 二氯萘醌可湿性粉剂拌种可防治茄果类和黄瓜等瓜尖的立枯病。也可用种子重量的 0.3%～0.4% 的氧化亚铜粉剂拌种,防治黄瓜的猝倒病。

药水浸种处理。把种子浸入一定剂量的药水中保持一定时间,杀死种子的病原菌,达到灭菌消毒的效果。药水浓度过低或浸种时间太短,起不到消毒灭菌的作用。如果药水浓度过高,浸种时间太长,虽然消毒灭菌效果好,但很容易伤害种子,影响发芽率,因此严格掌握药剂浓度和浸种时间十分重要,一定要严格按操作程序进行处理。药剂浸种后,要立即用清水洗净,防止药害。

①辣椒、番茄种子用清水浸种后,放入 1% 浓度硫酸铜溶液(即 50 g 硫酸铜、加水 5 kg)中浸泡 5～15 min,取出种子清水洗净,可减轻真菌性病害。

②番茄种子浸泡后置于 10% 的磷酸三钠水溶液中浸 15 min 用清水冲洗干净,可减轻花叶病毒病。

③番茄、茄子、黄瓜种子浸泡后,再浸入福尔马林(即 40% 甲醛)的 100 倍水溶液中 15～20 min,取出后再用湿纱布覆盖闷 30 min 后,用清水冲洗干净,可控制或减轻番茄早疫病、茄子的褐纹病的危害,防治黄瓜炭疽病和枯萎病。

④用福尔马林 200 倍液处理菜豆种子 10 min,可防治菜豆的

炭疽病。

⑤以 2‰～5‰ 的小苏打溶液浸泡瓜类种子,均有促早熟和增产作用。

⑥洋葱种子每千克用 60% 的高巧拌种剂 40 g 或 5% 锐劲特悬浮剂 60 mL 拌种,防治根蛆。

⑦将 2% 浓度氢氧化钠水溶浸泡番茄种子 15 min,捞出后用清水冲洗干净,可防治番茄花叶病毒病。

⑧10% 磷酸三钠浸种 20 min,可防止瓜类、茄果类角斑病的发生。

⑨甲基托布津 1 000 倍液或代森锌 1 500 倍液浸种 10～15 min,可防止瓜类、茄果类蔬菜苗期立枯病、猝倒病的发生。

⑩40% 甲醛浸种 30 min,可防止瓜类蔓枯病的发生。

(4)催芽。催芽是指在播种前根据种子发芽特性,在人工控制下给以适当的水分、温度和氧气条件,促进发芽。种子经过催芽处理后再育苗或直播,有利于出苗齐,并且生长健壮,而夏天温度较高,不需要加温催芽。家庭可采用湿毛巾包裹种子,放在保温瓶或保温杯进行保温催芽法,大部分种子保持温度在 20～25℃ 即可,同时每天用清水淘洗 1～2 次,当大部分种子露白即可播种。

催芽的关键是温度。目前提倡变温催芽的办法,即夜间 8 h 降低 5～10℃,保持在 20℃ 左右。这种方法能提高种子发芽率,缩短催芽时间。催芽设备有条件的最好使用电恒温箱。催芽后,种子出芽露白,即可播种。如温度、湿度不适宜,可待芽长到 2～3 mm 时播种。如种子已出芽,又不能及时播种,可将种子放在 5℃ 左右的地方贮存数天,注意防冻防干。

☞ *28*. 影响蔬菜生长的环境因素有哪些?

光、温、水、气是影响蔬菜生长的重要环境因素。它们各自影响蔬菜生长的各个方面,同时又互相影响,相互作用,在蔬菜栽培过程中,要注意协调好这四个因素,为蔬菜生长创造良好的生长环境,满足蔬菜生长发育、器官形成、开花结果等的需要。

光是绿色植物生长必不可少的因素,光合作用是蔬菜合成有机物的重要途径,只有在光照的条件下才能进行,这里所说的光主要是指光照强度、光照周期、光照时间、光质。

温度是蔬菜能否正常生长发育的重要环境因素,蔬菜只有在合适的温度中才能生长,温度过高或过低都对植株有害。

水是组成蔬菜有机体的重要成分,蔬菜中包含大量水分,环境当中的水是指根系吸收的水分以及空气湿度,根系吸收水分,维持生命体正常地运行,而空气湿度影响叶片气孔的开闭,间接影响植株的生长。

气主要包含氧气、二氧化碳,植物通过光合作用将空气中的二氧化碳转化合成为植物体的有机物质,氧气是植物呼吸作用的重要物质,这两种气体影响着蔬菜生长最重要的两个途径,在栽培过程中,要注意二者的平衡。

☞ *29.* **什么是光照强度? 光强对蔬菜生长有哪些影响?**

光照强度是指单位面积上所接受可见光的能量,简称照度,单位勒克斯(lx)。

在一定的光强范围内,植物的光合速率随光照度的上升而增大,当光照度上升到某一数值之后,光合速率不再继续提高时的光照度值即为光饱和点。植物在一定的光照下,光合作用吸收 CO_2 的量和呼吸作用释放 CO_2 的量相等,达到平衡状态时的光照强度即为光补偿点。

光补偿点以下,植物的呼吸作用超过光合作用,此时非但不能积累有机物质,反而要消耗贮存的有机物质。如长时间在光补偿点以下,植株逐渐枯黄以致死亡。植物在光补偿点时,有机物的形成和消耗相等,不能累积干物质,但夜晚呼吸作用继续进行,以一昼夜计算,植物将消耗掉积累的有机物。这样,经过一定时间,植物将会因物质消耗过多而死亡。当温度升高时,呼吸作用增强,光补偿点就上升。因此,在蔬菜栽培过程中,尤其是安装暖气或与室内相通的阳台,如冬季阴天光照不足时要及时通风,避免温度过高,以降低光补偿点,利于有机物质的积累。

光照强度超过光补偿点后,但未达到光饱和点时,随着光照强度增强,光合强度逐渐提高,这时光合强度就超过呼吸强度,植物体内积累干物质。这是蔬菜生长适宜的光照条件,在植株快速生长的时期,要保证光照长时间保持在光补偿点以上,这样蔬菜才能健康、快速生长。

当光照强度达到光饱和点后,再增加光照强度,光合强度却不再增加。这时,虽然光照强度较大,光合作用中满足了蔬菜对光的需求,但因为在整个光合循环中,植株吸收 CO_2 转化成三碳化合物的速度跟不上,导致光抑制作用的产生,植株消耗掉自身积累的有机物,产生萎蔫等症状,长时间会导致植株死亡。因此,在未封闭的南向阳台中,夏季正午,要注意给蔬菜进行遮光保护,以免光照强度过大。

各类植物光饱和点不同。阳性植物的光饱和点高,而阴性植物光饱和点低。根据蔬菜对光照强度要求的不同可分为 3 大类。

(1)喜光性的蔬菜。西瓜、甜瓜、黄瓜、南瓜、番茄、茄子、辣椒、芋头、豆薯。这类蔬菜遇到阴雨天气,产量低、品质差。

(2)中光性的蔬菜。白菜、包菜、萝卜、胡萝卜、葱蒜类,它们不要求很强光照,但光照太弱时生长不良。因此,这类蔬菜于夏季及早秋栽培应覆盖遮阳网,早晚应揭去。

(3)耐阴性的蔬菜。莴苣、芹菜、菠菜、生姜等。

☞ 30. 什么是光照周期、光照时间？对蔬菜有哪些影响？

光周期是指昼夜周期中光照期和暗期长短的交替变化。自然界一昼夜 24 h 为一个光照周期,有光照的时间为明期,无光照的时间为暗期。自然光照时一般以日照时间计光照时间(明期)。植物的光周期现象是指植物的花芽分化、开花、结实、分枝习性、某些地下器官(块茎、块根、球茎、鳞茎、块茎等)的形成受光周期(即每天日照长短)的影响。

根据蔬菜对日照长度的反应分为以下几种类型:

(1)长日照蔬菜。指在 24 h 昼夜周期中,日照长度长于一定时数,一般为 12～14 h 以上,才能成花的植物。对这些植物延长光照可促进或提早开花,相反,如延长黑暗则推迟开花或不能成花。属于长日照蔬菜的有:油菜、菠菜、萝卜、白菜、甘蓝、芹菜、甜菜、胡萝卜等。

(2)短日照蔬菜。指在 24 h 昼夜周期中,日照长度短于一定时数才能成花的植物,一般在 12～14 h 以下。对这些植物适当延长黑暗或缩短光照可促进或提早开花,相反,如延长日照则推迟开花或不能成花。属于短日植物的有:草莓、豇豆、刀豆、扁豆、茼蒿、苋菜等。

(3)日中性蔬菜。这类植物的成花对日照长度不敏感,只要其他条件满足,在任何长度的日照下均能开花。如黄瓜、茄子、番茄、辣椒、菜豆、蒲公英等。

需光种子需经长日照或连续光处理才能萌发,而嫌光种子则在短光照下与在黑暗中一样可以萌发。大多数一年生植物的开花决定于每日日照时间的长短。除开花外,块根、块茎的形成,叶的脱落和芽的休眠等也受到光周期的控制。有些植物的营养性贮藏器官的形成,也受光周期的影响。

因此,在阳台上种植不同的蔬菜作物,要确定其每天的日照时间,除了南向的阳台能满足长日照蔬菜的生长外,其他种类的阳台如果不能满足蔬菜对光照的需要,必须进行人工补光,否则容易发育不良,开花结果迟缓,甚至长期不开花。

☞ *31.* 光质对蔬菜生长有哪些影响?

植物对光的吸收是有选择性的,但不同绿色植物对光的吸收谱基本相同,就红(橙)、黄、绿、蓝(紫)4 种波长的光而言,叶片对其的吸收能力为蓝(紫)>红(橙)>黄>绿。蓝光有利于叶绿体的发育,红、蓝、绿复合光有利于叶面积的扩展,而红光更有利于光合产物的积累。

光质为影响植物光合作用的条件之一。光合作用分为光反应和暗反应,光反应必须有光参加才能发生,光质通过影响叶绿素对于光的吸收,从而影响光合作用的光反应阶段。光质通过调节保卫细胞内的物质浓度,通过渗透作用实现对气孔开闭的调节,进而影响蔬菜的蒸腾作用等途径。

光质对植物的生长发育至关重要,它除了作为一种能源控制光合作用,还作为一种触发信号影响植物的生长(称为光形态建成)。光信号被植物体内不同的光受体感知,进而影响植物的光合特性、生长发育、抗逆和衰老等。

另外,光质还影响光合器官的发育、部分酶的活性、基因表达等等方面,进而影响着蔬菜的生长。因此,在栽培过程中,若阳台窗户上贴有各种颜色的窗纸,一定要及时去除,保证蔬菜生长过程中尽量照到自然光,否则容易发育不良。

☞ 32 . 什么是温度三基点？根据对温度条件的不同,蔬菜可分为哪几类?

蔬菜在其生长发育过程中,有三个温度基本点,即维持生长发育的生物学下限温度(最低温度)、最适温度和生物学上限温度(最高温度)。

在最适温度下,蔬菜的生长发育迅速而良好,生理活动高效进行;在最高温度和最低温度之间,蔬菜能够维持正常的生命活动;在最高温度和最低温度时,作物停止生长发育,但仍能维持生命;如果继续升高或降低,就会对植株产生不同程度的危害,一定温度条件下甚至导致死亡。在栽培中应将各种蔬菜产品器官形成安排在温度最适宜的月份内,以达高产优质的目的。

根据各种蔬菜对温度条件的不同要求及能耐受的温度,可将蔬菜植物分为以下 5 类:

(1)耐寒的多年生宿根蔬菜。包括韭菜、黄花菜、石刁柏等。在生长季节,地上部能耐高温、冬季地上部枯死,以地下宿根(茎)越冬,能耐-10℃的低温。

(2)耐寒的蔬菜。包括菠菜、芫荽、大葱、洋葱、大蒜等,在15～20℃生长最好,能耐-2～-1℃低温。有的甚至能短时间耐-10℃的低温而不致死。

(3)半耐寒的蔬菜。包括大白菜、小白菜、萝卜、胡萝卜、包菜、豌豆等,在 17～20℃生长最好,能耐短期的-3～-1℃的低温。

(4)喜温的蔬菜。包括黄瓜、番茄、辣椒、菜豆、茄子等,生长适温 20～30℃,不耐霜冻,15℃以下易引起落花,生长适温 20～30℃,低于 10℃或高于 35℃以上生长和结实不良。

(5)耐热的蔬菜。包括冬瓜、南瓜、西瓜、豇豆、刀豆、苋菜、空心菜等,30℃左右生长较好,35～40℃仍能正常生长、结实。

　　除了不同的蔬菜对温度的要求有一定的差异,同种蔬菜的不同生育期对温度的要求也不同。如种子催芽,在作物温度的适应范围内,温度越高,种子发芽较快,如果温度较低,种子发芽较慢。针对蔬菜对温度需求的差异,可以采取适当的措施,调控阳台的环境条件,使作物能够正常的生长。在冬、春季较寒冷的时候,如果是封闭阳台减少开窗次数,注意保温。此外可以对阳台进行塑料薄膜的覆盖,这是最经济实用的方法。另外,阳台可以安装空调进行温度调控。在夏天、初秋等季节,温度较高,可以利用遮阳网、喷水以及加强通风等措施进行降温。但总体来说,阳台对环境的调控能力较差,因此尽量栽植应季的蔬菜,减少栽培难度。

☞ *33*. 高温对蔬菜有哪些危害?

　　(1)高温抑制根系与植株生长,并诱发多种病虫害,高温干旱可使病毒病、白粉病、螨害等加重,导致产量低、品质劣。

　　(2)夏季晴天中午高温强光灼伤植株,会造成土壤干旱和大气干旱,当蔬菜根系从土壤中吸收的水分不能满足植株蒸发的需求,就会造成蔬菜植株叶片卷曲、脱落,光合能力降低,甚至枯萎、干死。

　　(3)高温易出现徒长苗,尤其在夜温过高后,容易出现徒长,影响后期蔬菜的开花坐果及产量。也会加速老化,纤维多、质量差、产量低,茄子、豆角会出现早衰而低产。

　　(4)影响花芽分化与性别分化,高温长日照使黄瓜雄花增多,雌花分化晚。番茄与辣椒花芽分化时,在高温条件下花少,发育不良。高温对蔬菜生长发育易造成热害,通常表现为植株生长缓慢、花芽分化不正常、授粉受精不良、落花落果严重、畸形果增多等现象。

　　(5)当气温或地温高于蔬菜植株正常生长的温度范围后,就会使某些抗病品种的抗病性丧失,变为感病品种,加重病害的发生。

（6）高温常与强光照相伴,当过强阳光较长时间照射茄果类、瓜类等蔬菜的果实时,果实的向阳面会被阳光灼伤,造成日灼病。

☞ 34·怎样做好高温防御措施？

（1）春季种植喜温果菜（如番茄、辣椒等）一定要按时播种,避免播种过迟,并要加强前期管理,培育健壮幼苗,保证枝叶茂盛,以减轻日晒。

（2）春、夏季多种植耐热蔬菜,如冬瓜、丝瓜、苦瓜、豇豆、茄子、豆荚和空心菜等。

（3）套种高秆作物以遮阳降温,如茄子与辣椒间种。

（4）通过蒸发散热降温。水是缓解高温天气最有效的措施之一,可适当增加浇水次数和每次的浇水量,有条件时可利用喷灌或往叶面喷水,以防叶片脱水;应在傍晚或早晨浇水,切不能在中午气温高时浇水。

（5）采用遮阳网覆盖栽培,防止太阳直接射灼伤蔬菜。

☞ 35·低温对蔬菜有哪些危害？

低温危害可分为冷害和冻害两种情况。

冷害又称寒害、低温障碍,是指蔬菜在0℃以上低温下受到的伤害;它是由于环境温度长时间低于蔬菜生长的最适宜温度时,植株出现萎蔫、生长缓慢等症状。同一种蔬菜的不同生长发育期、不同的低温范围及低温持续的时间不同,低温障碍的表现也不同。

冻害是指蔬菜在0℃以下的低温,体内结冰而受害的现象。当棚室内的温度低于蔬菜可忍耐的低温界限时间太长时,蔬菜就会受冻,植物体内水分结冰,致使细胞组织死亡。轻者仅有部分叶片受冻,重者则心叶和大部分叶片被冻死。

低温对蔬菜的危害主要表现有:

(1)作物吸收水分和养分的能力降低,导致水分供应失衡,植株可能萎蔫,抑制叶绿素形成,致使叶片呈现黄色或黄白色,此为喜温蔬菜寒害的典型症状。根系生长停止,不能发生新根,部分老根发黄,逐渐死亡,温度骤然上升,植株会萎蔫或生长速度减慢。受害严重的植株难以恢复生长。

(2)低温使作物的光合作用减弱,呼吸作用大于光合作用,其结果是营养物质的消耗大于制造,影响花芽发育和果实膨大。有的作物因为低温影响而造成严重落花。茄果类蔬菜、瓜类、豆类蔬菜遇到低温,常造成落花,影响花粉活力,甚至无粉,影响着果率,产生畸形果。

(3)轻度冻害,在子叶期受害表现为子叶边缘失绿,出现"镶白边",温度恢复正常后真叶生长不受影响;定植后遇短期低温或冷风侵袭,植株部分叶片边缘受冻会呈暗绿色,逐渐干枯。当温度低到冰点时,作物体细胞间隙的水分结冰,引起组织破坏、脱水干枯,会使细胞破坏死亡。

(4)低温常引起二年生蔬菜(如白菜类、甘蓝类、根菜类)在产品器官未形成或在形成过程中抽薹,即先期抽薹。

(5)低温影响土壤中有益微生物的活动。

因此,冬季未封闭的阳台最好不要种植除耐寒品种之外的蔬菜,否则容易造成低温危害,减少产量。

☞ **36.** **怎样做好低温防御措施?**

(1)栽培上可选用抗寒性强的品种,秧苗进行低温炼苗,可从种子萌动开始,发芽时温度先稍低,后逐渐提高到适宜温度,到幼苗萌发后再降温。苗期严格控制温度,加大昼夜温差,防止幼苗细弱徒长,提高抗逆能力。

(2)严格掌握定植时期。为促进蔬菜定植后及时缓苗,冬、春季应选择"冷尾暖头"天气定植。

(3)加强覆盖保温。尤其是封闭不严、常有大风的阳台,有条件的可搭建小型塑料棚,加强保温,防止温度过低。

(4)采用灌水或叶面喷水,提高近地面空气湿度的办法减轻冻害。在蔬菜受冻后,可适量浇水。也可在受冻后的早晨,马上用喷雾器给蔬菜植株及地面喷洒清水,防止地温继续下降和受冻蔬菜脱水干枯。

(5)增施磷、钾肥,防止徒长,提高秧苗或植株的素质,增强抗寒力。

(6)及时松土,适量追施速效化肥,促进植株生长。

(7)喷药防病。蔬菜受冻以后,生长势衰弱,易发生灰霉病等病害。可在蔬菜恢复生长后,剪除冻死部分,并酌情用50%的速克灵可湿性粉剂2 000倍液进行喷雾。

☞ *37.* 什么是春化作用？在蔬菜栽培中有何作用？

二年生蔬菜一些蔬菜作物,在生长发育过程中需要经历一段时期的低温,才能实现营养生长向生殖生长转化而开花结实,这种低温诱导促进植物成花的效应称春化作用。由于植物发育期的感温阶段不同,可分为种子春化型蔬菜和绿体春化型蔬菜。

种子春化型是指在种子萌动时就接受低温春化,如大白菜、芥菜、萝卜、莴苣、菠菜等。它们在自种子萌动起的任何一个时期内,只要有一定时期的适宜低温就能通过春化阶段,后经过长日照和较高温度就抽薹开花。大多数蔬菜的春化所需温度 0～10℃,以 2～5℃为宜,一些蔬菜种类或品种的春化温度可稳定到 15℃左右或更高,所需连续低温时间 10~30 d。

绿体春化型则是指其蔬菜植株需长到一定大小才能感应低温而完成春化作用,如甘蓝、洋葱、大蒜、芹菜等。低温对这些蔬菜的萌动种子和过小的幼苗基本上不起作用。不同的品种通过春化阶段时要求苗龄大小、低温程度和低温持续时间不完全相同。对低温条件要求不太严格,比较容易通过春化阶段的品种称冬性弱的品种,春化时要求条件比较严格,不太容易抽薹开花的品种称冬性强的品种。

阳台蔬菜如在冬季供暖之前播种,种子容易通过春化,而供暖时,若阳台温度较高,一般达到 25℃ 以上时,蔬菜比较容易在产品器官形成以前或形成过程中就抽薹开花,这种现象称为"先期抽薹"或"未熟抽薹",引起食用品质下降,因此冬季阳台的温度一定不能太高。

☞ *38.* 土壤温度对蔬菜生长有哪些影响?

在一定温度范围内,土壤温度增高,生长加快。各类蔬菜根系生长的最适宜温度不同,喜温性蔬菜根系生长要求较高的土壤温度,根系生长的适宜温度为 18~20℃。低温根不长,也常会造成烂根。温度超过 25℃,根系吸收能力减弱,超过 30~35℃ 时,根系生长受到抑制,容易感病,引起植株早衰,根系生长受到抑制而出现死苗现象。

冬、春季宜控制浇水,尤其是阳台温度很低,且阴雨天的情况下,一旦浇水,土壤温度会明显下降,要在阳光充足、天气暖和的情况下浇水,且浇水量要适当减少,以防降低地温,影响根系生长和吸收。阳台蔬菜如用自来水浇灌,不能直接用凉水,要将水温平衡到室温再浇。通过中耕松土或花盆上覆盖保温塑料膜等措施提高地温和保墒。夏季采用小水勤浇,保护根系。此外,在生长旺盛的夏季中午不可突然浇水,使根际温度骤然下降而使植株萎蔫,甚至死亡。

☞ 39．空气湿度对蔬菜生长有哪些影响?

空气湿度是植物地上部分要求的水分因子。水分通过植物体表面进行蒸发的过程称为蒸腾作用。蒸腾强度受空气湿度的影响,由于植物叶片含水量一般接近于饱和状态,所以空气湿度越小,叶片内的水分向外扩散的速度越快,蒸腾强度越大;空气湿度越大,蒸腾强度越小。空气湿度对蔬菜生长的影响主要有以下几个方面:

(1)空气湿度影响蒸腾作用。空气湿度大,蒸腾作用弱,植物运输矿质营养的能力就下降。蒸腾作用还可调节叶片的温度,如果温度高,空气湿度大,蒸腾作用弱,叶片就有可能被灼伤。空气湿度长期过低,叶片内部气腔水气压与外界水气压相差过大,造成叶片内部水汽供应不足而坏死。

(2)空气湿度的大小影响植物气孔的开闭,空气湿度过大或过小都会导致气孔关闭,植物气孔关闭,CO_2 不能进入叶肉细胞,光合作用减慢甚至停止。

(3)空气湿度的过大有利于病菌的繁殖,大多数真菌孢子的萌发、菌丝的发育都需要较高湿度,过低有利于虫害的发生。

(4)空气湿度过高,可使植株茎秆嫩弱,容易倒伏,也影响开花授粉,延迟成熟和收获,降低产品质量。

(5)高湿会使叶面水分凝结,造成叶面细胞破裂,同时使植株软弱。

各种蔬菜对空气湿度的要求大体可分为 4 类:

第一类要求空气湿度较高,如白菜类、绿叶菜类和水生蔬菜等。适宜的空气相对湿度一般为 85%～90%。

第二类要求空气湿度中等,如马铃薯、黄瓜、根菜类等。适宜的空气相对湿度一般为 $70\%\sim80\%$。

第三类要求空气湿度较低,如茄果类、豆类等。适宜的空气相对湿度为 $55\%\sim65\%$。

第四类要求空气湿度很低,如西瓜、甜瓜、南瓜和葱蒜类蔬菜等。适宜的空气相对湿度为 $45\%\sim55\%$。

☞ 40. 土壤水分的多少对蔬菜生长有哪些影响?

水是蔬菜作物生长必不可少的物质,植物的水分生理是一种复杂的现象,一方面植株通过根系吸收水分使地上部分各器官保持一定的膨压,维持正常的生理功能,另一方面植株又通过蒸腾作用把大量的水分散失掉,这两个相互矛盾的过程只有相互协调统一才能保证植株的正常发育。土壤水分的多少对蔬菜生长的影响主要有以下几个方面:

(1)吸水是种子萌发的主要条件。种子只有吸收了足够的水分后,各种与萌发有关的生理生化作用才能逐步开始。土壤中水分的多少直接影响种子的萌发,水分过少,种子吸收水分不足,就会延迟萌发,若水分过多,种子缺氧,则容易烂种。

(2)土壤水分状况影响植物的光合作用。土壤含水量降低引起叶片水势降低,气孔阻力增大,最终导致叶片扩散阻力加大,CO_2 扩散受阻,光合速率下降。

(3)土壤水分的多少影响植株水分供应。水是物质转化运输的介质,同时也直接参与某些生化反应。通常,作物果实膨大期或灌浆期水分不足,由于光合作用和运输受阻,使果实和种子不能积累充足的有机物而变得干瘪瘦小;而水分过多,不利于有机质的运输,同时细胞吸水膨大,容易造成裂果,影响食用。

(4)影响对矿质元素吸收和运输。矿质元素必须溶解在水中才能被植物吸收,但是植物吸收水分和吸收矿质盐分的量是不成比例的,两种吸收均因环境的变化而产生很大差异。

(5)土壤水分过多时,会产生土壤通气不良的缺氧现象,会使蔬菜根系窒息。同时,土壤中还将产生硫化氢和甲烷等有害气体,毒害根系。

(6)土壤水分亏缺使土壤热容系数增加,土温升高快,根系呼吸加强,蛋白酶活性提高,植株衰老加快,叶片光合速率和光合能力下降。

☞ *41*·阳台蔬菜根据对水分需求的多少可分为哪几类?

不同品种及种类的阳台蔬菜对水分的需求量大小差异明显,一般可分为以下几类:

(1)耐旱蔬菜。如西瓜、南瓜、甜瓜等蔬菜根系较为发达,分布广,有较强的耐旱能力。而大蒜、洋葱等蔬菜的自身叶面积较小,蒸腾需水较少,使其生长过程中需水较少。

(2)耐湿蔬菜。像黄瓜、白菜、萝卜以及一些绿叶类等蔬菜自身根系不发达,但叶面积较大,生长过程中需要水分较多的蔬菜,在干旱的环境条件下不能正常生长,因此需要保持土壤较高的湿度,要多浇水,同时要选择保水性较强的土壤。

(3)中生蔬菜。水分的需要量介于耐旱和耐湿两类蔬菜之间,像茄果类、豆类蔬菜等需要的水分量中等,对水分的要求不高,可以根据作物本身的需要浇水。

(4)水生蔬菜。像藕、茭白等大都需要根系浸泡在水中才能很好地生长,这类蔬菜最好采用水培的方式进行种植,如果采用土壤种植,一旦缺水会很快地枯死。

在蔬菜的不同发育阶段对水分的需要也有一定的差异。在种子萌发和幼苗期容易受到干旱的影响,特别注意要保持土壤湿度。

在生长盛期根据不同作物的需水特性进行浇灌,但要注意在生殖生长期,大部分作物对水分的需求较严,水分过多过少都会引起落花落果,特别对一些果菜类,如番茄、辣椒等,影响蔬菜的生殖生长,直接影响作物的产量。

☞ 42. 蔬菜不同生育时期的需水特点是什么?

蔬菜产品器官柔嫩多汁,含水量多在 90% 以上,而且多数蔬菜都是在较短的生育期内形成大量的产品器官。因此,蔬菜植物对水分的需求量比较大。

对于不同蔬菜,地下部根系对水分的吸收能力以及地上部叶片水分的消耗能力有所不同,若根系发达,吸水能力就强,而叶片面积大,蒸腾作用旺盛的蔬菜,抗旱能力也就弱。同一种类的蔬菜不同生育时期,对水分的要求各不相同。

种子发芽期要求充足的水分,以供种子吸水膨胀、促进种子萌发和出土。此期如土壤水分不足,播种后,种子较难萌发,或虽能萌发,但胚轴不能伸长而影响及时出苗。所以,应在充分灌水或在土壤墒情好时播种。

幼苗期植株叶面积小,蒸腾量也小,需水量不多,但根系初生,根群分布浅,且表层土壤不稳定,易受干旱的影响,栽培上应特别注意保持一定的土壤湿度。

营养生长旺盛期和养分积累期是根、茎、叶菜类一生中需水量最多的时期。这个时期要进行营养器官的形成和养分的大量积累,细胞、组织迅速增大,养分的制造、运转、积累和贮藏等,都需要大量的水分。但在养分贮藏器官开始形成的时候,水分不能供应过多,以抑制叶、茎徒长,促进产品器官的形成。当进入产品器官生长盛期后,应勤浇多浇。

开花结果期对水分要求严格,水分过多,易使茎叶徒长而引起落花落果;水分过少,植物体内水分重新分配,也会导致落花落果。所以,在开花期应适当控制灌水。进入结果期后,尤其在果实膨大期或结果盛期,需水量急剧增加,并达最大量,应当供给充足的水分,使果实迅速膨大与成熟。

部分蔬菜需水性如下:

黄瓜:黄瓜根系浅,叶片大,地上部消耗水分多,对空气湿度及土壤水分的要求都非常高。适宜的土壤相对湿度为85%～90%,空气相对湿度为70%～90%。黄瓜虽然喜湿,但怕涝,特别是地温低时,土壤湿度过大易发生病害。

西瓜:西瓜根为直根系,分布深而广,西瓜需水量很大,但其对空气湿度要求较低,以50%～60%为宜。虽然叶片较大,但叶片表面有蜡质,蒸腾减慢。西瓜虽然耐旱但不耐涝,湿度大时,不利于果实成熟及甜度的增加。

苦瓜:苦瓜根系发达,吸水能力较强。苦瓜需水量较大,特别是在开花结果期,若水分供应不足,植株生长不良。但苦瓜喜湿耐旱不耐涝,在80%～85%的空气湿度和土壤湿度的条件下对生长有利。

西葫芦:西葫芦根系强大,吸收水分能力强,虽然叶片大,蒸腾作用强,但比较耐旱。若连续干旱也会引起萎蔫,因此对土壤湿度要求较高,但不宜过高,以防止病害发生。

西红柿:西红柿为深根性作物,根系发达,吸水能力强,植株茎叶繁茂,蒸腾作用强,空气相对湿度要求以45%～50%为宜。西红柿属于喜水怕涝的半耐旱性蔬菜。

茄子:茄子根系发达,主根粗而壮,吸水能力强。但茄子植株高大,叶片大而薄,蒸腾作用强,茄子在高温高湿的情况下生长良好,对水分需求量大,茄子喜水怕旱,但是空气湿度过高,长期超过80%就会引起病害。

辣椒:辣椒根系不发达,根量少,入土浅,吸收能力弱,虽单株需水量不多,但辣椒不耐旱也不耐涝,对水分要求严格,需经常供给水分才能生长良好,故要求湿润疏松的土壤。一般空气相对湿度在60%~80%有利于茎叶生长及开花坐果。

菜豆:菜豆为直根系,根系较深,吸水能力较强,能耐一定的干旱,但不耐涝,喜欢中等湿度的土壤条件。菜豆最适宜的土壤湿度为田间最大持水量的60%~70%,空气相对湿度为80%。

☞ 43. 蔬菜浇水的原则是什么?

水分是植物生长的重要保证,大多蔬菜作物的含水量达90%以上,适时的浇水对蔬菜的生长发育具有重要的调控作用,蔬菜是需水较多的作物,灌溉必须合理,如灌溉不当,反而影响蔬菜的生长,甚至引起病害或死亡。阳台蔬菜一般都种植在容器中,蓄水量较差,因此需水量较大,所以浇水次数要多些。此外,应根据环境和植物的大小进行相应的调整。天气晴朗、温度较高、风速较大时,作物的需水量相对较大,反之较小。阳台蔬菜浇水可参考蔬菜生产实践中提出"三看一结合"的浇水原则。

(1)看天浇水。就是依据不同的季节特点和气候条件进行浇水。由于阳台受气候影响相对较小,但未封闭阳台冬季气温低,这时浇水,容易使土壤温度下降,不利于蔬菜生长,甚至使植株沤根死亡。蔬菜定植(或播种)浇水后及时覆盖或翻土,直至温度升高之前,一般不再灌水。这样能促进根系迅速向土壤深层发展,进而增强蔬菜作物的抗旱和吸收的能力。如需要灌溉,也是选晴天灌小水,尽量减少对土壤温度的不良影响。

(2)看地浇水。根据土壤的颜色及黏性程度判断土壤水分的多少,而后采取相应的措施,保持土壤"见干见湿",本着"不干不浇、浇必浇透"的原则进行浇水。

(3)看苗浇水。就依据蔬菜种类或品种不同,生育期的不同以及长相的不同确定浇水与否及多少。蔬菜种类或大面积不同,对水分的要求不同。如对水分要求充足的黄瓜、大白菜等则"勤浇多浇",而栽培耐旱的西瓜、甜瓜、葱蒜类则"少浇或不浇"。在蔬菜不同的生育阶段,也应采取不同的灌水技术。一般在发芽期,供水充足,以利种子吸水萌发;幼苗期使土壤水分适中,以促进根系的发展;在产品器官形成前多进行"蹲苗",以提高经济系数;在产品器官形成盛期,则大水多浇,以增进品质和提高产量;到收获期一般又少浇或不浇,以提高产品的耐贮运性。根据蔬菜长相确定蔬菜体内的水分状况,从而进行浇水是重要的。如黄瓜栽培中早晨看子叶尖端滴露的有无与多少,看叶片或果实颜色的浓淡;中午观察叶子的萎蔫程度,其他时间可摸叶子的厚薄或调查茎节间的长短及叶片展开的速度等,确定是否浇水。

(4)结合栽培措施灌溉。分苗或定植后多"大水饱灌",以利缓苗;每次间苗后,都要浇1次"合缝水",秋菜播种后,芽嫩、土热,要求多浇水,既满足水分要求,又有利于降低地温。

☞44. 影响蔬菜生长的气体有哪些?

(1)氧气。蔬菜植物进行呼吸作用所需要的氧气可以从空气中得到满足。而土壤中即使空隙少、空气量也少,一般条件下也能满足根系呼吸所需要的氧气,但若土壤板结,浇水过多过大,会导致土壤中氧气含量低,根系在缺氧情况下呼吸作用下降,活力降低,则将影响植物体生长。选择透气性良好的基质、合理浇水、及时排涝均可调节土壤中氧气的含量,促使根系正常生长。

(2)二氧化碳。空气中二氧化碳含量的多少直接关系到植物生长发育的好坏。土壤板结是造成土壤中二氧化碳含量过高的重要原因,它可阻碍种子萌发和幼苗生长。植物群体间与空气中的二氧化碳含量不同,这主要是植物在夜间放出二氧化碳,从而增加群体间的二氧化碳浓度,而在白天阳光充足时,植物由于光合作用吸收二氧化碳放出氧气,植物群体间的二氧化碳浓度往往低于空气中的二氧化碳浓度。在有风的条件下,植物群体间与空气中的二氧化碳含量基本均匀一致。为了改善植物群体的通风状况和二氧化碳的供应情况,有时要打掉植株下部老叶。

(3)有害气体。危害植物的有害气体较多,有的是空气受到污染,有的是人工栽培造成的。有害气体主要是硫化物、氟化物、氯化物、氢氧化合物,以及各种金属气体元素等。由人工栽培不当造成的有害气体,如施入氮肥过量或施肥方法不当,逸出的氨气;使用质量不良的农用塑料薄膜逸出的氯气和乙烯等,对蔬菜伤害也较大。在栽培中可以选择抗逆性强的种类栽培。一般叶类菜、果类菜、菠菜、莴苣等对有害气体更为敏感。

白天蔬菜作物光合作用占主要优势,吸收二氧化碳释放氧气,夜晚不进行光合作用,而进行呼吸作用,呼吸作用吸收氧气释放二氧化碳,因此,会在夜间与人争夺室内氧气,若阳台上所种蔬菜较多,最好晚上进行适量通风,以增加室内氧气的含量。

☞ 45. 对蔬菜施用的各种营养元素的作用都有什么？各种缺素症状的表现是什么？

(1)氮。氮是构成植物蛋白质的主要成分,可促进茎、叶的生长。氮肥供应充足时,叶大而鲜绿,叶片功能期延长,蔬菜生长健壮。氮过少,叶片变成淡绿色或黄白色,枝细弱,植株矮小,叶小,老叶易变黄脱落,节间短,干燥时呈褐色,茎短而细,分枝或分蘖少,出现早衰现象;但是氮肥也不能过多,过多会使茎叶徒长,并抑制花芽形成,且枝叶柔嫩易受病虫害侵害。

(2)磷。磷是植物细胞核和原生质的重要组成成分,也是植物体光合作用,蛋白质、脂肪合成,碳水化合物转化等过程中不可缺少的元素。缺磷会使植物蛋白质合成受阻,新的细胞分裂和生长受到影响,使幼芽及根部生长缓慢,植株矮小,叶色常呈红色或紫色,干燥时暗绿,茎短而细,基部叶片变黄,开花小而少,且影响结果,开花和成熟期都延迟,种子小,不饱满。增施磷肥可促进蔬菜生殖生长。

(3)硫。硫是蛋白质的重要组成成分之一,与叶绿素合成有关。缺硫时植株矮小,叶色变成淡绿色,甚至变成白色,扩展到新叶,叶片细长,植株矮小,开花推迟,根部明显伸长,花青素的形成和植株生长受抑制。

(4)钾。钾参与植物体内许多重要的生理活动,如碳水化合物的合成和运输进程,促进纤维素和木质素的合成,因此,钾可使蔬菜茎秆粗壮、抗逆能力提高。缺钾的蔬菜植株往往茎秆纤细,严重时叶尖叶缘枯焦,叶片皱曲,老叶沿叶缘首先黄化,严重时叶缘呈灼烧状。

(5)钙。钙是构成细胞壁的元素之一。缺钙时植株顶芽受损伤,并引起根毛的生长停滞、萎缩死亡,嫩叶失绿,新叶粘连,叶缘向上卷曲枯焦,叶尖常呈钩状。影响细胞分裂,不能形成新的细胞壁,生长受到抑制,果实顶端易出现凹陷,变为黑褐色而坏死。

(6)镁。镁是叶绿素的组成成分。缺镁时,先在老叶的叶脉间发生黄化,逐渐蔓延至上部新叶,叶肉呈黄色而叶脉仍为绿色,并在叶脉间出现各种色斑。大多发生在生育中后期,尤其以种实形成后多见。植物褪绿后大多形成清晰网纹花叶,主侧脉及细脉均保留绿色,部分形成"肋骨"状黄斑叶,沿主脉两侧呈斑块褪绿而叶缘不褪,叶形完整。

(7)铁。铁是植物合成叶绿素必不可少的元素。缺铁时,新叶叶脉间先出现黄化、叶脉仍为绿色,继而发展成整个叶片转黄或发白。

(8)锰。锰是植物叶绿体的结构成分,还参与光合作用等生理活动。缺锰时叶绿体结构受破坏,往往使幼叶出现缺绿及坏死。叶脉之间出现失绿斑点,并逐渐形成条纹,但叶脉仍为绿色。

(9)锌。锌在植物中起着重要作用,参与蛋白质合成,影响叶绿素的合成和稳定、碳水化合物的合成和运输。缺锌时,植株节间明显萎缩僵化,中部叶片变黄或变小,叶脉间出现黄斑,蔓延至新叶,幼叶硬而小,且黄白化。

(10)铜。铜影响植株共生固氮作用。缺铜叶尖发白,幼叶萎缩,出现白色叶斑。

(11)硼。硼能促进开花、授粉、结实,并能促进糖分在植物体内运输。缺硼会使嫩叶失绿,叶片肥厚皱缩,叶缘向上卷曲,并使肉质茎开裂、褐化、空洞等,根系不发达,顶芽和细根生长点死亡,落花落果。

(12)钼。参与根瘤菌的固氮作用。缺钼时,幼叶黄绿色,叶片失绿凋谢,易致坏死。

病症出现的部位主要取决于所缺乏元素在植物体内移动性的大小。氮、磷、钾、镁等元素在体内有较大的移动性,可以从老叶向新叶中转移,因而这类营养元素的缺乏症都首先发生在植物下部的老熟叶片上。反之,铁、钙、硼、锌、铜等元素在植物体内不易移动,这类元素的缺乏症常首先发生于新生芽、叶。

☞ 46. 阳台蔬菜各种营养障碍的原因有哪些?

蔬菜在种植时,没有及时追肥会造成植物营养的缺乏,例如植物开花后,消耗了较多的养分,需要及时追肥,才能满足果实的生长;土壤出现板结也同样会影响植株对营养元素的吸收,及时松土有利于根系的呼吸和营养元素的吸收。

缺氮:是因有机质含量少、低温或淹水,特别是中期干旱或大水漫灌易出现缺氮症。

缺磷:低温、土壤湿度小易发病,酸性土、红壤土、黄壤土易缺有效磷。

缺钾:一般沙土含钾低,如前作为需钾量高的作物,易出现缺钾,沙土、肥土、潮湿或板结土易发病。

缺镁:土壤酸度高或受到大雨淋洗后的沙土易缺镁,含钾量高或因施用石灰致含镁量减少土壤易发病。

缺锌:土壤或肥料中含磷过多,酸碱度高、低温、湿度大或有机肥少的土壤易发生缺锌症。

缺硫:酸性沙质土、有机质含量少或寒冷潮湿的土壤易发病。

☞ 47. 阳台蔬菜各种营养障碍的防治措施有哪些?

缺氮:可将碳酸氢铵或尿素等混入 10~15 倍液的腐熟有机肥中施于植株两侧后覆土浇水,也可在叶面上喷洒 0.2% 碳酸氢铵溶液。

缺磷:追肥时土壤补施过磷酸钙,应急时叶面喷施 0.3% 磷酸二氢钾或 0.5% 过磷酸钙水溶液。

缺钾:追施适量硫酸钾氯化钾,应急时叶面喷施 0.3% 磷酸二氢钾或 1% 草木灰浸出液。

缺钙:叶面喷施 0.5% 氯化钙水溶液,每隔 3~4 d 喷 1 次,连喷 3 次。

缺镁:施足腐熟的有机肥,增施含镁肥料,也可在发现植株缺镁时,用 1%~3% 硫酸镁溶液叶面喷施。

缺硫:增施硫酸铵等含硫肥料。

第二部分　阳台蔬菜栽培技术概论

☞ 48. 什么是营养生长？

营养生长是指植物的根、茎、叶等营养器官的建成、增长的量变过程。种子萌发时，胚根的分生组织细胞分裂、生长，使根不断增长，其中生长最快的是根的伸长区。植物的茎和叶是由种子的胚芽长成的。胚芽顶端的细胞分裂和生长，长成茎。与此同时，部分细胞分化成幼叶，幼叶生长成植物的叶。双子叶植物的茎有形成层。形成层细胞分裂、长大，使茎逐渐加粗。

☞ 49. 什么是生殖生长？

当绿色植物营养生长到一定时期以后，便开始形成花芽，以后开花、结果，形成种子。植物的花、果实、种子等生殖器官的生长，叫作生殖生长。

☞ 50. 营养生长与生殖生长有什么关系？

植物由营养生长转变到以生殖生长为主的阶段，需要一定的条件。首先要依靠植物的营养器官制造和积累一定数量的有机物，其次不同植物还需要不同的外界条件。对于一年生植物和二年生植物来说，在植株长出生殖器官后，营养生长就逐渐减慢甚至停止。对于多年生植物来说,当它们到达开花年龄后,每年营养器官和生殖器官仍然发育。

☞ 51. 什么是雌花?

被子植物单性花的一种,雌雄异株的花中,只有雌蕊的花。

☞ 52. 什么是雄花?

单性花的一种。花朵中只有雄蕊而无雌蕊,为雌花提供花粉,花朵本身没有花房,不能发育为果实。花谢后一般脱落。

☞ 53. 如何区分雌花和雄花?

雄蕊上面有花药,就是俗称的花粉了,而雌花一般比较容易分辨,雌花具有雌蕊也叫花柱。此外,花朵的子房比较发达,有果实的雏形在花朵的后方。

☞ 54. 环境对雌花和雄花的形成有什么影响?

营养,温度、日照长度、光质、光照强度、水分供应、空气成分等都对植物性别分化有一定的影响。一般说来,充足的氮素营养、较高的空气和土壤温度、较低的气温(特别是夜间低温)、蓝光、种子播前冷处理等,有利于雌性分化;高温、红光等因子则促进雄性分化。日照长度的影响因植物光周期类型而异;一般短日照促进短日植物(SDP)多开雌花,使长日植物(LDP)多开雄花;长日照的作用则相反。

☞ *55.* 激素对雌花和雄花的形成有什么影响?

植物激素,如生长素(IAA)、赤霉素(GA)、细胞分裂素(CTK)和乙烯(Eth)对植物的性别分化都有明显的调节控制作用。一般而言,GA 促进雄性分化,而 IAA、Eth 和 CTK 则促进雌性分化。ABA 的作用缺少规律性。Eth 能使瓜类,包括黄瓜和瓠瓜提早开雌花,增加雌花数,提高产量。一些生长调节剂,包括类生长素、抗生长素以及激素合成抑制剂,对植物性别分化都有明显的影响。矮壮素(CCC)是 GA 合成的抑制剂。以 10^{-4} mol/L CCC 溶液喷洒或浇灌黄瓜幼苗,可使植株完全雌性化。

☞ *56.* 为什么要疏花?

大多蔬菜生产不需要采取疏花疏果措施,但对于茄果类、瓜类等蔬菜来说,开花数量大都超过坐果数量,如不进行疏花,让它们都长成幼果,这些幼果大部分也会自然脱落,留下的果也不能保证质量,不仅影响果实的正常发育,形成许多小果、次果,还会削弱树势,易受冻害和感染病害,并使翌年减产造成小年。因此,除了由于植株本身的调节能力,使发育不良的花和幼果自然脱落外,还需摘除多余的花和果,才能满足生产上的要求。

☞ *57.* 如何疏花?

疏花疏果宜在早期进行,以减少养分消耗。宜在花序伸出期至花蕾分离期进行,此期间至少有 7 d 时间,也便于识别优劣和操作。在花芽量多时,可以疏除细弱枝上的大部分花蕾和长中果枝因剪留较长而多余的双花蕾,以及发育不良的晚开花蕾。主要是按间距疏除过多、过密的瘦弱花序,保留一定间距的健壮花序;也可以进一步对保留的健壮花序只保留完好的 1 个中心花蕾和 1 个侧花蕾,或 2 个完好的边花蕾,疏除其他的花蕾。

☞ 58. 为什么要保花?

在蔬菜秋冬茬栽培中,因受晚秋、冬季、早春外界气温较低和寒冷的不良影响,昼夜温差较大,在夜温较低和空气湿度较大的封闭生态条件下,往往因花器发育不良或自花授粉率低,不能正常授粉受精,而造成落花脱果。

☞ 59. 如何保花保果?

主要保花保果方法有:一是人工辅助授粉。摇动植株可提高授粉概率,提高坐果率。花期进行人工授粉和放蜜蜂进行辅助授粉。二是人工蘸花。早春气温偏低、光照弱,植株授粉不良,坐果性差,需要采用植株生长调节剂如 2,4-D、防落素等在茄果类、瓜类等作物上蘸花,达到保花保果、加速果实膨大的目的。为了提高工效,现多采用喷花。三是利用蜂类昆虫为果蔬授粉。利用雄蜂授粉可掌握蔬菜花期最佳授粉时间,花粉活力较强,柱头授粉均匀,使每朵花得到多次重复授粉机会,有利于提高杂交优势,可大幅度增加果蔬的产量。

☞ 60. 育苗前的准备工作都有哪些?

阳台育苗可将种子直接撒播在土壤中,如果采用无土育苗,可将草碳和蛭石按照配方混合作为育苗基质,将基质用水喷湿,搅拌混匀,用手攥不出水滴为宜,然后装入育苗的容器。阳台蔬菜育苗容器可以选择营养钵和穴盘进行育苗,也可直接在栽培的容器中育苗。营养钵和穴盘市场均有销售。营养钵是一种有底的,像水杯的塑料钵,多为黑色,一般可选择直径为 8～10 cm 的规格。穴盘是带有较多的小型钵状穴的塑料盘,有多种规格,通常家庭种植的情况下,可选择 36 孔、50 孔或 72 孔规格的穴盘。

☞ *61.* 蔬菜的繁殖方式有哪些?

(1)无性繁殖。以蔬菜的根、茎、叶进行繁殖的方式。阳台蔬菜常采用无性繁殖的蔬菜有土豆、生姜、藕、茭白、大蒜等。

(2)有性繁殖。通过授粉、受精的有性过程,通过种子繁殖。阳台蔬菜采用有性繁殖的蔬菜有白菜、甘蓝、黄瓜、苦瓜、萝卜、空心菜等。

蔬菜的有性繁殖和无性繁殖不是绝对的,而是相互转化的。有些无性繁殖蔬菜可以开花结实,如藕。有些有性繁殖的蔬菜可以无性繁殖,如空心菜可以通过扦插繁殖。有些蔬菜两种方式都可以繁殖,如韭菜等蔬菜。

☞ *62.* 怎样进行各类蔬菜搭配?

在蔬菜种植过程中,实行套种或间种,合理搭配品种,是充分利用光、热、气、肥等资源,提高产量,增添品种、增加收入的关键技术措施。要求根据蔬菜的不同种类、不同品种、不同特征特性进行搭配。

不同蔬菜作物对光照强弱有不同的要求。根据这个特性,可以选择喜光的蔬菜与耐阴的蔬菜套种。如喜强光的瓜类、茄子、豇豆、扁豆、菜豆与喜弱光的葱、姜、蒜、韭菜、芹菜、莴苣、茼蒿等套种;架豆与芹菜、菠菜,番茄与芫荽等,就可以构成复合的群体,并能满足不同作物对光照的要求,从而有效地利用光能,提高产量。喜阴性的生姜与好阳性的西瓜套种,可减轻炎热高温对生姜的危害,西瓜采收后天气转凉,适宜生姜的地下根茎生长。

　　根据不同的蔬菜作物根系深浅和发育特点、需肥特性和需肥规律都不相同这一特性,将深根性的根菜类、茄果类、瓜类(除黄瓜外)与浅根性的葱类蔬菜搭配,将需磷较多的茄果类、需氮较多的叶菜类、需钾较多的根茎类蔬菜进行合理搭配,不仅有利于提高土壤不同层次各种营养元素的利用率,还便于维持土壤中营养物质的平衡,保证蔬菜作物正常生长生育。菜心、小油菜(小白菜或上海青也可)可以与芥菜间作。韭菜套种豇豆,豇豆可给韭菜遮阳,使之质地柔嫩,生长较快,而豇豆由于被韭菜吸收部分氮肥,不会徒长而结荚多。

　　蔬菜作物千差万别,可进行高秆的与矮生的以及直立的与踏地的蔬菜作物搭配。高架型果菜黄瓜、瓜豆与矮生的甘蓝叶菜类间作,既能保证黄瓜、菜豆接受充足光照和足够的营养面积,又能为甘蓝、叶菜类蔬菜等创造弱光和较低的温度条件,两者相得益彰。茄子套小白菜,先播小白菜,待苗高 6～10 cm 再栽茄子,可以预防地老虎危害茄子,提高茄子成活率。先种番茄,当长到开花挂果阶段,修剪掉根部往上 20～50 cm 范围内的无用枝叶,这样就露出花盆的土壤空间了,然后就可以播种香葱、蒜、上海青、菜心、茼蒿等长势不太高、自身个头不太大的蔬菜了。先播种菜心等蔬菜,播种的时候花盆中间的播种密度要小些,当这些蔬菜长到一两寸高的时候,种番茄苗等高枝干的蔬菜,当番茄长到可以修剪无用枝叶的时候,其他蔬菜也可以采收了,采收完其他蔬菜,我们还可以利用花盆空间继续播种菜心等。

　　蔬菜作物生长期长短、生长速度、成熟早晚各有不同,可利用生长期长的与短的、生长快的与慢的,成熟型早、晚的蔬菜合理套种。如芹菜与小白菜、胡萝卜与小白菜混作,小白菜出苗快,生长迅速,可为胡萝卜、芹菜出土遮阳作用,胡萝卜、芹菜出苗生长后,小白菜已快收获,收获后极有利于芹菜、胡萝卜的生长;菠菜播种后,再播上适量的青菜籽,菠菜出苗迟,青菜出苗快,过20多天拔出青菜苗,移植到其他容器里;搭架的番茄套搭架的冬瓜,番茄选用早熟品种,冬瓜选用迟熟品种。几种蔬菜同时播种,菜心的种子播在花盆的中间,然后围绕着菜心再播一圈小油菜,最后剩余的空间播种芥菜种子;如果花盆比较大,则把几种蔬菜种子按照数量均等比例混匀,然后再播到花盆里。菜心和小油菜选早熟的品种,小油菜采收期比菜心晚,芥菜的采收期又比小油菜晚,这样就可以先采收菜心,再采摘小油菜,最后留下芥菜原地生长,以备摘芥菜叶吃。

有许多蔬菜的根系分泌物和茎叶释放的异常气味,能减轻另一种蔬菜的病、虫、草害,应提倡互相利用,提高搭配。如莴苣,它与小白菜、包心菜等十字花科蔬菜间作;大白菜与葱蒜类间作,葱蒜根系分泌物可减少大白菜根腐病发生;春甘蓝套种冬瓜,有防止香附草蔓延的效果;在栽培叶菜类蔬菜时,再种几棵薄荷,这样能减轻虫害;单独种红萝卜,它的病虫害发生会比较多,如果在其中间种点茴香,就会减少虫害,但茴香开花以后会抑制红萝卜生长,因此要在茴香开花前将它收获完;单种一种蔬菜,它的病虫发生会比较重,如果同时种上葱、蒜、韭菜、辣椒等这些有刺激性气味的蔬菜,就可以减少蔬菜的病害。

一些蔬菜是水生植物,最常见的是空心菜,很多阳台种菜的家庭都有水培。空心菜有季节性,到了秋冬基本就绝收了,而这时候,西洋菜才刚刚开始进入丰收期,因此,秋初可以在空心菜的花盆里套种一些西洋菜。此外,也可以套种一些水芹菜。

需要特别注意的是,黄瓜和番茄最好不要同时栽种。作物在生长发育过程中,会分泌出一定的分泌物并散发出气味,而黄瓜和番茄的分泌物其气味有互相抑制对方生长发育的作用,二者如果同时在阳台上栽培,其生长势都将受到抑制。且黄瓜和西红柿都有可能遭受蚜虫的危害,一旦一方发生蚜虫,就会很快地蔓延到另一方,很难有效地控制,使二者同时受害,从而扩大危害损失。另外,黄瓜和西红柿在生长发育过程中所需的温度和湿度不同,因此在管理上很难做到二者兼顾,往往是顾此失彼。

另外,一个花盆中尽量不要多茬种植一种蔬菜,当一种蔬菜收获之后,最好进行杀菌消毒或者更换盆土,若栽种时间不长,可在同一花盆继续栽种其他蔬菜种类,相当于生产上的轮作。轮作对于土地利用、防治病虫害、提高土地利用率均起到显著作用,但是蔬菜轮作有一定的年限和禁忌。一般来讲,瓜类、茄果类、葱蒜类、十字花科蔬菜同某种至同类蔬菜间最忌连作。黄瓜病虫害较多,连作不可超过2~3年,3年后一定要另种其他蔬菜或嫁接栽培。茄子、西瓜受连作影响最大,种植1年后,要间隔6~7年才可再种。大白菜由于需要量多,栽培面积大,虽然软腐病、霜霉病容易影响生长发育,仍须有部分连作,但连作年限不应超过3~4年。葱蒜类包括大葱、洋葱、大蒜等都是忌连作的蔬菜,如连续连作,则病害不断蔓延,单产显著下降,甚至大葱,大蒜或洋葱栽种后,连作大葱、大蒜都同样地使产量降低。因此,在轮作时,不仅要避免单一蔬菜作物的连作,而且还要避免同类蔬菜的连作。

☞ 63. 如何安排不同蔬菜的栽培时间?

蔬菜的栽培季节是指从种子播种到蔬菜采收所经历的时间。蔬菜的种植时间影响因素较多,最主要的是气候条件,如温度、光照等环境因子,以及蔬菜本身的生物学特性,如生长期的长短对温度和光照的要求等。究竟何时进行播种育苗,要考虑到植株的生长旺盛期在其最适宜的环境当中。适合阳台种植的蔬菜很多,但是阳台不能很好地调控环境因子,因此可根据露地蔬菜的栽培季节,合理安排种植时间。

(1)越冬蔬菜。一般可以种植耐寒或半耐寒蔬菜。像菠菜、葱、蒜、韭菜、香菜等,头年11月份左右种植,翌年春季收获。

(2)春季蔬菜。早春气温还是较低,要种植较为耐寒或半耐寒的蔬菜,如小青菜等。

(3)夏季蔬菜。春、夏季相交气温较为适宜,适宜种植的蔬菜较多,如瓜类、豆类、茄果类等。可以种植的蔬菜较多,6～7月份大量收获,因此可以根据蔬菜的品种特性早、中、晚熟等特性,合理安排种植时间,随时都可以吃到新鲜的蔬菜。其中要注意,7～8月份的高温季节,种植一些较耐高温的蔬菜如苋菜、黄瓜等,解决伏天蔬菜较少的情况。

(4)秋季蔬菜。炎热的夏季过去,气温逐渐寒凉,一般选择种植喜温凉环境的蔬菜,如大白菜、莴笋以及一些绿叶菜蔬菜,一般在8月中旬左右播种或定植,大概在11月份左右收获。

☞64.各个月份适合种植什么蔬菜?

1月份:这个季节气温很低的,最好种植耐低温的叶菜类,比如油菜,菠菜等,也可以种植马铃薯、萝卜、小白菜。

2月份:早春黄瓜、早春瓠瓜、早春西葫芦、早春毛豆、樱桃萝卜、早春樱桃萝卜、早春萝卜、生菜、小白菜、大白菜、菠菜、苋菜、菜心、茼蒿、牛皮菜、香椿、苦荬菜、蕨菜、蛇瓜。

3月份:黄瓜、甜瓜、西瓜、中晚熟苦瓜、中晚熟丝瓜、中晚熟冬瓜、中晚熟南瓜、中晚熟葫芦、佛手瓜、春四季豆、春豇豆、扁豆、早毛豆、高山茄子、高山辣椒、春萝卜、春大白菜、小白菜、春胡萝卜、芹菜、芋头、山药、苋菜、韭菜、大葱、荠菜。

4月份:晚黄瓜、菜瓜、晚豇豆、毛豆、高山番茄、高山甘蓝、高山西芹、夏芹菜、高山土豆、小白菜、芥菜、生姜、冬草莓、春草莓、笋瓜。

5月份：夏黄瓜、夏秋冬瓜、夏豇豆、夏毛豆、夏茄子、夏辣椒、高山莴笋、高山萝卜、高山胡萝卜、高山热白菜、苋菜、小葱、白花菜、小白菜、生菜、樱桃萝卜、荠菜。

6月份：夏黄瓜、瓠瓜、高山四季豆、夏豇豆、秋茄子、秋芹菜、早熟花菜、中熟花菜、夏甘蓝、球茎甘蓝、热小萝卜、热白菜、热小白菜、苋菜、西瓜、甜瓜、秋番茄、秋辣椒、芫荽、荆芥。

7月份：秋黄瓜、延秋瓠瓜、延秋西瓜、延秋甜瓜、秋豇豆、秋四季豆、延秋辣椒、延秋茄子、延秋番茄、延秋西芹、秋莴笋、晚花菜、秋甘蓝、紫甘蓝、秋青花菜、早秋萝卜、秋胡萝卜、早大白菜、菜心、早蒜苗、秋大葱、藜蒿。

8月份：延秋黄瓜、延秋西葫芦、延秋四季豆、越冬辣椒、越冬甜椒、越冬茄子、越冬番茄、越冬樱桃番茄、延秋莴笋、秋土豆、冬芹菜、水芹菜、雪里蕻、大头菜、秋萝卜、樱桃萝卜、晚熟萝卜、根用甜菜、中熟大白菜、晚熟大白菜、豆瓣菜、秋菠菜、蒜薹、蒜头、韭菜、芥菜、奶白菜、苋菜、球茎茴香。

9月份：越冬黄瓜、越冬西葫芦、越冬丝瓜、越冬苦瓜、越冬芸豆、荷兰豌豆、青豌豆、蚕豆、冬莴笋、结球生菜、雪里蕻、小白菜、菠菜、茼蒿、分葱、洋葱、芫荽。

10月份：早春辣椒、早春茄子、早春甜椒、越冬甘蓝、紫甘蓝、越冬莴笋、晚芥蓝、越冬萝卜、小白菜、散叶生菜、雪里蕻、菠菜、茼蒿、芫荽。

11月份：早春丝瓜、早春苦瓜、早春南瓜、早春冬瓜、早春番茄、早春扁豆、春茄子、春辣椒、春花菜、春萝卜、小白菜、菠菜、水芹菜、早春花菜、早春甘蓝。

12月份：早春黄瓜、早春西葫芦、早春瓠瓜、早春西瓜、早春甜瓜、早春番茄、晚辣椒、晚茄子、早土豆、香瓜茄、蛇瓜、早春架豆、早春南瓜、早春冬瓜、早春丝瓜、早春苦瓜。

☞ 65. 阳台蔬菜如何播种？

不同的园艺植物播种期有较大的差异，一般分为春播和秋播。按照作物的播种时期，将催芽好的种子播种在装好栽培基质装入育苗容器中。种子较大的蔬菜如黄瓜、豆类等，可采用点播法即按孔穴播入，每穴播入1~2粒种子。但种子较小的蔬菜如白菜、菠菜等可撒播入育苗容器中。但不管采用哪种播种方式，先要将土壤用水浇透，播好后再用土壤覆盖，覆盖的土壤厚度要均匀，防止出苗不齐，覆土后再喷洒清水。如果是秋季育苗，也可在栽培容器上覆盖地膜等材料，以提高苗床温度和湿度，加快育苗的进程。

☞ 66. 阳台蔬菜出苗前如何管理？

阳台蔬菜播种前先浇足底水，水渗下后晾干到不粘小铁铲时进行播种、覆土，应注意用干土、细土覆盖种子，覆土厚度一般为0.5~2.0 cm。播种后到出苗前，主要消耗种子自身贮存的营养，这一时期要求育苗土壤较高的温度，一般喜温性蔬菜如茄子、辣椒、黄瓜、西葫芦、西红柿等，育苗温度最好控制在25~32℃；喜冷凉蔬菜如莴苣、芹菜等，可控制在20~25℃。在阳台容器内育苗覆土后应及时覆盖保温材料，以保温增温，促其迅速出苗。

从播种后到幼苗出土，一般不再浇水，如土壤过干可用喷壶喷洒少量的水。当部分种子发芽出土，可浇1次水后再覆土1次。种子大部分出土后，可撤掉覆盖物，使幼苗及时见光，及时降温，控制胚轴过分伸长，防止幼苗徒长，同时撒一层细土以减少水分蒸发并减少幼芽"戴帽"。苗出齐后，再浇1次齐苗水，防止胚轴弯曲和根系外露。幼苗出土时土壤板结或顶起土层，可用小铁铲松土。如在冬季育苗，阳台温度较低，为避免影响出苗质量，最好在室内育苗或采取保温增温措施。

☞ *67.* 如何解决蔬菜育苗时"戴帽"出土问题？

　　蔬菜"戴帽"出土是指种子发芽出土后，种皮不脱落，夹在子叶上的现象。一般是由于育苗地较为干燥或者播种后覆土不均匀，导致种子"戴帽"。因此，要采取措施预防种子"戴帽"出土。首先播种前，将育苗营养钵或穴盘浇透水，防止土壤过于干燥，影响种子出苗。其次播种后要注意覆土的厚度，覆土过厚，种子被埋入得过深，容易导致种子腐烂，覆土过少，就起不了覆土的作用，像瓜类蔬菜育苗过程中，"戴帽"现象就较多。因此，播种后要及时观察种子的出土情况，一旦发现"戴帽"现象，要采取有效的措施进行补救，例如喷洒少量水或者覆盖一层细土，均能有效地解决种子"戴帽"现象。

☞ *68.* 阳台蔬菜如何间苗？

　　在蔬菜种植过程中，对于不需要育苗的蔬菜来说，播种量往往较大，幼苗生长较为拥挤，通风透光不好，影响了幼苗的生长。为了培育壮苗，需要适时的间苗。间苗又称疏苗，是指在幼苗的生长阶段，除去多余幼苗的过程，同时将弱苗、畸形苗等剔除，一般遵循"去小留大，去弱留强"的原则，能有效提高剩余菜苗的生长空间和养分。对于一些叶菜类蔬菜可以采用多次间苗，增加蔬菜收获次数，提高产量，如小青菜、香菜等。其他注意事项如下：

　　（1）阳台蔬菜间苗要注意时间，等到长出真叶后，对于生长过于拥挤的幼苗，拔除长势较弱、有病虫害的幼苗，有利于剩下幼苗的快速生长，还能预防病虫害。

　　（2）阳台蔬菜间苗要分多次，每次等到蔬菜过于密集开始疏苗，蔬菜之间的间距保证叶子相接触就可以了。

（3）阳台蔬菜间苗后，可能会使留下的幼苗根系松动或部分根系被带出，最好在土壤表面覆盖一层土壤，轻轻压实。

（4）阳台蔬菜间苗后需要及时浇水，促进幼苗生长。

☞ 69. 蔬菜苗期应如何管理?

蔬菜在幼苗阶段长势较弱，适应环境的能力较差，需要加强管理。苗期生长的健壮程度直接影响植株移栽的成活率，因此要重视苗期的环境调控。

（1）苗期水分管理。由于盆土量较少，因此水分过多或过少均会引起植株的生长不当。同时要注意水的温度与当时的环境温度，尤其是土温差异不要太大，以不超过 5℃ 为好。蔬菜苗期的不同阶段，对水分要求也不同。在种子发芽期，要保持一定土壤湿润状态。在幼苗阶段，根系不太发达，叶面积蒸发量也少，长势较弱，需水量相对较少，要少浇水，盆土宜干不宜湿，防止沤根。

（2）温度。在育苗阶段，蔬菜所需温度较萌芽阶段略低，这时候如果温度较高，则容易导致幼苗茎秆细弱，引起徒长。不同的蔬菜幼苗所需的温度不同，阳台常种蔬菜苗期生长的适宜温度如表2-1 所示。

表 2-1　阳台常种蔬菜苗期生长适宜温度　　　　　℃

蔬菜种类	适宜温度	蔬菜种类	适宜温度
黄瓜	25～30	大白菜	22～25
西瓜	22～25	花椰菜	20～22
苦瓜	25	韭菜	12～24
番茄	20～25	大蒜	12～16
茄子	25	洋葱	12～20
辣椒	25～30	菜豆	18～25

（3）光照。育苗期间要保持较好的透光度,要注意中午光照过强时要加盖遮阳材料以降温,但整个苗期要保证充足的光照,有利于培育壮苗。

☞ *70*．蔬菜苗期应着重注意哪些问题?

（1）沤根。低温季节育苗,土壤温度过低,浇水较多,加上连阴雨天,植物根系不能正常生长,很容易导致幼苗出现沤根,沤根是高湿和光照不足引起的一种生理病害。根部表现为不发新根,根表面呈现锈褐色。茎叶表现为生长矮小,叶面逐渐变黄,直至叶片皱缩死亡。阳台栽培,一般并不具有良好的排水增温条件。所以在蔬菜出苗后,可能出现土温较低,湿度过高的情况,容易导致沤根。一旦发现幼苗出现轻微的沤根,应该及时覆盖薄膜,增加地温或者增加阳台温度。在整个苗期,应加强控水,防止育苗容器中土壤长期过于潮湿,同时可提高土壤肥力,使幼苗生长苗壮,抗性提高。

（2）出苗不齐。引起苗期出苗不齐的主要原因有以下 4 种:①种子质量参差不齐。例如,种子的新陈混杂,或成熟的程度不同,都易引起植株在苗期的出苗不整齐。②种子出苗前处理不当。例如,种子在发芽前,对水分的吸收不充足,或者不均匀。外加光热水气条件不均匀,就易形成出芽不整齐,从而导致出苗不齐。③技术因素导致。主要包括,定植前土壤处理技术和播种技术。例如,土壤没有整理铺平,播种不均匀,播种后,覆土厚度不均匀。也易导致种子在苗期出苗不整齐。④不及时除去种皮。主要是指种子发芽后,种皮附着在子叶上,这会影响植株的光合作用。不及时除去,使子叶不能展开,对幼苗成长不利。长时间会导致出苗不齐。防治方法:可以选用优良品种,均匀浇足水,铺平育苗土壤。出现种皮附着在子叶上的情况,可以在傍晚向幼苗喷水,待种皮软化后,用软毛刷轻轻扫去,注意不要伤到幼苗。

(3)烧根。幼苗出现烧根大多是由于施用肥料过多,加上土壤比较干燥很容易产生烧根。主要表现为根部发黄,特别是根尖,须根较少,植株生长矮小,叶片无光泽,形成小老苗。为了防止育苗过程出现大面积烧根,要提前做好预防。要严格控制施肥量,并与土壤搅拌均匀,在育苗过程中,适时浇水,可以稀释植株根部周围肥料的浓度。

☞ **71.阳台蔬菜怎样进行移栽?**

种子出苗后,要加强管理,如果有杂草滋生,可人工将草拔除。在移栽之前,要适量的补充肥料和水分。长到3~4片真叶时,可进行间苗或直接移入到栽培容器。移栽当天不要浇水,不利起苗;可在移栽前2d浇透水。在起苗过程中,要带土起苗,有利于苗子的成活。选择大小长势一致的苗子,进行移栽。移栽后作物的根系受到了一定的损伤,吸收能力降低,因此移栽后的几天要加强管理,要及时浇水,并进行适当的遮阳,防止作物失水萎蔫。移栽后发现死苗,要及时补栽。如果在秋季移栽还要注意幼苗的保温防寒。家庭种植面积较少,也可不经过以上步骤,直接在土壤上撒播种子或者买种苗进行栽植。

☞ **72.阳台蔬菜移栽前需要注意哪些问题?**

(1)选苗。一般叶菜类应选择5片左右真叶的秧苗,茄果类秧苗应选择比较小的秧苗。秧苗要求生长旺盛,选取大小均匀、没有虫眼、没有病害的健康植株。

(2)蹲苗。定植前对菜苗进行适当的锻炼,能有效地提高幼苗对不良环境的适应性,夏季主要抗旱抗高温锻炼,冬季主要抗寒锻炼有利于定植后迅速成活,缩短缓苗的时间。

(3)移栽时间。移栽时注意温度的变化,移栽应选择在晴天上午进行,并浇足定根水。如果气温较低,即使秧苗很健壮,也不能进行移栽。

☞ 73. 阳台蔬菜移栽后需要注意哪些问题?

蔬菜移栽后,新的根系尚未长出,要根据蔬菜种类的不同,保持适宜的温度,过低或过高均不利于植株缓苗。此外容易发生缺水情况,要保持空气的湿度,应充分浇水。刚移栽时,如果发现植株出现萎蔫等现象时,应适当遮阳,保持弱光环境。缓苗后期,新根已长出,可按照正常植株进行管理。

(1)保证适宜的蔬菜生长的土壤温度,一般蔬菜根系发育的地温在 18～20℃ 最为适宜。

(2)定植不过深,浅栽后再覆土。蔬菜定植时浅栽,特别是在透气性较差的黏土地上,一般可把根部向上提高 3～5 cm,再把根上的土加厚些即可。但只浅栽不增加覆土,易使根部干得过快,不利于缓苗。

(3)定植后适时减少通风时间,保温保湿。蔬菜定植 7 d 内,应以保温保湿为主,尽量减少通风,促进蔬菜尽快缓苗。7 d 后蔬菜可基本度过缓苗期,此时可逐渐开窗通风,拉大风口,将阳台温度降低 2～3℃。

☞ 74. 阳台蔬菜换盆时有哪些注意事项?

阳台蔬菜大多在容器中栽培,随着植株的生长,特别是根系较为发达的蔬菜,生长一段时间后,现有的容器很难满足植株的生长,限制了根系的生长,需要改善营养条件,就需要及时换盆。换盆能使蔬菜的根系得到舒展,同时也可以疏松培养土,补充根系营养。但是不同种类的蔬菜换盆时间不确定,可以根据需要随时换盆。换盆前要保持土壤干燥,使盆土与盆分离,容易操作。换盆时用小铁铲或其他的辅助器具,将植株和盆土倒出。如果植株根系将盆土缠绕成球状,用刀或铁丝轻轻地将宿土剥离,然后将植株放入新盆中,填入新的培养土,同时要压实。蔬菜换盆后要及时浇透水,要进行适当的遮阳处理,1周左右植株即可按照常规栽培进行管理。

☞ 75. 阳台蔬菜土壤板结的原因有哪些?

土壤板结是指土壤团粒结构遭到破坏致使土壤保水、保肥能力及通透性降低。阳台蔬菜如果采用土壤为栽培介质,经常会发生土壤板结。主要原因有以下几种:

(1)土壤结构遭到破坏。阳台蔬菜复种指数高,长期不间断地耕作,破坏了土壤的结构。

(2)长期过量施化肥。由于有些有机肥有难闻的气味,家庭种植蔬菜施肥多数使用肥效快的化肥,因此使土壤中有机质含量不足,影响了微生物活动,影响了土壤的团粒结构。

(3)灌溉方式。家庭蔬菜一般在栽培容器中种植,本身容器中的土壤就不多,如果采用大水漫灌来浇灌,由于冲击力度大,对土壤结构破坏最大。

☞ 76. 阳台蔬菜土壤板结的防治措施有哪些?

土壤板结影响蔬菜对养分的吸收,针对阳台蔬菜土壤板结的原因,可以改变灌溉方式及时松土,选择喷壶洒水,避免大水冲击土壤表面,并且浇水后要及时松土,防止土壤板结。另外可以增施有机肥,增加土壤有机质含量,改善土壤微生物的活性。此外,因为阳台用土量较少,也可以经常更换栽培土壤。

☞ 77. 阳台蔬菜如何进行松土除草?

为了防止培养土板结和杂草滋生,应及时清除栽培容器中的杂草。阳台栽培蔬菜可以采用小铁铲进行松土和除杂草。

(1)松土除草可在浇水后的第二天进行,这样既容易操作,又不会因为土壤黏碰到植物的根系。

(2)在追肥之前进行松土,同时向根部培土,有利于提高植物对肥料的利用率。

(3)靠近蔬菜根部的杂草,要用手拔出,特别注意根系较为粗大的杂草,防止将蔬菜根系拔出,误伤植株。

☞ 78. 阳台蔬菜如何进行光照调控?

光照是植物生长的基本条件,虽然不同的作物对光照的需求不同,但大多数的作物只有在光照充足的条件下,才能正常地生长。由于阳台本身的特性,光照分布不均,靠阳台里面的区域,光照量明显不如南侧阳台,影响到作物的生长发育。为了改善阳台的光照条件,使不同方位的作物均衡生长,可采用以下方法。

(1)不定期地轮换栽培容器的位置。阳台基本都是在容器中栽培蔬菜,因此可以不定期地把靠里面的蔬菜搬到阳台南侧,这样尽量使各个方位的蔬菜都照射到阳光。

(2)适当稀植,并且注意作物摆放的行向,一般以南北向为好,增加蔬菜通过透光率。

(3)整枝打杈是蔬菜生产过程中一项重要的栽培技术,例如番茄、茄子等必须要进行打杈和摘心,可以促进植株的生长,可以改善作物对光照、水分等资源的利用,同时对茄果类蔬菜也能改善作物的生长状态,防止营养生长过旺,影响生殖生长,提高作物产量。

(4)吊拉。阳台本身场地就不大,像丝瓜、苦瓜、黄瓜、四季豆等蔓生蔬菜需要搭架以进行生产,增加阳台的通风透光,也节省空间。此外,像番茄、辣椒等蔬菜也可以用绳吊起,可以充分地利用阳台空间,增加阳台里面的作物光照。

根据不同蔬菜对光照的需求,可以在阳台采用人工补光,如添加白炽灯、日光灯等进行补光。此外,要注意夏季光照较强,特别是中午,温度非常高,易引起作物萎蔫,这时候要进行适当的遮阳以进行降温,可以购买遮阳网进行遮阳,也可以用废旧的床单等遮阳。

☞ 79. 阳台蔬菜如何进行施肥?

作物的生长不但需要适宜的环境条件,而且需要吸收一定的营养。蔬菜的生长期短,生长的速度较快,因此需要的营养较多,而阳台蔬菜一般种植在容器中,栽培面积较小,复种指数高,土壤很难满足作物的营养需要,因此要增施肥料。

(1)阳台蔬菜的需肥特点。叶菜类蔬菜生长快,种类多,种植方便,是阳台种植的首选蔬菜。由于叶菜类蔬菜像苋菜、小青菜、空心菜等大多属于浅根系的蔬菜,因此要勤施肥,另外叶菜类对氮肥需求较多,要多施用氮肥提高作物的产量和品质。

瓜类蔬菜常见栽培的有西瓜、甜瓜、丝瓜、冬瓜、苦瓜等,大多为一年生作物,且多具有较为发达的根系,需肥量多,但耐肥力弱,另外要重视基肥的施用。为了提高瓜类作物的品质,要注意钾肥的施用。因此一次施肥不能过多,防止烧苗,可以增加施肥次数。

葱蒜类主要包括大蒜、洋葱、韭菜等,能够适应各种土壤,由于多为须根系作物,根系不发达,所以吸肥力较弱,但需肥量多,并且较耐肥,因此要注重基肥的施用。

茄果类蔬菜根系较为发达,吸肥力较强,常见的有茄子、辣椒、番茄等。生产中要加强水肥管理,按照作物的生长发育阶段,适时的满足作物对营养的需求。要注重追肥的施用。

(2)阳台蔬菜的施肥种类。阳台蔬菜一般常用的肥料分为有机肥和无机肥。阳台种植蔬菜可以购买已经处理好的有机肥,尽量避免直接施用人粪尿等有机肥,减少对居住环境的影响。无机肥也就是俗称的化肥,是用化学方法制成的肥料。根据作物对肥料的需求常见的有氮肥、钾肥、磷肥、复合肥等。

氮肥:氮肥供应充足的作物,生长旺盛,枝叶繁茂,特别对叶菜类作物尤其重要。氮肥供应不足时,植株生长矮小,枝叶较小,叶片发黄,产量较低。另外需要特别注意的是,施用氮肥过量,会导致蔬菜生长徒长,根茎变弱,影响作物的品质和产量。常用的氮肥有尿素、碳酸氢铵等,其中尿素的含氮量较高,达到 45%～46%,并且适用的范围广,可以为多种蔬菜施肥。

钾肥:钾肥为作物主要提供钾元素,也是植物需要最多的元素之一,对作物的品质有重要的影响,常用的钾肥有硫酸钾、氯化钾等。

磷肥:磷肥作为作物需要的三大元素之一,对植物的生长具有重要的作用。磷肥供应充足能够促进作物早熟,增强作物的抗寒性,增加作物产量,增进作物的品质。例如,能够促进瓜类、茄果类蔬菜的开花结果。另外,磷肥还能够促进蔬菜对氮肥的吸收。常用的磷肥有过磷酸钙、钙镁磷肥等。

复合肥:是含有两种或两种以上氮、磷、钾元素的肥料,能为作物提供较为全面的营养,常用的复合肥有硝酸钾、磷酸二氢钾等。

(3)阳台蔬菜的施肥方法。

底肥:播种或移栽作物之前将肥料施入土壤,能给作物提供必需的营养,同时对土壤的改良有一定的作用,因此一般施用有机肥为主。家庭种菜可以直接从市场上购买有机肥料作为阳台种植蔬菜的底肥,根据说明书将有机肥与土壤混匀,然后装入栽培容器中。

追肥:蔬菜定植以后到收获之前的施肥称为追肥。追肥对需肥量较多的蔬菜尤其重要。一般施用速效的化肥,如尿素、磷酸二氢钾及含有氮、磷、钾的复合肥或者处理好的饼肥等有机肥。由于阳台蔬菜大部分采用容器栽培,作物生长的空间较小,如果采用撒施、埋施等方法,有可能会造成短时间内作物根系周围肥效过高,导致烧苗。因此追肥可以采用随水冲施,这样浓度较小,施用比较简单方便,而且施肥效果较好,又安全,可以有效提高作物对养分的利用效率。

追肥时要注意:①追肥的部位。追肥不宜紧贴蔬菜的茎基部,施肥深度不宜深,如果容器过小,可以随水冲施。②追肥的时间。蔬菜种类较多,追肥时间的确定要根据不同蔬菜的生长发育特点。叶菜类蔬菜像菠菜、生菜等主要以叶片为食用器官,在叶片生长期间就要保持充足的营养。茄果类、瓜类、豆类蔬菜在开花结果期需要较多的营养,特别像番茄、辣椒等蔬菜多次结果,因此要在结果期追施肥料。萝卜、甘蓝等蔬菜,在营养生长旺期和养分积累期需要大量的肥料,这时候是施肥的关键时间。③追肥的种类。一般施用速效的化肥如尿素、磷酸二氢钾及含有氮、磷、钾的复合肥或者处理好的饼肥等有机肥。④追肥量。看苗施肥,就是根据植株的长势、外部形态特征发生的变化来确定是否需要施肥或根据说明书施肥。

叶面施肥:通过化学方法将各种植物所需的营养元素配成制剂,喷洒在蔬菜叶面上或者添加一些表面活性剂,促进叶片吸收的施肥方法。蔬菜本身需要的养分较多,加之阳台特殊的环境,此技术能使肥料利用率提高,特别是在作物根部吸收营养不好的情况下,能有较好的效果,但要注意喷施的浓度,浓度过低,达不到效果,浓度过高,又会烧伤叶面,因此叶面施肥要严格控制施肥浓度。常见的大量元素和微量元素均可以作为叶面肥进行喷施。一般在晴天进行喷施,增加植株的利用率。

☞ 80 · 阳台蔬菜如何进行植株调整?

植物调整是指植物生长发育的过程中,人为地通过整形、修剪、绑蔓、打杈、疏花、疏果等技术措施,调整植物地上部分与地下部分、营养器官与生殖器官等关系,促进植株的生长平衡,使植株能够更好地生长发育,保持较好的生长状态,同时也改善了植株的通风透光条件。阳台蔬菜可以采取以下方法对植株进行调整。

(1)摘心、打杈。在蔬菜生长过程中,为了促进侧枝生长,常抹除顶梢、顶芽,以控制植株旺长。此外,果菜类蔬菜枝叶繁茂,如果不加以控制,会影响到生殖生长,为了控制生长,每株保留适当的结果枝,摘除多余的侧枝,使每株形成一定的结果枝数,提高结果质量。

(2)搭架、吊蔓。将一些蔓生蔬菜如瓜类、豆类等匍匐生长在地面的分支,用竹子、绳子等材料制作的架子支撑起来,可以减少蔬菜的占地面积,增加通风透光性,同时也避免果实受到地面的污染。搭架有多种形式:单柱架,在每株旁插入一个支柱,适合分枝性较弱的蔬菜。人字形架,将支柱插入在植株两旁,中间用绳子捆绑住。对于番茄、黄瓜等果菜,可以采用吊蔓的形式,将植株用绳子吊起,可以改善蔬菜的空间布局,如果后期结果位置过高,可以把绳放长,调节到适宜生产操作的位置,称为落蔓。

(3)摘除老叶。茄果类、豆类等蔬菜,在生长后期植株下部的老叶光合作用减弱,同时老叶也影响栽培环境的通风透光性。因此,一般在生长后期,会将老叶摘除,有利于植株下部的空气流通,也有利于蔬菜病虫害的防治。

（4）疏花、疏果。一些根菜类蔬菜如土豆、莲藕等及时摘除上部花蕾，有利于地下部器官的生长。果实生长期间，需要大量的营养，对于茄果类、瓜类、豆类等蔬菜，在果实发育期间，注意摘除畸形果、烂果、虫果，使保留的果实能够获得更多的营养物质。对于多次采收的蔬菜如番茄、辣椒、瓜类等蔬菜，果实一旦达到采收标准，可及时采摘，有利于后期果实的发育。

☞ **81.** **什么是蔬菜嫁接？阳台栽培有哪些蔬菜需要嫁接？**

蔬菜嫁接就是把需要栽培的蔬菜幼苗去掉根部，接到另一株带有根系的植株上，使蔬菜能够利用该植株根部吸收的营养，形成一个新的蔬菜整体进行生长发育。这种幼苗在生产中称为嫁接苗。上部的蔬菜幼苗称为接穗，为嫁接苗提供根系的部分称为砧木。砧木的选择对蔬菜嫁接成功与否具有重要影响，其中与接穗的亲和力是选择砧木的首要条件，其他根据生产需要进行选择。例如，黄瓜目前在生产中主要选择根系发达、吸肥力强、抗病虫和逆境能力强的南瓜作为砧木。目前蔬菜嫁接技术主要应用在瓜类和茄果类蔬菜。阳台种植蔬菜可以采用嫁接技术的瓜类蔬菜有黄瓜、西瓜、甜瓜、冬瓜等；茄果类蔬菜有茄子、番茄、辣椒等。

☞ **82.** **阳台蔬菜嫁接有哪些好处？**

（1）增强抗病害的能力。阳台种菜复种指数高，封闭阳台通风不好，各种病害容易发生，采用蔬菜嫁接能有效地提高蔬菜对多种土传病害的抵抗能力。例如，黄瓜栽培过程中容易感染枯萎病，选择黑籽南瓜作物砧木，可以有效地提高黄瓜抗枯萎病的能力。

（2）提高产量。砧木一般都选择根系发达、吸收能力强的植株，形成嫁接苗后能为蔬菜地上部提供充足的营养，能显著提高瓜果类蔬菜的产量。

（3）增加抗逆性。与自根苗（没有进行嫁接操作的幼苗）相比，嫁接苗一般都生长健壮，长势强，对低温、干旱、弱光等逆境有较强的抵抗力。

☞ *83* · 阳台蔬菜嫁接的方法有哪些？

蔬菜的嫁接方法比较多，在种植过程中，可以根据栽培环境、栽培形式等情况进行综合选择。下面介绍几种常用的嫁接方法。

（1）靠接法。靠接法是将砧木和接穗的苗茎部紧靠在一起，通过在苗茎上的切口逐渐愈合形成嫁接苗的方法。例如黄瓜采用靠接法嫁接，可以采用黑籽南瓜作为砧木。黄瓜的接穗一般比砧木早播 3～5 d，当子叶展开，真叶稍稍露出时就可以进行嫁接了。在距生长点 1～1.5 cm 处向上斜切，深度大概为下胚轴的 2/3 处。砧木相应的比接穗晚播 3～5 d，在第一片真叶展开一半时，在子叶下方 1 cm 处向下斜切 0.5 cm，角度为 30°～45°。将接穗的切口插入砧木的切口，然后用嫁接夹固定。因为靠接法采用的是不断根嫁接，当嫁接苗成活后需将接穗的根剪去，以使幼苗完全依靠砧木吸收养分。断根的时间不同的作物有所不同，例如苦瓜可以在嫁接后 12 d 左右幼苗成活后，在接口下适当位置用剪刀剪去接穗的下胚轴。

（2）插接法。插接法是将接穗的苗茎用刀削尖插入到砧木的茎顶端或上部插孔，其中砧木的插孔可以用竹签插入。根据插接的位置不同又可分为上部插接法和顶端插接法。采用上部插接法时，可以等砧木苗长大些切下幼苗的顶端，将接穗插入。顶端插接法即把砧木的真叶和生长点摘除，然后将接穗在子叶下 1～1.5 cm 处削成楔面形插入插孔，在生产中应用的较为广泛。例如西瓜多采用插接法育苗。

（3）劈接法。劈接法是将砧木的生长点摘除，用刀在生长点的位置劈开，将接穗的苗茎削成楔形插入，然后用嫁接夹夹上。例如甜瓜采用劈接法育苗的嫁接时期是砧木在子叶完全展开，真叶刚刚出来时，而接穗需在真叶展开一点最好，然后按照劈接法进行嫁接。

☞ **84.蔬菜嫁接后管理上需要注意哪些问题？**

一般蔬菜嫁接后到成活需要 10 d 左右的时间，在这期间砧木和接穗的伤口处在愈合阶段，要对环境条件进行调控，以利于嫁接苗的成活。光照方面一般需要遮光或弱光，可以用遮阳网进行遮阳保护，防止嫁接苗失水导致萎蔫。温度方面要进行保温，例如黄瓜白天可以保持在 25～30℃，晚上 18～20℃，当嫁接苗成活后，可以将温度适当降低，白天温度可在 25℃左右，夜间 15℃左右，防止幼苗徒长。湿度方面要保持高湿的环境，刚刚嫁接好的幼苗，湿度可以保持在 95%～100%，4～6 d 后空气湿度可以保持在 90%左右，10 d 左右湿度可保持在 85%左右，阳台培育可以覆盖塑料薄膜以保湿度。10 d 以后大部分蔬菜的嫁接苗就可以转为正常管理了。

☞ **85.植物按照授粉方式可分为哪几类？其各自的特点是什么？**

植物按照授粉方式可分为自花授粉植物、异花授粉植物和常异花授粉植物三类。

（1）自花授粉植物。由同一朵花花粉传播到同朵花的雌蕊柱头上，或由同株的花粉传播到同株的雌蕊柱头上进行传粉而繁殖后代的植物，又称自交植物。

(2)异花授粉植物。通过不同植株花朵的花粉进行传粉而繁殖后代的植物,又叫异交植物。

(3)常异花授粉植物。以自花授粉为主,但花器结构不太严密,从而发生部分异花授粉的植物。常异花授粉植物既可以自花授粉也可以异花授粉。

☞ *86*. 自花授粉、异花授粉和常异花授粉的蔬菜各有哪些?

(1)自花授粉蔬菜。这类蔬菜由于开花特性和花器结构的原因,一般情况下其他花朵的花粉几乎不能落到柱头上,或者在花朵完全开放前已完成了自花授粉。包括菜豆、豇豆等豆科蔬菜,生菜、茼蒿等菊科蔬菜,番茄、茄子等茄科蔬菜的大多数种类。

(2)异花授粉蔬菜。异花授粉作物在花器结构方面有着复杂的多样性,以多种方式适应异花授粉的需要。如开放传粉雌雄蕊异熟有利于异花授粉;风媒花产生大量体积小、重量轻而易于飞扬的花粉,雌蕊具有外露表面大而便于捕捉漂浮花粉的柱头;虫媒花具有对昆虫等传粉动物吸引力很强的艳丽色泽、浓郁而特异的气味、发达的花冠和蜜腺;自交不亲和机制以及上述两个或更多特性的联合机制等。萝卜、大白菜、甘蓝等十字花科蔬菜,南瓜、黄瓜、丝瓜等葫芦科蔬菜,韭菜、洋葱、大蒜等百合科蔬菜,菠菜、甜菜、马铃薯等藜科蔬菜,茴香、芹菜、胡萝卜等伞形花科的蔬菜都是异花授粉。

(3)常异花授粉蔬菜。这类蔬菜为雌雄同花,多为自花授粉,但花器结构不完全封闭,柱头相对裸露,可接受其他花朵的花粉,并正常地受精发育。辣椒、蚕豆、黄秋葵等都属于常异花授粉蔬菜。

☞ *87.* 阳台种菜如何进行人工授粉？

对于自花传粉植物，一般常用的人工授粉方法如下：除去未成熟花的全部雄蕊，即去雄；将去雄的花套上纸袋，密封，待花成熟时再采集需要的植株的花粉，撒在去了雄花的雌花柱头上。这是最简单也是最基本的步骤，如果没有严格执行这两步骤，人工授粉肯定是失败的。去雄的目的是阻止其自花授粉，套袋子则是防止意外异花授粉，如昆虫、风等媒介传粉。

对于异花授粉植株而言，即同株或异株的两朵花之间传粉的植株。阳台蔬菜一般采用人工点授法：在雌花未成熟前套上袋子，待雄花开放时，采集多朵雄花花粉，装在玻璃瓶中，用带橡皮头的铅笔或鹅毛耳棒蘸些许花粉，往初开花的花心轻轻一点，蘸一次花粉可授 3～5 朵花。此法较费工，但坐果准确可靠，果实发育好。

☞ *88.* 坐果期需要注意哪些问题？

坐果期是指植株受精以后形成的幼果，能够正常生长发育，果实开始生长的时期，标志着植株从营养生长进入了生殖生长。这时外界环境条件不好和栽培管理措施不到位，常导致落果，因此要加强坐果期的管理。

(1)要注意控制水分。坐果后 7～20 d 为果实膨大期，需水量大，要有充足水分供给，同时水量要均衡，不可以干湿不均匀，不然会引起裂果。

(2)合理留果。留果不可过多，蔬菜长势旺时，采取早留果控制营养生长，但不要影响了正常生长。

(3)避免大风。果菜类蔬菜坐果期间要注意阳台的大风，特别是高层的阳台,避免风吹,风会吹落花朵果实。如果是封闭阳台要及时关闭窗户,开放阳台要用覆盖材料对植株进行遮挡。

(4)注意光照控制。光照不足会导致器官发育不良,落花果,畸形果。尤其表现在需光性比较强的蔬菜上,在光照不足时,会导致植株长势减弱,生长发育减缓,影响坐果。对于不同光照需求的植物要适当调节光照强度。

(5)适时调节温度。植株开花坐果前,若植株长势太旺,温度要适宜,保证植株长势。坐果盛期,若要植株生长良好,需将温差控制在 8～10℃ 范围内。

(6)合理肥料的使用。在生殖生长阶段,补充磷钾肥,保证花芽分化和果实生长的旺盛,同时要注意各种肥料使用的平衡,使植株生长良好。

☞ *89.* 阳台种菜如何进行防风?

大风沙尘天气会对蔬菜造成不利影响,稍微管理不好,轻则秧苗刮倒或者受冻,重则蔬菜绝产。封闭性阳台要及时关好窗户,防止不利天气对蔬菜生长造成不利影响,开放性及半封闭阳台,可以在大风天气来临前及时将蔬菜转移到室内,如果无法转移,则应该注意以下几点:

(1)看天气预报,早做防范。当遇到突发性的大风及降雨雪天气时可以迅速将浮膜放下,避免草苫被大风吹翻或淋湿。

(2)放下草苫,将草苫底部压实。

(3)在放下的草苫上,横向压一根 8 号铁丝,铁丝要拽紧固定在墙上,草苫就像系了腰带一样,防止大风将草苫刮起。

(4)风刮的时间长,温度高不结冰时,可以用水管将草苫用水喷湿,这样既增加草苫重量,草苫也不容易被风刮坏,而风停时草苫基本就干了。

☞ *90*.阳台蔬菜常见的病害有哪些?

(1)病毒病。又叫花叶病,高温干旱时较易发病,如草莓、番茄、南瓜等可在整个生育期发病,严重影响植株生长,蚜虫是该病的传毒媒介,要注意蚜虫的防治。

(2)灰霉病。植株生长弱,光照不足,同时湿度较大,是主要发生原因,其表面有灰褐色霉层,植株叶片颜色变浅,叶茎呈现软化、水渍样、白色,有时会产生浅褐色同心纶纹的病状,严重会导致植株的死亡腐烂。常发生在茄科、葫芦科、豆科等多种蔬菜。

(3)早疫病。该种病发病时,根茎叶呈现黑褐色,叶片上为圆形斑块,大小在 $1\sim2$ cm,茎部则是出现纶纹状,易导致植株茎部折断,比如西红柿幼苗等。

(4)晚疫病。其发病多在叶片、果实、茎出现,发病初期在叶尖或叶边缘出现水渍状暗绿色不规则形病斑,很快就会变成暗褐色。主要发生在番茄、马铃薯等蔬菜上。同时由叶柄向外发展,导致叶片、茎腐烂发黑,最终植株枯萎,湿度过高会产生白灰色棉絮状霉。

(5)枯萎病。幼嫩组织容易侵袭。其可伤叶、幼苗、小枝、茎(藤)及顶梢。染病后叶片为黄绿色,下部为褐色,最终导致死亡。

(6)根腐病。根腐病发生在胚根、幼根,有时扩展到茎基部,使其腐烂;病苗地上部开始萎蔫,之后变黄,最后枯死;茎基部分会发现维管束变褐色。

(7)霜霉病。主要病症为叶片背面密集交叉白色或紫灰色的霉状物。主要发生在黄瓜、甜瓜、生菜等蔬菜的叶片上。

☞ *91*.阳台蔬菜常见的虫害有哪些?

阳台种植蔬菜复种指数高,空间有限,容易发生病虫害。平时在管理过程中,要注意观察蔬菜的生长状况,如果发现植株生长不良,要及时采取措施进行处理。常见的虫害有以下几种。

(1)蚜虫。一年四季都可发生,繁殖能力很强,叶片被吸食后,变卷曲,枯黄,严重时死亡。一般在蔬菜叶背面,吸食菜叶的汁液。此外,蚜虫还能传播其他病害如病毒病,造成更为严重的损失。主要发生在茄果类、瓜类、十字花科等蔬菜上。

(2)红蜘蛛。也叫叶螨,危害范围较广,主要有番茄、葱、蒜、西瓜、黄瓜、扁豆等蔬菜。繁殖能力较强,一般在高温干燥的条件下容易发生,湿度在80%以上时,对其繁殖不利。主要集结在叶背面,吸食汁液,叶片初期呈现白色小斑点,后期褪绿变成黄白色,叶片最后焦枯脱落,甚至整株死亡。

(3)菜粉蝶。主要危害十字花科蔬菜的叶片,偏食甘蓝和花椰菜。幼虫主要在叶背啃噬叶肉,残留透明的上表皮,随着幼虫长大,可将叶片全部吃光,仅剩叶脉和叶柄。幼虫发育的最适宜温度为$20\sim25℃$,高于$32℃$和低于$9℃$,幼虫会大量死亡。

(4)地老虎。又名土地蚕、切根虫等。地老虎种类多,分布广,常见的有小地老虎、黄地老虎、大地老虎等。危害多种蔬菜,能够切断幼苗近地面的茎部,导致植株死亡。

(5)夜蛾。常在夜间活动,有趋光性。成虫喜在植株的上部叶背面集中产卵。初孵幼虫群集在产卵株的顶部叶背危害,取食叶肉成筛状小孔。幼虫活泼,稍受惊动即吐丝下垂而转移。气温高、湿度大、时晴时雨天气最适宜发生。

☞ *92*. 阳台蔬菜病虫害防治措施有哪些?

阳台和居住环境连接在一起,在阳台上尽量不要使用农药和化学杀虫剂,尽可能地人工捉虫,要经常检查蔬菜的叶片的正反面,发现害虫尽早清除。一旦发生病害要及时清除病株,同时可以采取一些方法进行积极的预防。

(1)轮作。是指在同一田块轮流种植不同的作物。一年内可以种植不同的作物,比如茄果类与大蒜类作物轮作,可以有效地防治病虫害,改善土壤的理化性质。同时注意茬口的安排,注意同科蔬菜不要连作,以有效利用土壤,减轻病虫害的发生与发展。

(2)间作。在同一时间种植不同的作物的方式即为间作。在阳台可以种植多种蔬菜,如高矮不同的作物交叉摆放,如黄瓜架下,可以种植小青菜,既可以充分利用阳台空间,改善作物的光照条件和通风条件,又可以减少病虫害的发生。

(3)选用抗病、耐病的品种。育苗过程中对种子进行消毒,培育无病壮苗,适时增温保温,增加蔬菜作物的抵抗力。

(4)保持阳台卫生。及时清除杂草、枯叶、烂果及一些腐败物质,发现病株立即拔除,避免接触传染。此外加强阳台的空气流通,减轻病害的发生。

(5)用防虫网覆盖。防虫网是一种新型环保的农业技术,以聚乙烯为主要原料,经过挤压拉丝成网状织物,规格较多,一般常用16～24目,可以有效控制各种虫害及病毒病的传播,简单易操作,有效减少化学药剂的使用。防虫网有白色、绿色及银灰色等颜色,可以根据种植作物选用防虫网的颜色。

阳台蔬菜发生病害首先采用农业措施处理,但是在连阴雨天等情况下,可能会使病虫害大暴发,这时候就必须用药剂进行防治了,但要在坚持安全、有效的原则下,严格按照用药说明进行配制药剂,同时要注意周围环境的安全。喷施以后要及时清洗手及受污染的物品,如果是封闭的阳台,要打开阳台窗户进行通风换气。

☞ *93.* 阳台蔬菜发生虫害后可以采取哪些措施?

蔬菜在生长过程中,一旦发生虫害要采取措施进行积极的控制,阳台种植蔬菜可以采用物理方法除去害虫。

(1)悬挂黄板。黄板是一种用来防治虫害的器具,主要是利用昆虫的趋黄性来杀虫的,大概是 30 cm 的正方形,上面涂满黄油或凡士林进行诱杀。能够有效减少蔬菜农药的使用,成本低且环保,特别适合阳台栽培蔬菜使用。当黄板粘满昆虫后,要及时更换,并且根据害虫的情况,调整黄板的高度和数量。可以用来诱杀蚜虫、潜叶蝇等害虫。

(2)控制温度。低温对大部分害虫的生长有抑制作用,合理调控阳台的温度,能有效地抑制害虫的繁殖。

(3)利用害虫对气味的趋性进行捕杀。有些害虫对化学物质的刺激有一定的反应,如小地老虎和甘蓝夜蛾对糖醋液有趋性,可以制作糖醋液等来诱杀害虫。糖、醋、白酒、水、90%敌百虫按 6∶3∶1∶10∶1 的比例调匀制成糖醋液进行诱杀。

(4)灯光诱杀。主要利用害虫的趋光性,可以利用白炽灯、黑光灯等诱杀地老虎、蝼蛄等害虫。

(5)人工捕杀。对于像菜青虫、地老虎、菜粉蝶等虫害,可以人工捉拿,如用镊子摘除虫卵及捕杀幼虫。

(6)肥皂水防治。可将适量的肥皂、酒精、食盐溶入水中,搅拌均匀后,喷洒在蔬菜的叶面的正反面上,可以防治蚜虫、红蜘蛛等蔬菜常见虫害。

☞ 94. 阳台蔬菜常见的苗期病害主要有哪些？如何防治？

蔬菜育苗期间,常因为栽培环境的不适宜,导致病虫害频发。蔬菜苗期常见的病害有猝倒病和立枯病等。

(1)猝倒病。其病原菌为瓜果腐霉菌,一般为幼苗发病,主要危害茄果类、瓜类等蔬菜幼苗。其表现为幼苗茎部接近地面的部分,初呈现水渍状,后逐渐发展为绕茎皱缩,呈线状,像开水烫过,病情发展得很快,最终导致幼苗倒伏死亡。猝倒病的发生与幼苗所处的环境、幼苗长势等有很大关系。如果在育苗过程中,遇到连阴雨天,在高湿环境下,有利于病菌的滋生,加上播种密度过大,很容易发病,在感病病苗或植株附近土壤上常密生白色棉絮状菌丝。防治方法:①在育苗容器中,一旦发现病株,立即拔除,并且要带出阳台种植区,进行处理。②注意栽培管理。用营养钵或穴盘培育壮苗,注重穴盘的铺设。最好达到地势略高、背风向阳、排水良好等方面的条件。在阳台种植蔬菜,最好可以做到少水勤浇,防止湿度过大,滋生病菌。③种植前,可用福尔马林 30 mL 对水 60~100 倍喷洒,然后盖严表面土,封闭 2~4 d 后,进行松土放风。2周后可以种植。

(2)立枯病。病原为立枯丝核菌,也是苗期最主要的病害之一,其中茄科和葫芦科蔬菜幼苗受害较重。发病初期幼苗的茎基部出现暗黑色的斑,后来逐渐扩大绕茎一周,最后茎基部收缩干枯死亡,但是幼苗不倒伏,湿度较大时,植株生病部位出现不太明显的淡褐色蛛丝状的霉层。防治方法:①选用耐病抗病品种。对于阳台种植的蔬菜,不同蔬菜可以选用不同的品种种植。②不要经常种植同一种作物。避免细菌累积发病,合理选择种植的密度。③化学防治。阳台蔬菜栽培,一般数量不多。为达到绿色健康的目标,并不建议使用化学农药。但如果发病,可使用 15% 恶霉灵水剂 450 倍或 50% 多菌灵可湿性粉剂 800 倍液。喷施到植株根部位置,每隔 1 周喷施 1 次,连续 2~3 次。

苗期还容易发生枯萎病、灰霉病、晚疫病等病害,主要侵染幼嫩的组织,严重时会导致植株死亡。阳台栽培蔬菜,防治这些病害主要以栽培时期防病作为主要方法,如栽培容器管理工作要做好,增强抗病力,要给幼苗提供良好的生长条件,施肥量足够,同时每年换用新的肥沃的土壤,栽培容器彻底的清洗和消毒,做好保温防冻设施,注意通风换气,控制土壤和阳台湿度等,都能有效地预防苗期病害的发生。

☞ 95.阳台蔬菜的收获时间如何确定？

蔬菜产品的形式是多种多样的，既有果实，也有茎叶。家庭种植的蔬菜不像商品蔬菜，要根据市场需求以及销售方式来确定采收期，因此可以根据不同作物的性质，灵活确定采收时间。像小青菜等叶菜类蔬菜可以根据蔬菜的大小随用随取。甜瓜可以在有香气的时候采收。西瓜在靠近果柄的位置卷须枯萎或者根据经验轻敲果面有清脆的响声时采收。辣椒、茄子等果实或大或小均可以食用，番茄在果实颜色变红即可食用，或者在果实发白时喷施乙烯利，促进番茄成熟。此外，需要注意在采收果菜过程中，不要伤害植株，最好用剪刀摘取果实，以利于后期植株的生长及结果。此外，蔬菜采收以后要及时清除植株的残体及相关杂物。

☞ 96.阳台蔬菜收获后土壤如何进行处理？

阳台蔬菜一般在容器中进行栽培，一茬蔬菜收获后，土壤丢弃太可惜了，进行处理后还能够继续使用。但由于上茬蔬菜的根系、茎秆、病原微生物等还残留在土壤中，会影响下茬作物的生长，因此要采取相应的处理措施对土壤进行消毒。

（1）化学药剂消毒。常用的化学药剂有福尔马林、溴甲烷、硫黄、氯化苦等。可以采用熏蒸法、喷雾法等。例如可将0.5%的福尔马林喷洒入土壤中，搅拌均匀，堆放成堆，用塑料薄膜包裹1周后待用。无论采用哪种方法，一定要严格按照操作规程。最好能在远离居住的地方。如果条件不满足，一定要做好防护措施，药剂处理后要保持阳台的通风。

（2）物理消毒。阳台栽培面积小，土壤利用率高，可以采用物理消毒法。

蒸汽消毒,将导管直接插入栽培容器中,通热气进行消毒,一般 60℃的蒸汽处理 30 min 就可以将大多数的土壤病原菌杀死。也可以将土壤堆放在一起,盖上塑料薄膜,通入蒸汽进行消毒。蒸汽消毒快,无毒害作用,是比较好的消毒方法,可以有效地防治猝倒病、枯萎病等病害。

酒精消毒,酒精有杀菌消毒的作用,将 2%的酒精喷洒入土壤中,盖上塑料薄膜半个月左右,能防治土壤传播病害。酒精几天以后就会分解,对环境没有影响。

(3)太阳能消毒。太阳能消毒安全、简单、方便,是目前应用较为广泛的消毒方法。可以采用暴晒的方法,将容器中的土壤倒出,堆放在光照充分的区域,蒙上塑料薄膜,在炎热的夏季进行暴晒,可以达到消毒的目的。但暴晒对环境要求较高,有一定的季节限制,一般在夏季才可以进行。

☞ *97.* 番茄常见优良品种有哪些?

(1)红粉天使。樱桃西红柿,早熟,果形椭圆,粉红色,单果重 20 g 左右,风味好,不宜裂果,每穗可结 20～30 个果,产量高,耐低温。

(2)红珍珠。樱桃番茄,早熟品种,无限生长类型,植株长势旺盛,果色亮红色,单果重 18～20 g。果实圆形,每穗可结 20～30 个果,皮厚耐裂果。

(3)天正翠株。无限生长类型。果实圆球形,果色绿色,平均单果重 20 g,果汁多,品质优。

(4)圣女。抗病性强,早熟、播种后 100 d 就可以丰收了,结果数量多,果实椭圆形(枣形),果实红亮。果重 14 g 左右,糖度可达10 度,果肉多、脆,果核少,容易保存运输。

（5）金珍。无限生长类型。生育健壮，叶子较少，抗逆性强，早熟，播种到采收大概 110 d 左右，结果多。花穗可结果 30～50 个，糖度可达 8.5 度，单果重 10～15 g，果色呈橙黄，风味独特，果实较耐贮运。

（6）BR-139。无限生长类型。植株高大，节间长，叶稀疏，抗病能力强，从定植到采收需 70～80 d，复状花序，每花穗结果 60 个左右，单果重 10～15 g。果实圆球形，呈红色，连续结果能力强，丰产性好。缺点是肥水管理不当时有裂果现象，耐贮运性较差。

（7）BR-818。无限生长类型。植株高大，从定植到第一穗果成熟需 70～80 d，抗病能力强，前期产量高，复状花序，一个花穗结果 40～60 个，单果重 15～20 g，果实圆球形，呈红色，有绿肩，品质好。缺点是管理不当时有裂果现象。

（8）贝贝。无限生长类型，植株粗大，从育苗到定植约 45 d，定植后 60～70 d 开始采收，复状花序，1 穗果可达 39～50 个，单果重 15～20 g，果实圆球形，且大小均匀一致，大红果，色泽鲜艳，商品性好。植株长势中等，容易栽培。

（9）米克。生长势强，无限生长型，中熟，主茎 6～7 节着生第一花序，平均每穗坐果 74.9 粒。果实深红色，扁球形，皮厚，味佳，平均单果重 7.8 g。耐高温，抗枯萎病、黄萎病和病毒病。

（10）四季红。有限生长型，第一果穗着生在 6～7 叶，单株果穗数 7.4 个，每穗结果 7.5 个，果实近球形，平均单果重 19.2 g，适口性好，味较甜。

（11）樱桃红。无限生长型，第一花序着生在第 7～9 节，每一花序坐果 10 个以上，果实圆球形，红色，单果重 10～15 g。

（12）超甜樱桃番茄。无限生长型，第 8～10 节开始生第一花序，每穗坐果 30 个以上，每株可采 28～35 穗果。果实圆球形，鲜红色有光，平均单果重 10～12 g，果脐小，皮厚不裂果。抗枯萎病和叶霉病。采收期长达 9 个月。

(13)京丹1号。无限生长型,叶色浓绿,生长势强,每穗花数十个。果实圆球形或高圆形,红色,单果重8～12 g,甜酸适中。中早熟,春季定植后50～60 d开始收获;秋季从播种至开始收获90 d。耐低温,高抗病毒病,较耐叶霉病。

(14)京丹2号。有限生长类型,第一花序着生于5～6节,主茎4～6穗封顶。极早熟,春季定植后40～45 d开始采收;秋季从播种至开始收获85 d,每穗结果10个以上。下部果高圆形,上部果高圆带尖。成熟果亮红美观,单果重10～15 g。果味酸甜可口。高、低温条件下坐果良好。

(15)七仙女。无限生长型,植株长势旺盛,叶色浓绿,茎秆粗壮。主茎7～9节生第一花序,一个花序可结7～12个,单果重5～18 g。果实金黄色,圆球形,不易裂果,肉质软,皮薄籽少,风味甜美,清凉爽口,商品性佳,耐贮运。

(16)粉娘。无限生长型。中早熟,生长旺盛,抗病抗逆性强。每2～3片叶着生一花穗,春季栽培每蔓可挂8穗果左右。果实正圆形,深粉红色,单果质量30 g左右,单穗结果20～40个。糖度高、风味浓、口感特佳,硬度较好,耐贮运。对晚疫病、叶霉病、脐腐病、根结线虫病、枯萎病都有很好的抗性。

(17)黄玉。彩色水果型小番茄新品种,为中早熟品种,无限生长。植株长势强,成熟果浅黄色并带有条纹,单果重25～30 g,每穗可着生8～10个果,抗病性强,易栽培。

(18)红铃。小型番茄的优良品种,无限生长型,植株生长势强,叶绿色,果实小而圆,果色均鲜红色,风味好,甜度高,单果重10～15 g,早熟,定植后50～60 d可采收,耐热性、抗病性强。

(19)金吉果。水果型小番茄,单果重20 g左右,果皮和果肉均为黄色,每穗可着生8～10个果,果实味道佳。生长健壮,易栽培。

(20)矮生黄铃。植株矮生,自封顶,株高30～50 cm,果实小而圆,果色鲜黄,单果重 10～15 g,早熟性好。

(21)青缇。小型绿色番茄,中熟无限生长类型,植株生长强健,叶片为普通花叶,果实椭圆形,单果重 20 g 左右,口味酸甜适口,风味独特,具有较强的抗病性和栽培适应性。

☞ *98*. 甜(辣)椒常见优良品种有哪些?

(1)红罗丹。连续坐果能力强,果大,产量高。单果重 200～220 g,最大可达 750 g,耐低温能力强。

(2)世纪红。连续坐果能力强,植株节间短。果实均匀方正,单果重 180 g 左右。红椒、绿椒均可采收。

(3)方舟。连续坐果能力强,果形周正漂亮,均果重 180 g。果肉厚。红椒、绿椒均可采收。

(4)红德莱。坐果率高,果形方正,单果重 180 g。果实颜色亮丽,商品率高,以红椒为主。

(5)红英达。连续坐果能力强,单果重 200 g,以采绿椒为主。

(6)凯瑟琳。植株生长势旺盛,坐果率高。果形方正,商品率高,单果重 220 g。果肉厚,以采绿椒为主。

(7)黄贵人。连续坐果能力强,产量高。果形方正,单果重 200 g。黄、绿椒皆可采收。

(8)紫贵人。五彩椒中的紫色品种,无须转色。果实方正,单果均重 160 g。

(9)火鹤三号。干椒新品种,果形整齐一致,果长 13 cm,果径 1.8～2 cm,连续坐果能力强,产量高。

(10)红火。干椒品种,坐果集中,果形整齐一致。果长 15 cm 左右,径宽 1.8 cm 左右。坐果率高,产量高。

(11)五彩椒。株高 15～35 cm,开展度 45～60 cm。小果形,果实长圆锥形,近似三角形,果顶朝上。果长 2.5 cm 左右,果宽

1.6 cm 左右,单果重 2～10 g,辣味强,坐果力强,结果数多。同一株果实可同时有奶白、浅黄、橙黄、红 4 种颜色,具有很高的观赏价值。

(12)七姐妹椒。植株长势中等,株高 60 cm 左右,开展度 50 cm,单株 4 个主分枝,主枝上侧枝少,每个小侧枝上挂 7 个果,故名七姐妹椒。植株生长形状平稳,挂果率高。花单生,白色,果实指天形,果实在成长过程中有绿、白、紫、红多种颜色变化,同一分枝上多种颜色果实同时存在,排列整齐,辣味浓,叶片卵形,互生、绿色,具有很高的观赏和食用价值,抗病、耐寒、耐涝性强。

(13)黄线椒。黄线椒因果形细长,果色鲜黄而得名。株高 50～70 cm,果皮薄,单果重 10～20 g,果形修长玲珑,果色鲜艳夺目,味辣,可生食或切丝做配菜,家庭盆栽可将鲜果晒干贮食。

(14)小米粒椒。小米粒椒因其果如米粒大小,幼果乳白色而俗称之。株高 25 cm 左右,分枝多,株型优美,果多,果实呈扁圆形,果径 0.5 cm 左右,单果重 5 g,味辣。其果实在成长过程中有白、紫、红等颜色变化,花白色,叶片深绿色,细小。果实朝上生长,较耐阴,容易管理,观果期长,是家庭用来盆栽观果的最佳辣椒品种之一。因株型小巧,可将盆果置于装饰柜上供观赏。

(15)指天椒。株高 60～90 cm,开展度 70～100 cm。根系强大,茎直立,一般为双叉状分枝。果实锥形,向上直立生长,长 2.5～3.5 cm,横径 0.7～0.9 cm,幼果青色,熟果红色或黄色,味辣。播种至初收 90 d 左右,收获期与观赏期长达 7～8 个月,分枝力强,结果多,耐旱、耐热,抗病虫能力强,耐寒性中等。

☞ **99.黄瓜常见优良品种有哪些?**

(1)戴多星。从荷兰引进,一代杂交种,强雌性,以主蔓结瓜为主,瓜码密,瓜长 14～16 cm,无刺无瘤,果皮翠绿色,有光泽,皮薄,口感脆嫩,口质好,耐低温弱光等不良条件,抗病性较强,丰产性好。

(2)戴安娜。北京北农西甜瓜育种中心选育,一代杂交种,长势旺盛,瓜码密,结瓜数量多,果实墨绿色,微有棱,无刺无瘤,瓜长14~16 cm,果实口感好,抗病性强。

(3)春光 2 号。中国农业大学选育,一代杂交种,全雌性,瓜长20~22 cm,果皮亮绿色,光滑富有光泽,皮薄,口感脆、甜、香,是目前口感较好的品种,耐寒性强,不耐高温。

(4)Mk160。从荷兰引进,一代杂交种,强雌性,节间短,瓜码密,结瓜多,果皮翠绿色,果皮光滑,瓜长 12~16 cm,耐低温弱光,抗白粉病、抗黑星病能力强,适合春、秋季种植。

(5)荷兰小黄瓜。植株蔓生,果实长约 10 cm,果皮无棘,肉质香甜。从种植到收获约 60 d,结瓜多。家庭室内四季可播,各地可种植。

(6)F1 水果黄瓜。植株蔓生,果实长约 10 cm,果皮无棘,肉质香甜。从种植到收获约 50 d,结瓜多。家庭室内四季可播,各地可种植,抗病、抗热性好,产量高。

(7)日本小黄瓜。蔓生,主蔓结瓜为主,生长势强,抗病、耐热,瓜短棒形,瓜长 20 cm,粗 5 cm 左右,瓜皮浅绿色,商品性好,肉质脆嫩,清香。

(8)翠玉黄瓜。植株蔓生,果实长约 10 cm,果皮无棘,肉质香甜。种子用温水浸种,催芽,冒嘴即种,摘掉侧蔓,早结瓜,从种植到收获约 50 d,结果多。家庭室内四季可播,各地可种植。

(9)小可爱多黄瓜。植株蔓生,果实长约 8 cm,果有毛刺但不刺人,肉质香甜,从种植到收获约 60 d,结果多。喜凉爽通风良好的环境,家庭室内四季可播,各地可种植。

(10)园丰元 6 号青瓜。山西夏县园丰元蔬菜研究所生产,一代杂种,中早熟,长势强,主侧蔓结瓜,雌花率高,瓜条直顺,深绿色,有光泽,瓜长 35 cm,白刺,刺瘤较密,瓜把短,品质优良,产量高,每亩产 5 000 kg。适宜春、夏、秋季种植。

(11)早青二号。广东省农科院蔬菜所育成的华南型黄瓜一代杂种,生长势强,主蔓结瓜,雌花多。瓜圆筒形,皮色深绿,瓜长 21 cm,适合销往港澳地区,耐低温,抗枯萎病、疫病和炭疽病,耐霜霉病和白粉病。播种至初收 53 d。适宜春、秋季栽培。

(12)津春四号青瓜。天津黄瓜研究所育成的华北型黄瓜一代杂种,抗霜霉病、白粉病、枯萎病,主蔓结瓜,较早熟,长势中等,瓜长棒形,瓜长 35 cm。适宜春、秋季露地栽培。

(13)粤秀一号。广东省农科院蔬菜所最新育成的华北型黄瓜一代杂种,主蔓结瓜,雌株率达 65%,瓜棒形,长 33 cm,早熟,耐低温,较抗枯萎病、炭疽病、耐疫病和霜霉病,适宜春、秋季露地栽培。

(14)中农 8 号。中国农科院蔬菜花卉研究所育成的华北型黄瓜一代杂种。植株长势强,分枝较多,主侧蔓结瓜,抗霜霉病、白粉病、黄瓜花叶病毒病、枯萎病、炭疽病等多种病虫害。适宜春、秋季露地栽培。

☞ *100*. 茄子常见优良品种有哪些?

(1)绿丰爱丽。中早熟茄子杂交一代品种,植株生长势强健,连续坐果能力强;果实细长棒状、绿萼、果形顺直,平均单果重 350 g 左右;果实色泽油黑亮丽,有光泽;果肉嫩,口感佳。

(2)黑秀茄。株高 85 cm,株型半直立。早熟,果实黑紫色,长条形,果皮光泽强,着色均匀,一致性好,单果重 140 g,商品性好;低温坐果能力强,弱光下着色好,商品果率高。

(3)黑玛丽九号茄子。早熟品种,生育期 100 d 左右,膨果速度快,20 d 左右,株高 55 cm 左右,果实长 30 cm 左右,果皮黑色光亮,着色好,质地细嫩,单果重 200 g 以上,抗黄萎病和疫病。

(4)齐茄 1 号。中熟,植株生长健壮,株高 95 cm 左右,门茄着生于第 9～10 节,果实细长,黑紫色,有光泽,单果重 200～250 g。抗黄萎病,耐低温,适于保护地栽培。

(5)五叶茄。分枝性强,株高 65 cm,开展度 70 cm,第一花序着生于第五节,果圆至近圆形,商品茄外皮深紫色,表皮光滑,具有光泽,果肉白色,质地紧实,细嫩,耐寒、抗病、适应性强,成熟较早。

(6)辽茄七号紫长茄。果实长形,长 20 cm,粗 5 cm,单果质量 120～150 g。果皮紫黑色,有光泽,商品性好,品质佳,果实肉质紧密,口感好,耐运输。适于密植栽培,低温弱光下果实着色良好。

(7)9318 长茄。中早熟品种。株型直立,生长势强,单株结果数多。果实长棒形,果长 30～35 cm,横径 5～6 cm,单果重 250～300 g。果色黑亮,肉质细嫩,籽少。果实耐老,耐贮运。

(8)湘早茄。株高 63 cm,茎紫黑色;果实卵圆形,紫黑色,有光泽,长 15 cm,粗 6 cm,单果重约 150 g。果肉绿白色,品质中等。早熟,耐寒、耐湿性强,不耐高温干旱,抗病性中等。

(9)湘杂八号。湖南省农科院蔬菜研究所培育。该品种早熟、高产,耐寒性和抗病性强,较耐热。果皮紫黑色,单果重 150 g 左右。

(10)湘杂九号。湖南省农科院蔬菜研究所培育。该品种中晚熟、耐热,坐果率高。果实粗棒形,大红色,单果重约 180 g,肉白、品质好。

(11)棒绿茄。株高 75 cm,开展度 76 cm,直立型。茎秆和叶脉均为绿色,叶片肥大,叶缘波状。花紫色。果实长棒形,纵径 20 cm,横径 5.5 cm。果皮油绿色,富有光泽,果顶略尖。果肉白色,松软细嫩,味甜质优,单果重 250 g。抗黄萎病和绵疫病。从播种到商品果始收 112 d 左右,属于中早熟品种。

(12)保丰长茄。其主要性状为早熟、高产、优质、抗病等特点。6～7片真叶出现第一花序、花柄、萼片、花瓣为紫色、萼片下生长痕呈紫红色,茎、叶脉呈紫色,植株开张度小,株高 0.7～1 m,株幅 0.4～0.6 m,生长势强,抗病性好,可剪枝连续栽培,果实紫黑色,光泽油亮,果实长 20～25 cm,粗 5～8 cm,单果重 210～250 g。

(13)海花茄 2 号。极早熟花培品种,始花节位 7 节,叶片深绿色,茎、叶脉紫色,株高 35～50 cm,开展度 80～90 cm,果实椭圆形,果长 15 cm,横径 5～6 cm,平均单果重 200 g 左右。果实紫黑色,光滑油亮,萼片紫色,商品性好。果肉细密、籽少,抗病性、连续坐果能力较强。

(14)富锦。特早熟,果皮黑亮,绿肉,单果重 150～200 g。连续生长和坐果能力特强,耐低温弱光。

(15)小黑龙。早熟,果皮黑亮,绿肉,单果重 150～200 g。坐果能力强,特耐高温。

(16)京茄 11 号。早熟,连续坐果能力强。果形周正,深紫色,果皮光滑,光泽度佳。果实棒形,果长 30～35 cm,横径 7～8 cm,单果重 250～350 g。耐低温弱光,抗逆性强。

(17)紫阳长茄。极早熟,果实亮黑色,紫萼,果长 28～35 cm,直径 5～6 cm,单果质量 250～350 g。每亩产 5 000 kg 左右。耐湿、耐弱光,适宜保护地早熟栽培。

(18)鲁蔬长茄 1 号。中早熟,果实紫黑色,紫萼,果实长圆柱形,长约 30 cm,直径约 6 cm,单果质量 260 g。

(19)紫龙王 4 号。早熟,分枝性强,株高 95 cm 左右,开展度约 85 cm,果面黑紫色,平滑光亮,果长 35 cm 左右,横径 4.5 cm,单果重约 165 g。

(20)春秋长获。早熟,果面黑紫色,果面顺直美观,光泽度好,果长 30～35 cm,横径约 4 cm,单果重 150～180 g,商品性特佳。

☞ *101.* 生菜常见优良品种有哪些？

（1）玻璃生菜。又叫软尾生菜、散叶生菜。不结球，叶簇生，株高 25 cm。叶片近圆形，较薄，长 18 cm，宽 17 cm，黄绿色，有光泽，叶缘波状，叶面皱缩，心叶包合，叶柄扁宽，白色，单株重 200～300 g，质软滑，不耐热，耐寒。适春、秋季栽培。

（2）"红帆"紫叶生菜。植株较大，散叶，叶片皱缩，叶片及叶脉为紫色，色泽美观，随着收获的临近，红色逐渐加深。喜光，较耐热，不易抽薹，成熟期较早，全生育期 50 d。

（3）凯撒。极早熟，生育期 80 d。株型紧凑，生长整齐。肥沃土适宜密植。球内中心柱极短。球重约 500 g，品质好。抗病性强，抽薹晚，高温结球性比其他品种强。

（4）奥林匹亚。极早熟，生育期 80 d 左右。叶片淡绿色，叶缘缺刻较多，外叶较小而少；叶球淡绿色稍带黄色，较紧密，单球重 400～500 g；品质佳，口感好，耐热性强，抽薹极晚。

（5）萨林娜斯。中早熟，生长旺盛，整齐度好，外叶绿色，叶缘缺刻小，叶片内合，外叶较少，叶球为圆球形，绿色，结球紧实，单球重 500 g。品质优良，质地软脆，耐运输，成熟期一致，抗霜霉病和顶端灼烧病。

（6）皇后。结球生菜品种，中早熟，生育期 85 d，生长整齐，外叶较深绿，叶片中等大小，叶缘有缺刻；叶球中等大小，结球紧实，单株重 500～600 g。风味佳，抽薹晚，较抗生菜花叶病毒病和顶部灼伤。

（7）皇帝生菜。早熟品种，叶片中等绿色，外叶小，叶面微皱，叶缘缺刻中等，叶球中等大小，很紧密，球的顶部较平。单球平均重 500 g 左右，品质优良，质地脆嫩，耐热性好，种植范围广，生育期 85～90 d。

(8)罗莎生菜。叶簇半直立,株高 25 cm,开展度 25～30 cm,叶片皱,叶缘呈紫红色,色泽美观,叶片长,呈椭圆形,叶缘皱状,茎极短,不易抽薹,喜光照及温暖气候。耐热性较强,耐寒性好,适应性广,从播种到收获 60～70 d。

(9)绿蕾。优良结球生菜新品种。中早熟,全生育期 85 d 左右。叶片中绿色,外叶较大,叶缘略有缺刻。叶球圆形,顶部较平,结球稳定整齐,单球重 700 g 左右。耐烧心、烧边,品质好,抗热,抗病性较强,适应季节和种植范围相当广泛。

(10)丽秋。优良结球生菜新品种。中早熟,全生育期 80 d 左右。叶片翠绿色,外叶中等,叶缘波状且皱缩。叶球圆形,结球紧实稳定,单球重 600 g 左右。耐热性好,抗抽薹能力强,对软腐病和霜霉病有较强的抗性,品质佳,特别适合北方夏、秋季种植。

(11)紫霞。紫叶生菜品种,颜色紫亮,有光泽,株型紧凑圆正,商品性极佳,耐热性较好,抗病。

(12)绿梦。早熟,全生育期 60 d 左右。叶片亮绿色、多皱缩,叶缘波状,食味佳。耐寒、耐热性较好,抗病性较强,适宜春、秋季和冬季保护地栽培。抗抽薹,耐采收性优,平均每亩产 1 500 kg以上。

(13)英菲。冬季专用品种,耐寒性强,在低温条件下生长速度快,叶球大而紧实,是鲜食及加工出口的优良品种。

(14)双子生菜。中熟结球生菜品种,生长势强,叶片暗绿色,外叶较大,叶片厚。单株重可达 700～800 g,生育期 85 d 左右。

(15)飞翔 100。中早熟,叶片中等绿色,外叶较少,叶片有皱褶,叶缘有缺刻,叶球中等大,结球紧密,球顶部较平,生长整齐,耐热性好,生长期 80 d 左右。

(16)大速生。散叶型,植株较直立,叶片皱,浅绿色,生长速度快,定植后 20～30 d 可采收,风味好,无纤维,耐热性、耐寒性均较强,栽培适应性广。

(17)瑞比特。快速生长的散叶类型生菜,植株较直立,叶片皱,浅绿色,生长速度快,栽培适应性广。

(18)特红皱紫叶生菜。叶紧凑直立,色泽美观,茎短缩,喜光照,定植后 50 d 可采收。

(19)红皱罗莎。叶簇紧凑直立,叶片皱缩细碎,叶片呈红色,色泽美观,茎短缩,喜光照和温暖气候,生长较迅速,定植后 50 d 可采收。

(20)射手 101。优良的结球生菜品种。叶片绿色,外叶较大,叶缘略有缺刻,叶球圆形,顶部较平,结球稳定整齐,单球重 600 g 左右,质地脆嫩,口感鲜嫩清香,苦中带甜。

☞ *102.* 豆类常见优良品种有哪些?

(1)将军一点红油豆。属于中早熟蔓生品种,长势强。花紫色,嫩荚绿色,平均荚长 20 cm,荚宽 2.4 cm。无纤维,肉质面,商品性极佳。该品种抗病、抗逆性强,适应范围广,不早衰,耐贮运,春、秋季皆可种植。

(2)泰国架豆王。该品种表现稳定,产量高,抗病,无筋、无纤维。荚绿色圆棍形,荚肉厚,荚长 30 cm 以上,商品性好;植株生长旺盛,侧枝较多,从播种至采收嫩荚需 75 d 左右。

(3)九粒白芸豆。2～3 片真叶即可开花结荚,荚长 26～30 cm,荚淡绿白色。可比其他品种早 20 d 结荚。从播种至采收嫩荚需 60～63 d,采收期半年以上。适应范围广,具有很强的耐寒性、抗病性及耐热性。

(4)九粒青绿芸豆。早熟品种,从播种至收获需 45 d 左右,植株蔓生,生长旺盛,分枝力强,以主蔓和侧枝结荚,连续结荚率极高。荚绿色,荚长 25～28 cm,顺直粗圆,商品性好;耐低温性强,高抗炭疽病、锈病、疫病等病害。

(5)双冠王绿芸豆。品种荚长 40 cm 左右,宽 3～4 cm,回头荚多,耐低温,生长速度快,节节有蕊,生殖生长旺盛。

(6)长龙五号豇豆。中熟,植株蔓生,长势强,以主蔓结荚为主,分枝少,从播种至采收需 60 d 左右,荚长 70～85 cm,最长可达 1 m。

(7)高优四号豇豆。早熟,蔓生,长势强,结荚较集中,荚呈长圆条形,荚长 57～61 cm,抗枯萎病,耐热、耐寒性较强,较耐锈病。

(8)12 号玉豆。蔓生,分枝力中等,花冠白色,主蔓 7～11 节开花,花序开 6～9 花,结荚 2～5 条,浅绿色,中熟品种,播种至初收春播 75 d,秋播 55 d 左右,可延续采收 25～30 d,耐寒,抗锈病力较强,翻花力强,品质好,适于春、秋两季栽培。

(9)双青玉豆。蔓生,分枝力较强,主蔓第 8～9 节开始着生花序,花冠白色,荚长 18.7 cm,浅绿色,早中熟品种,播种至初收春播 70 d,秋播 50 d,可延续采收 25～30 d,较耐寒,抗锈病力一般,品质较好,适于春、秋两季栽培。

(10)35 号玉豆。蔓生,分枝力一般,主蔓 4～6 节开始着生花序,花冠白色,花序开花 15～20 朵,荚长 14～16 cm,青绿色。早熟,春植播种至初收 70 d,秋播 55～60 d,可延续采收 25～35 d,较耐寒,耐湿,品质优,适合春、秋两季栽培。

(11)食荚大菜豌 1 号。嫩荚类型,花白色,单生或双生,荚长 12～16 cm,宽 3～4 cm,浅绿色,单荚重 13 g,豆荚脆嫩,纤维少,品质优良。播种至初收 70 d,延续采收 60 d,易感白粉病。

(12)台中 11 号。从台湾引进,嫩茎类型,花淡紫红色,双生或单生,荚长 9.5 cm,宽 1.6 cm,单荚重 2.5 g,豆荚脆嫩,纤维少,品质优良。播种至初收 70～80 d,延续采收 70～80 d,抗白粉病力弱。

(13)红花豌豆。又称麦豆,豆粒供蔬食。花紫红色,单花或双花,荚长 6.3 cm,宽 1.3 cm,鲜种子千粒重 233 g,含淀粉多,品质中等。播种至初收 85 d,延续采收约 15 d。

☞ *103*. 草莓常见优良品种有哪些?

(1)丰香。日本品种,单果重 13~15 g,果实圆锥形,鲜红色,有光泽,果肉淡红色,风味甜香稍酸,皮质上乘,果实硬度一般。

(2)红脸颊。日本品种,果实圆锥形,果色暗红,果肉橙红,口感细腻,酸甜可口,第一穗果平均单果重 30 g,果实硬度大。

(3)甜宝。日本品种,第一穗果平均单果重 17~20 g,果实长圆锥形,甜香味浓,丰产性好,果肉细腻,色泽鲜艳光亮,硬度大。

(4)全明星。植株长势强,较直立,株冠大。叶形较大,短圆形,叶色深绿。花序梗直立生长,低于叶面。果实较大,平均单果重 15~20 g,最大果重 50 g。果实圆锥形,肩部宽,先端圆,果面鲜红色,有光泽。果面坚硬,耐贮性好,加工性能亦好。中晚熟,产量较高。植株耐热性强,在夏季高温干旱下抗病力强。

(5)宝交早生。早熟。适应性较广。植株生长势旺盛,株高中等,较开张,匍匐茎发生多,便于育苗繁殖。叶片椭圆呈匙形,托叶淡绿色稍带粉红色。果实中等大小。第一花序平均单果重 10~20 g,果形圆锥形,果面鲜红色,有光泽。香味浓,肉质细,品质上乘,但不耐贮运。产量较高,植株抗病力较弱。

(6)丰香。植株长势强,较开展。叶形较大,圆形,叶色绿,较厚。果实较大,平均单果重 10 g,短圆锥形,果面鲜红色有光泽。有香味,品质优良。产量较高,早中熟,抗病力中等。

(7)春香。植株长势强,较直立,繁殖力极强。株冠大,叶片大而圆,叶色黄绿。果实中等偏大,平均单果重 11 g,果实楔形,果面鲜红色,品质优良。产量中等,植株抗寒力和抗病力较弱。适于保护地栽培。

(8)幸香。中早熟品种,植株生长健壮,叶片较小,呈椭圆形,浓绿色,花量多。果实圆锥形,中大,均匀,鲜红色,味香甜,硬度大。注意防治白粉病。

(9)红珍珠。植株长势旺,株态开张,叶片肥大直立,匍匐茎抽生能力强,耐高温,抗病性中等,花序枝梗较粗,低于叶面。果实圆锥形,艳红亮丽,种子略凹于果面,味香甜,可溶性固形物 8%～9%,果肉淡黄色,汁浓,较软,品质好。

(10)丽红。植株生长势强,直立,匍匐茎发生能力较强。果实圆锥形,平均单果重 15～18 g,最大果重 30 g。果面浓红色,光泽强,种子分布均匀,微凹入果面,果皮韧性强,果肉红色,肉质细,致密,汁多,香味浓,髓心橙红色,中等大,空洞小,甜酸适中,硬度较大,含可溶性固形物 8.6%。注意防治蚜虫。

(11)杜克拉。中早熟品种,植株旺健,抗病力强,叶片较大,色鲜绿,繁殖力高。果实为长圆锥形或长平楔形,颜色深红亮泽,味酸甜,硬度好,耐贮运,果大,产量高。

(12)图得拉。中早熟品种,植株长势旺健,抗逆性较好,繁苗能力强,能多次抽生花序。果实长圆锥形,果色深红亮泽,味酸甜,硬度中等,果个均匀。

(13)哈尼。早熟品种。株态半开张,株高中等紧凑,叶色浓绿,匍匐茎发生早,繁殖力高,适应性强。一级序果熟期集中,果个中大均匀,果实圆锥形,果色紫红,肉质鲜红,味酸甜适中,硬度较好,耐贮运。适宜各种栽培形式。

(14)甜查理。新品种,果个大、硬度高、耐贮运、口感好、丰产性强。

(15)佐贺清香。果实大,果圆锥形,果面鲜红色,有光泽,美观漂亮,畸形果和沟棱果少,果肉白色、种子平于果面。果实甜爽、香味较浓,耐贮运性强。

(16)枥乙女。果实圆锥形,果个整齐,果面鲜红色,具光泽,外观极其漂亮。果肉淡红,肉质致密。果汁液多,酸甜适口,品质极佳。果实较硬,耐贮运性较强。

(17)卡麦罗莎。果实长圆锥或楔形,果面光滑平整,种子略凹陷果面,果色鲜红并具蜡质光泽,肉红色,外观艳丽。质地细密,硬度好,耐运贮。口味甜酸,香味浓,但果实完熟后颜色变成暗红色。

(18)女峰。果肉淡红色,硬度大,较耐贮运,酸甜适口,有香味,为优良鲜食品种。

(19)章姬。果实较大,长圆锥形,外观美,畸形果少。果面红色,略有光泽。果肉淡红色,果心白色,品质好,味甜。果较软,不适于远距离运输。但是采摘就很合适了,刚摘下来入口的感觉很好!

(20)红颜。个大、色红、味甜。果实较大,是一般品种的两倍。肉质柔软、甜香浓郁。

☞ *104*. 苦苣常见优良品种有哪些?

(1)丽丝花叶苦苣。叶簇半直立,株高 20 cm,开展度 26～30 cm。叶片长形,叶缘缺刻深,并上下曲折呈鸡冠状,外叶绿色,心叶浅绿,渐至黄白色,中肋浅绿,基部白色,单株重 300～500 g,品质较好,有苦味,适应性强,较耐热,病虫害少,可延迟采收。

(2)鸟巢碎叶苦苣。植株生长势中等,开展度 20～22 cm,株高 25 cm 左右,叶片羽状深裂叶,呈细碎状,叶簇半直立似鸟巢形,外叶绿色,心叶浅绿,渐变为黄白色。株型美观,单株重一般 400～500 g,品质好,有苦味。

(3)英姿。叶片皱缩,品质脆嫩,味甜,株型美观,植株抱合紧凑,耐热耐寒性均较强,适应性广。

(4)细苦 1 号。早熟,株型紧凑,外叶绿色,心叶白色,叶片深裂,形成细叶,形状漂亮,开展度 25～30 cm,单株重 400 g 左右,叶肉厚,品质佳,定植后 50 d 左右收获。

☞ *105.* 菠菜常见优良品种有哪些?

(1)圆叶菠菜。生育期一般 60 d 左右。株高 30~40 cm,株幅 36~46 cm。呈半直立状,茎生叶为长卵形,叶片正面绿色,背面草绿色,叶面微皱,叶片大,叶肉肥厚,心叶卷曲多皱。平均单株重 30~50 g,质柔软,纤维少,品质佳。耐热性较强、耐寒性弱,易感染霜霉病和受潜叶蝇危害。

(2)尖叶菠菜。一般生育期 55~60 d,株高 28~30 cm,株幅 24~32 cm。茎生叶呈长卵形,叶片正面绿色,背面草绿色,叶面光滑,叶肉薄,单株重 20~30 g。茎中空,嫩茎纤维少,品质中等。耐寒性强、耐热性弱,生长期间肥水要充足,以施氮肥为主。

(3)日本超能菠菜。植株半直立,叶簇生,叶柄短,叶片大呈阔箭头形,生长迅速,发叶快,叶肉肥厚,纤维少,品质好,抗寒耐热。

(4)荷兰菠菜 K4。该品种早熟、耐寒、耐抽薹,叶片大,叶子直立,单棵重 600 g,最大可达 750 g,可春种也可秋种,生长期间要注意浇水追肥,促棵生长。

(5)菠杂 18 号。该品种生长旺盛,植株整齐。叶片大、阔箭头形或近半椭圆形,叶尖钝圆,有 1~2 对浅缺裂。叶片平均长 21.4 cm,平均宽17.5 cm。叶柄平均长 25.4 cm,平均宽 1.17 cm,叶面平展,叶色绿,背面灰绿色。叶厚、质嫩、风味好。肉质根粉红色。种子圆形。抗霜霉病,对病毒病也有一定的抗性。抽薹晚。

(6)菠杂冠能。叶片大,叶色浓绿,叶柄短,产量高、抽薹晚。该品种生长势旺盛,整齐一致,株高平均 33.5 cm。叶片阔箭头形,叶渐尖,缺裂浅。叶长平均 16.9 cm,叶宽平均 13.2 cm。叶柄平均长 13.3 cm,平均宽 0.85 cm。叶面平展,叶色深绿,叶肉厚,质嫩,风味好。肉质根红色,种子大,圆形。为晚熟品种,耐寒性中等,抗霜霉病能力较强,对病毒病抗性中等,适应性强。

(7)菠杂 10 号。该品种植株健壮、生长整齐,株高 31.7～40.8 cm,叶片箭头形,先端钝尖,基部戟形,有 1～2 对浅或中深缺裂。叶片长 13.8～16.8 cm,宽 5.8～8 cm。叶柄长 17.7～25.4 cm,宽 0.7～0.9 cm。至收获时 18～21 片叶,叶面平展,正面深绿色,背面灰绿色,叶肉肥厚,质嫩,少纤维,风味好,肉质根粉红色,须根发达,耐寒,抗菠菜病毒病,是目前成熟最早的菠菜品种。

(8)可爱。晚熟品种,抽薹晚,植株直立,株型中等,叶片三角形,叶色深绿。早期生长缓慢,不会徒长,生长稳定;抗病性强,适合春季和夏季栽培。

(9)捷荣。抽薹晚,株型直立,叶缘近圆形,叶片光滑,中绿色。株型可从中到大型,可晚采收。早期生长缓慢,不会徒长,生长稳定。耐热和耐寒好,抗病性强,适合春、秋季栽培。

(10)丹麦王 2 号娃娃菠菜。早熟品种,抽薹晚,叶圆形到椭圆形,叶片中绿。植株直立,株型中大,叶片厚,优质高产。早期生长缓慢,不会徒长,生长稳定。适应性广,抗病性强。发芽适温 15～20℃,生长适温 15～25℃,高于或低于会影响发芽和生长。

☞ 106. 油菜常见优良品种有哪些?

(1)五月蔓。植株较肥壮,叶面平滑,全缘。叶柄白绿色,扁平,肥厚。叶片及叶柄有蜡粉。早熟耐寒,不易抽薹,品质好,春、秋两季均可栽植。

(2)冬青。植株长势较强,株型较直立,束腰,株高 22 cm 左右,叶片卵圆形,全缘,叶色较绿,叶柄扁平,浅绿色,基部为绿白色。具有较强的耐寒性和耐抽薹性。

(3)京油 1 号。株高 22～24 cm,开展度 25 cm,株型较矮,基部大束腰紧,叶绿色较浅,叶面平滑,叶柄宽,耐热性强,品质好,纤维少。

(4)金城特矮青。植株为矮桩青梗类型,外形美观,商品性好。株高 15～16 cm,基部较大,束腰紧,叶绿色,椭圆形,叶面平滑,叶柄浅绿色,耐热性和抗病性均比较强。

☞ 107. 芹菜常见优良品种有哪些?

(1)津南实芹1号。生长势强,抽薹晚,分枝少。叶柄实心,品质好,抗病,适应性广。平均单株重 0.5 kg。

(2)津南冬芹。叶柄较粗,淡绿色,香味适口。株高 90 cm,单株重 0.25 kg,分枝极少。

(3)加州王。植株高大,生长旺盛,株高 80 cm 以上。对枯萎病、缺硼症抗性较强。

(4)高犹它 52-70R。株型较高大,株高 70 cm 以上。呈圆柱形,易软化。对芹菜病毒病和缺硼症抗性较强。

(5)美国白芹。植株较直立,株型较紧凑,株高 60 cm 以上。单株重 0.8～1 kg。

(6)意大利冬芹。植株长势强,株高 85 cm,叶柄粗大,实心,叶柄基部宽 1.2 cm,厚 0.95 cm,质地脆嫩,纤维少,药香味浓,单株平均重 250 g 左右。可耐－10℃短期低温和 35℃短期高温。

(7)美芹。株高 90 cm 左右,叶柄绿色,长达 44 cm,宽 2.38 cm,厚 1.65 cm,叶鞘基部宽 3.92 cm,实心,质地嫩脆,纤维极少。晚熟,生长期 100～120 d,耐寒又耐热,且耐贮藏。

(8)康乃尔 19。黄色品种,植株较直立,株高 53～55 cm,叶柄长 24～26 cm,易感软腐病,宜于软化栽培,软化后呈白色,品质佳,抽薹较迟,生长期 100～110 d。

(9)冬芹。黄色品种。株型较开展,株高 50～55 cm。叶柄长 20～25 cm,叶柄充实粗壮,适应性广,耐热抗寒,一般生长期 100 d 左右,适宜于冬季栽培。

（10）雪白实芹。品质、抗病性、丰产性均优于其他同类品种，植株高可达 70 cm。叶嫩绿肥大，叶柄宽厚，实心，腹沟深，雪白晶莹，口感脆嫩，香味浓。耐热抗寒，生长快，长势强，四季可栽培。

（11）金黄芹菜。抗病性、丰产性极为突出。植株高大，长势强，株型较紧凑。叶柄半圆筒形，呈柔和蛋黄色。纤维少，质脆，香味浓，产量高。

（12）种都西芹王。抗逆性强，适应性广，适应秋露地及保护地越冬栽培。长势强劲，株高约 60 cm，株型紧凑，叶色绿，叶柄宽可达 3 cm，实心，色嫩绿带淡黄色，质地脆嫩，纤维少，味清香，单株重可达 800 g。

（13）美国西芹王。低温条件下生长较快，抗叶斑病、枯萎病。生长势强，株高可达 70 cm 左右。叶色绿，叶柄嫩绿带淡黄色，有光泽，腹沟较平，基部宽厚，合抱紧凑，品质脆嫩，纤维极少而香味特浓。

（14）四季西芹。适应性广，产量高，株高可达 60 cm，叶柄宽大肥嫩，嫩绿带淡黄色且具有光泽，纤维少，香味极浓，品质佳，耐热抗寒，抗病性好，四季可栽培，综合性状优良。

（15）佛罗里达 683。株型高大，高 75 cm 以上，生长势强，味甜。对缺硼症有抗性。

☞ 108. 萝卜常见优良品种有哪些？

（1）二十日大根。表皮鲜红，肉质白嫩，镙形，直径 2～3 cm，单个重 15～20 g。极早熟，生长期 20～30 d。

（2）美樱桃（樱桃萝卜）。肉质根圆形，直径 2～3 cm。单根重 15～20 g。根皮红色，瓤为白色，具有生育期短、适应性强的特点，喜温和气候，不耐热，生育期 30 d 左右。

（3）罗莎。极早熟品种，圆球形，果实深红，直径 1.5～2 cm，地上部分短小,叶片小。

(4)上海小红萝卜。肉质根扁圆球形,表皮玫瑰紫红色,肉白色。肉质根味甜多汁,脆嫩,品质优良。单根重 20 g 左右。春季生长期 30～40 d。

(5)好味。鲜红色的圆萝卜,适合在春季和秋季种植,开花晚。果实整齐且质量好,叶子中等大小,风味好。

(6)新潮。可在春、夏、秋三季种植。叶子比较小。果实很圆,呈鲜红色。

(7)密尔。杂交品种,特别适合晚春、夏季和早秋收获。果实很小,大小一致,圆形,颜色鲜红。

(8)扬花萝卜。南京市郊地方品种。早熟,生长期 40 d 左右。叶簇直立,矮小,板叶,长倒卵形。肉质根扁圆形,外皮红色,肉白色、质脆、味甜、水多。

(9)算盘子萝卜。哈尔滨地方品种。极早熟,生长期 30 d,植株小,叶开张,肉质根球形或短圆锥形,皮红色,肉质白色,味稍甜。

(10)五缨萝卜。北京市郊地方品种。生长期 40～50 d,较耐寒,叶簇直立,叶片绿色,肉质根长圆锥形,红皮白肉,肉质脆嫩,品质较好。

(11)烟台红丁。叶丛半直立,板叶,肉质根扁圆球形,红皮白肉,生长期 40 d,单株根重 35～40 g。

(12)新济杂 2 号。杂交一代,耐热抗病,叶丛半直立,羽状裂叶,肉质根长柱形,出土部分淡绿色,入土部分白色,生长期 60 d,单株根重 500～1 000 g。

(13)鲁萝卜 2 号。生长期 70～80 d。叶丛半直立,浅裂叶。肉质根圆柱形,皮深绿色,肉质淡绿色。单株根重 500～800 g。

第三部分 阳台蔬菜栽培技术

☞ *109.* **什么是生菜？**

生菜学名叶用莴苣（*Lactuca Sativa* L.），又名鹅仔菜、莴仔菜，属菊科莴苣属一二年生草本植物。按叶色划分生菜有绿叶生菜和紫叶生菜两种，其按叶片生长形态又可以划分为散叶生菜和结球生菜两种。散叶生菜单株重可达 500 g，而晚熟的结球生菜品种单株重能超过 1 000 g。生菜原产地中海沿岸，在隋代传入我国，在元代王帧所著的《农书》里的《农桑通诀》卷当中就对其栽培方法有所记录。目前，我国已经成为世界生菜盛产的第一大国。

☞ *110.* **生菜的营养价值有哪些？**

生菜富含维生素 A、维生素 C、维生素 B_1、维生素 B_2、叶酸、胡萝卜素、烟酸和多种矿物质。另外，生菜组织内的乳状液还含有甘露醇、树脂和莴苣素，驱寒、利尿、消炎、刺激消化、增进食欲的功效。在晚餐食用还能起到安眠的效果。

☞ *111.* **生菜的生长习性是怎样的？**

生菜属半耐寒植物，喜冷凉湿润的气候条件，不耐炎热。在高温下易抽薹开花，丧失食用价值。生菜的生长适温在 16～25℃，种子发芽适温在 15～20℃，超过 25℃时，种子吸水能力下降，发芽率降低。两种不同生菜中,结球生菜的结球温度在 10～16℃,超过 25℃时,叶球内部的高温会造成心叶坏死腐烂。散叶生菜相对抗高温能力较强,但在温度超过 30℃时,生长受限易抽薹。较大的昼夜温差利于生菜的生长。

生菜偏好微酸性(pH 在 6 左右)的土壤。保水、透气性好的土壤有利于生菜根系的发展。在生长过程中生菜需要大量的水分和氮肥。另外,生菜偏好钙元素,较多的钙质有利于生菜的生长。

☞ *112*. 生菜要什么时候播种?

生菜属于抗性比较强的蔬菜,生命力旺盛。在春、秋、冬季都适合播种。在夏季生长由于高温容易抽薹,丧失食用品质。因此在夏季生长应选择没有阳光暴晒的阳台,或利用遮阳帘遮挡阳光。结球生菜可在播种后 90 d 左右采收,散叶型生菜在 60 d 后就可陆续采收。

☞ *113*. 生菜要怎么播种?

生菜的种子较小,千粒重在 1 g 左右,呈梭形。颜色有白色、银色、浅黄色和褐色等。在生产当中已经普遍运用育苗移栽的方式利用穴盘或营养钵进行生菜的栽培。而在家中的阳台种植生菜,也推荐在穴盘内进行播种。生菜的发芽率较高,一般一穴播两粒种子就可保证足量种子的出苗。如果没有穴盘或营养钵也可直接在花盆里进行撒播,之后再进行间苗。

☞ *114*. 如何进行生菜穴盘播种?

利用穴盘播种一般分为:装土、压穴、播种、覆土和浇水 5 个步骤。

装土:利用穴盘播种时,先将穴盘中装满基质土并用木片或塑料片将土刮平。注意:如果基质比较干,在装盘之前要先浇 1 次水,让土湿润。否则,在覆土之后不容易浇透水。

压穴:将两个或最多 5～6 个穴盘依次对齐垛叠起来,在上层的穴盘上施加压力,利用穴盘下面的凸起在下层穴盘上压出0.5～1 cm 的小坑。

播种:穴盘的规格通常为 54 cm×28 cm,按孔数有 50、72、128、288 等不同规格。生菜播种适合 72 或 128 的穴盘。播种时在小坑中捻入 2～3 粒种子,种子不要重叠。

覆土:在所有穴中都播好种子后,在穴盘上再附上一层土,之后将土面轻轻刮平。蛭石是一种天然、无毒的硅酸盐矿物质在高温作用下膨胀的形成产物。其具有较好的离子交换的能力和保水能力以及优良的透气性。因此,它对于土壤营养的保持和植物的生长有良好的作用。如果利用蛭石作为覆土,可以较好地改善土壤机械组成,提高土壤保肥保水和通气能力,进而帮助幼苗更好地生长。市场上可以买到蛭石。

浇水:覆土后要进行浇水,水从穴盘下部的小孔漏出即可。在炎热的中午不要浇水,太热的水会烫伤生菜的种子。在冬季播种时不要直接浇刚接出来的凉水,在播种前要提前接好水,在室温下放置一段时间,等水温提高后再使用。不要为了提高水温而用水壶直接烧水,尤其在北方,自来水中的 Ca^{2+} 和 Mg^{2+} 含量较高,水壶加热会进一步提高水的硬度,不利于植物生长。

☞ *115.* 如何利用营养钵进行生菜播种?

利用营养钵播种的步骤和穴盘育苗基本相似。

装土:在营养钵中装入基质土,土面距离营养钵上缘 3 cm 左右。在朝东或朝西的阳台进行播种时,由于只有半天的阳光直射,容易造成植物因为向光性而倒向一方生长。为了避免这种情况的发生可适当把土装少点,利用营养钵的边缘在出面时遮挡阳光,在幼苗期防止子叶节倒向阳光方向。装好土后将水浇透。

点穴:用小木棍或手指在土面压出 1 cm 左右的小坑。

播种:在压出的小坑中捻入 2～3 粒生菜种子,种子不要重叠。播好后,将小坑填平。

☞ *116*. 生菜的花盆播种要怎么做?

刚才提到的穴盘育苗和营养钵育苗,在生菜幼苗长到一定程度时都要进行移栽。而直接在花盆中进行播种则不需要移栽。在花盆中直接播种可以定穴点播也可以进行撒播。若用撒播的方式可以多播种之后在幼苗稍大时进行间苗,间掉的苗也可以直接食用。

定穴点播的步骤和营养钵育苗基本相似,先要装好土并浇好水。花盆直径小的(15 cm 以下)点一穴,之后播上 2～3 粒种子,种子不要重叠。花盆直径大的可以适当将穴点的大一些,多播几粒种子。若用长条形花盆进行栽培可间距 20～25 cm 点一穴,穴孔不要离花盆边缘过近。生菜植株晚熟时直径在 30 cm 或以上,但和其他叶类蔬菜相似,在完全成熟之前也可随时采收食用。因此,在点播时株距也可适当调整。

若运用撒播的方法进行播种,可在装土浇水后均匀地在土面上撒播种子,种子密度不要太大且不重叠。之后均匀地撒上一层 0.5 cm 左右的覆土,之后适当的用喷壶将表层土喷湿即可。因为,直接在花盆内播种,后期不需要移栽,所以覆土可以较另两种方式较浅。

☞ 117. 生菜多久才能出苗？

在气温适合的季节，播种 5 d 内生菜幼苗就会冒出土面。这时要揭开土面的覆盖物让幼苗见光。若要缩短出苗时间，也可在播种前浸种催芽并弃掉漂在水面上的种子。

☞ 118. 生菜种子如何催芽？

为提早出苗，缩短生育期，可以对生菜种子进行浸种催芽。具体方法是将生菜种子放在 15～20℃ 的清水中浸泡 6 h，之后将水沥干，随后将种子放在湿纱布上，20℃ 左右见光发芽。

☞ 119. 生菜幼苗的栽培需要注意什么？

在家中阳台进行生菜育苗主要需要控制温、湿度和光照。在幼苗期若温度过高或光照时间过长对于抗性较弱的品种容易造成抽薹。另外，只要土壤湿润就不要浇水，水分过多或温度过高都会造成生菜幼苗的徒长，不利于生菜的后期发展，适当地蹲苗会让生菜苗敦实粗壮，移栽后生长势强。在幼苗期浇水时要将水壶的花洒向上，不要让水直接冲击幼苗。另外还要时常开窗通风，保持空气新鲜。

☞ 120. 生菜在育苗时需不需要施肥？

生菜在苗期不需要施肥。尤其是在用基质土进行栽培时，基质当中所含的有机质较多，本身就是良好的有机肥。

☞ *121.* 生菜需不需要间苗?

在播种时,为了保证出苗数一般都会多播种子,而在出苗后,多余的生菜幼苗就会争夺生长资源,所以要适当地间苗。在播种2周后,生菜幼苗第2片真叶展开后就可以开始间苗,间苗可分多次进行。

利用穴盘播种时,每穴留一株幼苗。利用营养钵播种或花盆点播时,每穴可酌情留1～2株幼苗。在花盆直接撒播时可分几次将幼苗间至点播时的留苗情况。

☞ *122.* 生菜什么时候移栽?

移栽也就意味着生菜的幼苗期已近尾声。从出苗到移栽需要1个月左右的时间,而在气温较低的冬季,这个时间会相对延长。所以不能单靠时间来判断生菜什么时候移栽,而要根据叶龄来进行判断。叶龄可以理解为植株的真叶片数。利用128穴的穴盘育苗时,在生菜幼苗长至4～5片真叶时可进行移栽。若利用72穴的穴盘进行育苗,移栽时幼苗可稍大些。利用营养钵进行育苗时,在生菜幼苗长至5～6片真叶时可进行移栽。

☞ *123.* 生菜如何移栽?

利用穴盘或营养钵进行生菜育苗,在幼苗长到一定大小时需要进行移栽。移栽前要提前浇水,保持土壤相对湿润。在土壤湿度合适的情况下,因为生菜幼苗的根系会在土壤中盘结,所以可以直接拉幼苗的根部将幼苗和土块整体拉起。移栽前先要在需要移栽的花盆的土上挖出合适大小的坑,坑的大小要略大于要移栽幼苗下的土块。若一盆内要种植多棵生菜,则每坑间距要达到25 cm 或以上。坑挖好后,将起出的幼苗小心的放在坑内,并填土固定好。过程中切记不要伤害植物的根系。之后将水浇透。

☞ *124*．生菜移栽后多久能缓苗?

生菜在移栽时,根系肯定会受到一定程度的破坏,加上需要适应新的土壤环境,移栽后的生菜需要缓苗。一般地,生菜幼苗在移栽后又抽出新叶就标志着缓苗结束,植株的生长得以继续。在移栽措施得当的条件下,一般生菜幼苗在 2~3 d 后会完成缓苗。若在移栽后叶片很快出现萎蔫、发黄,1 周后还没有好转,那么就要考虑重新移栽了。

☞ *125*．生菜移栽后如何控制水分?

生菜移栽缓苗后植株日渐粗壮,可以增大浇水量,待植株长到8~9 片真叶后就可以将水壶的花洒向下直接浇水了。前期浇水要 1 次浇透,保持土壤见干见湿,过多的水分会将植物的根系沤烂。而结球生菜在结球开始后或散叶生菜的生长后期,要勤灌浅灌,大水大肥,切记一次过多浇水,造成叶球腐烂。在采收前提前停止浇水,防止叶球开裂。在夏季高温时可用喷壶向生菜叶面上喷水,以降低温度。

☞ *126*．移栽后的生菜要不要追肥?

生菜的后期生长迅速,需要追肥。在移栽 2 周后,要对生菜进行追肥。若使用颗粒固体化肥可按每株 1 g 氮(1 g 氮相当于 2 g 尿素,肥料的包装袋上会有含量标识)施用。另外也可以买液体营养液,按说明对水施用。固体肥料要均匀地洒在花盆里,营养液可均匀地喷洒在叶片上,也可直接喷在土壤上。结球生菜在第一次追肥 2～3 周后还要再追肥 1 次。

☞ 127. 生菜什么时候采收?

散叶生菜在定植 30 d,植株高度达到 25～30 cm 后就可陆续采收。生菜的叶片是从里向外生长的,所以采收时可先掰断外部的大叶片,让内部的叶片继续生长,这样就可以延长采收的时间。若要一次性采收也可以直接用刀从"根部"整体切断。

结球生菜在叶球抱合紧实、饱满后就可以采收。采收时将植株推向一侧用刀将"根部"切断即可。

☞ 128. 为什么植株弱小?

造成植株弱小的原因很多。在苗期,弱光、过量的水分、过高的温度都会造成植株弱小,我们叫作徒长苗。对于移栽后的生菜如果植株生长缓慢、弱小,叶色偏黄、萎蔫有可能是因为光照不足、温度不够或水肥不足。而若叶片边缘一圈出现褐色则有可能是因为肥料过多,我们称作"叶焦",这时要多浇水,以降低肥料的浓度。

☞ 129. 为什么植株只向上生长?

植株只向上生长可能是因为弱光造成的,这时就需要将生菜搬到光照较好的地方,或者使用补光灯进行补光。另外,也有可能是因为株距太小造成的,这样的生菜由于相互挤压很难横向长大。可以适时提前采收,在下次种植时增大株距。

☞ *130*. 为什么叶球很小？

结球生菜在后期叶球较小主要是因为肥力不足，可以再次追肥。如果叶球抱合不良，则要调整栽培时间，在冬季由于气温较低会造成叶球抱合不良。

☞ *131*. 为什么生菜会长出一根直立的茎并开花？

这种现象叫抽薹，生菜在高温和光照时间过长时会发生抽薹。这时，生菜结束营养生长（长叶子）而进入生殖生长（开花结果）阶段。这种情况往往在夏季栽培时容易发生。生菜的这种情况是不可逆的，因此这样的生菜就需要重新种植了。在下次的栽培过程中着重要注意温度和光照的控制。

☞ *132*. 生菜在生长过程中容易出现什么病虫害？

生菜中含有莴苣素，因此不太容易生虫。如果发现蚜虫可以在市场上买些"黄板"悬挂在植株背光侧，基本不需要杀虫剂的投入。结球生菜容易发生软腐病和灰霉病。使用多菌灵、甲霉灵等农药都可以起到效果。为预防这种病害的发生，在栽培上要注意控制湿度。

☞ *133*. 什么是芝麻菜？

芝麻菜又称紫花南芥，别名芸芥、德国芥菜等，是十字花科芝麻菜属的一年生草本植物。株高 20～70 cm。分布于内蒙古、山西、陕西、甘肃、青海、新疆等地区。因全株有浓烈的芝麻香味，故名芝麻菜。主要食用嫩茎叶和花蕾,可炒食、凉拌、煮汤或蘸酱生食,口感柔嫩,味道鲜美。

☞ *134*. 芝麻菜的营养价值有哪些?

每 100 g 芝麻菜中的水分含量占比 92%,蛋白质约 0.3 g,脂肪占 0.1 g,碳水化合物约 0.4 g。芝麻菜有兴奋、利尿和健胃的功效,而且芝麻菜对久咳也有特效。芝麻菜的茎叶含有多种维生素、矿物质等营养成分,作蔬菜食用,亦可作饲料。种子可榨油,供食用及医药用,有缓和、利尿等功用。

☞ *135*. 芝麻菜的生长习性是怎样的?

芝麻菜为半耐寒性蔬菜,喜温暖湿润的气候。茎叶最适合生长温度白天为 18～22℃,夜间为 8～10℃。喜湿润土壤条件,在高温干旱的条件下生长,叶片辛辣、苦涩。喜光照,但对光照条件要求不严格,在中等光照条件生长速度快,品质好。对土壤的适应性较广,抗盐碱能力较强,最适宜在疏松、肥沃,浇水和排水能力都良好的地块种植。需要氮、磷、钾肥料配合施用,不能单一施用氮肥,必要时再补充少量的铜、铁、锌等微量元素肥料。

☞ *136*. 芝麻菜有哪些主要品种?

主要品种有花叶芝麻菜、板叶芝麻菜、东北芝麻菜、野生芝麻菜等。按芝麻菜的叶形有花叶与板叶之分,花叶类型叶片羽状深裂,生长期较长,叶片深绿,花叶的品种目前是种植最普遍的一种芝麻菜。板叶芝麻菜没有叶裂,生长期较短,味道略淡。

☞ *137*. 芝麻菜要什么时候播种？

由于芝麻菜属于喜温暖气候的叶类蔬菜，所以生长的环境条件要比油菜、菠菜等普通叶类蔬菜温度要高。长江以南全年均可播种，但以春播和秋播为主，北方地区春季 4～6 月份、秋季 8～10 月份均可播种，保护地内，除夏季高温季节，均可播种。

☞ *138*. 芝麻菜要怎么播种？

芝麻菜生长迅速，以直播为宜，但宜选择肥沃、疏松、排灌水方便的土壤种植。播种前施足基肥，并辅以速效肥。播种时可撒播或条播，条播按行距 8～12 cm 开浅沟播种。播种后宜盖黑色遮阳网或其他覆盖物，并浇透水，3 d 后应及时揭开遮阳网等覆盖物。一般 4～5 d 即可齐苗。

☞ *139*. 芝麻菜什么时候间苗？

芝麻菜小苗具 2～3 片叶时可结合幼株采收间苗和定苗。

☞ *140*. 芝麻菜的水肥管理是怎样的？

间苗完成后视植株生长势追肥，追肥以尿素或复合肥等速效肥为主，每隔 7 d 追肥 1 次。在采收前 5～7 d 不宜再追施粪肥水，以免影响品质。

芝麻菜对水分需求较高，在生长期应尽量维持土壤湿润，需要经常喷水，以保持叶片柔嫩、降低其浓烈的辛辣味和苦味。生长期间保持土壤湿润，以小水勤浇为原则，不要长时间土壤干旱，也不要大水漫灌,叶子在阴凉潮湿的环境中生长快,味芳香,无苦味。

☞ *141.* 芝麻菜播种后的管理要注意什么?

及时拔去弱苗、劣苗,并清除田间杂草。注意调节温度和光照,冬季要增温保温。芝麻菜苗生长适温为 15～20℃,温度低,苗生长缓慢甚至停止,温度高,易倒伏,或腐烂。生长环境的湿度需控制在 70%左右,主要通过通风来控制。

☞ *142.* 芝麻菜在生长过程中容易出现什么病虫害?

芝麻菜抗性极强,在秋后至春季栽培病虫害极少。

菌核病是芝麻菜重要病害,全生育期都发生,以苗期发病损失重。幼苗发病,多呈水浸状腐烂,在病苗上产生浓密絮状白霉,短期内即致幼苗瘫倒在地,后期在病组织上形成黑色菌核。防治方法:病初期随时清除染病组织并及时进行药剂防治,可选用 65%甲霉灵可湿性粉剂 600 倍液,或 50%多霉灵可湿性粉剂 700 倍液每隔 7～10 d 防治 1 次。

在高温多雨的夏季栽培较易出现叶斑病,可选用 25%多菌灵可湿性粉剂 600～800 倍液等防治。

一般常见黄曲条跳甲、小菜蛾危害叶片,可采用 40.7%乐斯本乳油 1 500 倍液、跳甲立杀 600～800 倍液等防治。

☞ *143.* 芝麻菜什么时候采收?

芝麻菜可采收外叶、菜薹或拔除整株。播后 35 d 左右即可采收小苗。作菜薹采收的一般在移植或定苗后 45 d 开始采收。

☞ *144.* 什么是油菜？

油菜（*Brassica campestris* L.），也叫油白菜、寒菜、胡菜、薹芥或青菜，属十字花科芸薹属白菜变种，是越年生或一年生草本植物。由于其质地脆嫩、入口甘甜、生长迅速、抗性较强、产量高、省工省力又可以实现四季种植，在我国南北均有较大栽培面积。另外，油菜也是三大油料作物之一，是我国最重要的食用油来源。我国栽培的油菜有白菜类型、芥菜类型和甘蓝类型。一般按叶柄颜色，又可分为青帮和白帮两个类型。

☞ *145.* 油菜的营养价值有哪些？

油菜富含维生素 A、维生素 C 和多种矿物质。其种子中的含油量能达到 50％，菜子油含有丰富的脂肪酸和多种维生素，营养价值极高。油菜性甘温具有活血化瘀，消肿解毒，清肠通便的功效。

☞ *146.* 油菜的生长习性是怎样的？

油菜根系较发达，主根入土深度较大且支细根多。因此，油菜的栽培要求耕作层土壤深厚且结构良好，有较好的透气能力。有机质丰富，保持肥水能力较强，疏松通气比较适合油菜的栽培。而弱酸性或中性的土壤更有利于油菜增产，在生产上还能提高菜籽的含油率。在家中栽培油菜，主要取食叶片，因此，要加强土壤中的氮肥的施用。油菜在生长旺盛期需要较强的日照，连续弱光的阴雨天气下会引起油菜徒长。因此，在家中阳台栽培油菜，移选择光照充足的地方，背阴的阳台不利于油菜的生长。

油菜是长日照作物,即太长的日光照时间会造成油菜抽薹,结束营养生长。因此,不要在夜间长时间开灯的阳台栽培油菜。油菜喜冷凉,抗寒力较强,-5℃以上能安全越冬。在平均温度18~25℃下生长旺盛,当气温超过25℃时易感病,生长变弱。

☞ *147.* 油菜要什么时候播种?

油菜一年四季均可播种。但在夏季栽培,由于高温下易抽薹,丧失食用品质。因此在夏季栽培应尽量选择耐热、耐抽薹品种。在地点上要尽量选择没有阳光暴晒的阳台,或利用遮阳帘遮挡阳光。

☞ *148.* 油菜播种前要做什么准备?

油菜的种子千粒重在2 g左右,近圆形、红褐或黄褐色。种子具有较短的休眠期,不宜使用刚采收的种子进行播种。种子的使用寿命一般在5~6年。油菜种子的萌发需要春化。在15℃以下,经几天的冷刺激,就可以接受低温感应,通过春化。在家中栽培时可以将油菜种子放在家中冰箱的冷藏室中几天之后再进行播种。

☞ *149.* 油菜要怎么播种?

在生产当中,已经普遍运用育苗移栽的方式利用穴盘或营养钵进行油菜的育苗栽培。而在家中的阳台种植油菜,也推荐在穴盘内进行播种。一般一穴播两粒种子就可保证足量种子的出苗。如果没有穴盘或营养钵也可直接在花盆里进行点播直播,之后再进行间苗。但直播的方式栽培,不利于叶柄的肥大。具体的播种方式可参考生菜的播种。

☞ *150*. 油菜播种后的管理要注意什么?

油菜播种后要保持土壤湿润,白天温度不要高于 26℃,夜间不要低于 15℃。在气候比较干燥时应每天适当用喷壶在土面上喷水,保持土壤湿度。也可以在播种后用湿润的报纸或薄布铺在土面上以保持湿度。在出苗后白天适当降低温度,开窗通风。

☞ *151*. 油菜多久才能出苗?

油菜种子发芽的最低温度为 4~8℃,最高温度为 40℃,在 15~30℃下,播种 1~3 d 即可出苗。如果长时间不发芽,就要检查种子的质量,注意是否已通过低温春化或提前催芽。

☞ *152*. 油菜种子如何催芽?

为提早出苗,缩短生育期,可以对油菜种子进行浸种催芽。具体方法是将油菜种子泡在 20℃的清水中 2 h,之后将水沥干,随后将种子放在湿纱布上,20℃左右避光发芽。

☞ *153*. 油菜幼苗的栽培需要注意什么?

在家中阳台进行油菜育苗主要需要控制温、湿度和光照。在幼苗期若温度过高或光照时间过长容易引起苗期抽薹。另外,只要土壤湿润就不要浇水,水分过多或温度过高都会造成油菜幼苗的徒长,不利于油菜的叶柄肥大,适当地蹲苗会让油菜苗敦实粗壮,移栽后的生长势强。原则上,在较深的花盆中进行播种,只要不感到土壤干硬在油菜的苗期尽可能不浇水。

☞ *154.* 油菜在育苗时需不需要施肥?

油菜在播种前若使用普通土进行播种,可以施用一定量的有机肥。用育苗基质栽培则可不施肥。在油菜的苗期不需要施肥。

☞ *155.* 油菜需不需要间苗?

在播种时,为了保证出苗数一般都会多播种子,而在出苗后,多余的油菜幼苗就会争夺生长资源,所以要适当地间苗。在油菜出苗后就可以进行一次间苗,当油菜幼苗第 2 片真叶展开后就可以定苗了。定苗原则是每穴留一棵苗。直播时,定苗后株距掌握在 10 cm 左右。

☞ *156.* 油菜什么时候移栽?

在油菜幼苗长至 4~6 片真叶时可进行移栽。具体的移栽方式可参考生菜的移栽。

☞ *157.* 油菜移栽后如何控制水分?

油菜移栽缓苗后,若在春、秋季可浇小水,以缓解浇水带来的降温作用,加快油菜的生长。冬季要将水先放到室温再浇水。夏季栽培时,浇水不要太频繁,切忌湿度过大,从而引起病虫害的暴发。

☞ *158.* 移栽后的油菜要不要追肥？

油菜的后期生长迅速，需要追肥。在移栽两周后，要对油菜进行追肥。若使用颗粒固体化肥可按每株 0.1 g 氮施用。也可以用液体营养液追肥，按说明对水施用。

☞ *159.* 油菜什么时候采收？

油菜在定植 30～40 d 后，植株高度达到 30 cm 后就可陆续采收。在采收前油菜要提前几天停止浇水，以使菜心变软。

☞ *160.* 为什么植株弱小？

造成植株弱小的原因很多，在叶类蔬菜中其原因也较相似。苗期时，弱光、过量的水分、过高的温度都会造成植株弱小，我们叫作徒长苗。徒长苗比较高，但却是个"瘦高个"植株不敦实，有时还不容易直立。对于移栽后的油菜如果植株生长缓慢、弱小，叶色偏黄、萎蔫有可能是因为光照不足、温度不够或水肥不足，油菜是喜光植物，若在向北的阳台进行栽培，很容易造成植株弱小。

☞ *161.* 为什么植株只向上生长？

植株只向上生长可能是因为弱光造成的，这时就需要将油菜搬到光照较好的地方，或者使用补光灯进行补光。另外，也有可能是因为株距太小造成的，这样的油菜由于相互挤压很难横向长大。可以适时提前采收，在下次种植时增大株距。油菜具有短缩的节间，如果新长出的叶片节间伸长且向上直立，那油菜就已经抽薹了。温度过高、日照过长都是抽薹的原因。

☞ *162* . 油菜在生长过程中容易出现什么病虫害?

油菜的主要病害有黑腐病、黑斑病、霜霉病等。黑腐病主要在苗期为害,子叶呈水渍状,根髓部由褐变黑,最后幼苗枯萎致死。可在发病初期用硫酸链霉素对水喷施。黑斑病发生时,叶片两面均可见淡褐色或褐色近圆形病斑,病斑具有明显同心轮纹。黑斑病可用百菌清进行防治。霜霉病发生时,叶背面会出现淡黄色病斑,湿度大时会出现白色霉层,也可用百菌清进行防治。油菜可发生小菜蛾或蚜虫。可以在市场上买些"黄板"悬挂在植株背光侧或上方进行防治。

☞ *163* . 什么是菠菜?

菠菜(*Spinacia oleracea* L.),也叫田菜、波斯菜、赤根菜,属藜科菠菜属植物。菠菜是一二年生草本植物,以绿叶或幼嫩植株为主要产品器官。菠菜易种易收、产量较高、耐寒、耐储藏且供应期长,是北方重要的淡季蔬菜之一。一般按种子特征可分为有刺(尖叶)和无刺(圆叶)两种类型。尖叶类型耐寒能力强、耐热能力弱。而圆叶类型耐寒性差而耐热性强。按栽培季节划分,菠菜又可分为春菠菜、夏菠菜、秋菠菜、越冬菠菜和埋头菠菜。

☞ *164* . 菠菜的营养价值有哪些?

菠菜富含维生素 A、维生素 C 和多种矿物质,其中维生素 A、维生素 C 的含量在所有蔬菜中位列首位。另外,铁含量也较其他蔬菜多。菠菜味甘、性凉,入胃经、大肠经。富含的铁元素对治疗贫血有较好疗效。另外,食补菠菜对高血压、糖尿病、消化不良、便秘、便血也有一定的疗效。但肠胃虚寒、肾功能虚弱的人群要少食或忌食菠菜。

☞ *165.* 菠菜的生长习性是怎样的?

菠菜根为直根,红色,须根不发达,因此不适合移栽。因此,在生产上菠菜也是直接播种的。土壤深厚且结构良好,有较好的透气能力的沙壤或黏壤土利于菠菜的生长。种植菠菜的土壤 pH 要在 6~7.5,过酸的土壤会使菠菜中毒。对于南方的家庭要种植菠菜,必要时可在土中拌入少量的石灰以提高 pH。在家中的阳台栽培菠菜,虽然菜根味甜可食用,但主要还是取食叶片,因此,在供应土壤氮磷钾肥的同时,还要加强土壤中氮肥的施用。

菠菜是低温长日照植物。在凉爽短日照的环境下会迅速生长。当温度高于 25℃或日照时间过长时,菠菜的节间会伸长(抽薹)。因此,不要在夜间长时间开灯的阳台栽培菠菜。在夏季栽培时要选择耐热、耐抽薹的品种进行栽培。菠菜在平均温度 15~20℃下生长旺盛,当气温超过 25℃时生长不良。

☞ *166.* 菠菜要什么时候播种?

菠菜一年四季均可播种。但主要栽培季节为春播和秋播。在夏季栽培,由于高温下易抽薹,丧失食用品质。因此在夏季栽培应尽量选择耐热、耐抽薹、抗病性强的圆叶品种。在地点上要尽量选择没有阳光暴晒的阳台,或利用遮阳帘遮挡阳光。一般播种后 50~60 d 后可以采收。

☞ *167.* 菠菜播种前要做什么准备？

菠菜的种子为胞果，千粒重在 9 g 左右，呈不规则圆形，内含种子 1 粒。种子的使用寿命一般在 3～5 年，1～2 年的种子发芽率较高。菠菜种子被坚硬的外果皮包裹，内果皮木栓化、厚壁细胞发达，水、气不易透入。因此，直接播种发芽很慢。在播种前可进行浸种催芽。一种催芽的方法是将种子浸入温水中 5～6 h，之后沥干水分，将种子放在湿纱布上 20℃下避光催芽。每隔 1～2 d 要用温清水冲洗种子，防止种子发霉。3～5 d 后种子露白时即可播种。另一种催芽的方法是"破籽催芽"。具体方法是：将菠菜的种子粒搓开、去刺，之后用小木棒敲打，至种皮破开。这样会加速种子的发芽，提高发芽势。另外，菠菜的种子也需要春化。菠菜种子在 0～5℃下经过 10 d 即可通过春化。

☞ *168.* 菠菜要怎么播种？

生产中，菠菜一般采用撒播或条播两种。在家中阳台上种植菠菜可使用点播的手段进行播种。对催好芽的种子可每穴播 1～2 粒种子，未催芽的种子要多播一些，或运用撒播的手段进行播种。菠菜株距控制在 10～15 cm 为宜。夏季播种要选在上午 10 点之前或下午 4 点之后温度相对较低时。

☞ *169.* 菠菜播种后的管理要注意什么？

菠菜播种后要保持土壤湿润，刚出苗时浇水要轻、缓。在冬季播种后要提高温度，家中较凉的，可以放在暖气附近。夏季播种后要想办法降低温度，避免阳光直射，或先催芽再播种。

☞ *170.* 菠菜多久才能出苗？

菠菜种子发芽的最低温度为 4℃，在 15～20℃ 下，催芽后的种子在播种 1～3 d 即可出苗。如果长时间不发芽，就要检查种子的质量，注意是否已通过低温春化或提前催芽。

☞ *171.* 菠菜幼苗的栽培需要注意什么？

在家中的阳台进行菠菜的育苗主要需要控制温、湿度。温度过高不利于菠菜的生长。前期浇水不要过勤，水分过多或温度过高都会造成菠菜幼苗的徒长，适当的蹲苗会让菠菜苗敦实粗壮。当幼苗长至 3 片真叶时可逐渐加大浇水量。

☞ *172.* 菠菜在育苗时需不需要施肥？

栽培菠菜时是不经过移栽的。因此，在前期也可适当地追肥。掺入一定基质土进行栽培时，可以在菠菜长出 4～5 片真叶后随水追肥。直接用普通土壤进行栽培的在 2～3 片真叶时就可以开始追肥了。

☞ *173.* 菠菜需不需要间苗？

在播种时，若使用撒播的手段进行播种，在菠菜长出真叶时就可以开始间苗了。当菠菜幼苗第二片真叶展开后就可以定苗了。定苗原则是每穴留一棵苗，定苗后株距掌握在 10～15 cm。

☞ 174. 菠菜在栽培后期如何控制水分？

菠菜的叶片幼嫩多汁，含水率可达到 95％，而且菠菜是密植型蔬菜，所以需水量大，在栽培后期要多浇水，保持土壤含水率在 70％～80％，夏季栽培时，还可在中午用喷壶喷水降温。

☞ 175. 菠菜后期还要不要追肥？

菠菜的后期生长迅速，可按生长需要适当追肥。若利用营养液追肥时，可每浇 3～4 次清水，浇 1 次营养液，整个生长期共追肥 2～3 次。

☞ 176. 菠菜什么时候采收？

菠菜在播种 50～60 d 后，就可陆续采收。菠菜采收时，可先采大株留小株，待小株长大后可再进行一轮采收。

☞ 177. 菠菜在生长过程中容易出现什么病虫害？

菠菜的主要病害有霜霉病、炭疽病、病毒病等。霜霉病发生时，叶背面会出现淡黄色病斑，湿度大时会出现白色霉层，可用百菌清进行防治。炭疽病发生时，叶片上发生淡黄色小斑，后扩大形成灰褐色病斑，病斑中有同心轮纹，可同多菌灵进行防治。病毒病发生时，心叶萎缩花叶、老叶提早脱落、植株畸形、黄化。病毒病是由蚜虫传染的，因此病毒病的防治，主要是防蚜虫。菠菜菜螟是菠菜的重要害虫，其又叫菜心虫、钻心虫。菠菜菜螟的幼虫会钻入菠菜心，取食心叶。可以用含有阿维菌素的杀虫剂进行防治。

☞ *178*. 什么是茼蒿？

茼蒿(*Chrysanthemum coronarium* L.)又名同蒿、蒿菜、菊花菜、塘蒿、蒿子秆,是菊科茼蒿属一二年生草本植物茼蒿。茼蒿生长期短,抗性强,病虫害少,适应力强,在家中阳台可四季栽培,在生产中也常作为主栽作物的前后茬蔬菜进行种植。茼蒿根据叶形不同可分为大叶茼蒿、小叶茼蒿和蒿子秆。大叶茼蒿又名板叶茼蒿、圆叶茼蒿,叶簇半直立,分枝力中等。叶片大而肥厚,叶面皱缩,茎短,节密且粗,耐热力弱,但抗寒力较强。小叶茼蒿又名细叶茼蒿、花叶茼蒿,叶片较小,缺刻深且多,抗寒能力强,产量较低。蒿子秆茎较细,主茎发达直立,叶片窄小,以嫩茎为主要食用部位。

☞ *179*. 茼蒿的营养价值有哪些？

茼蒿富含维生素 A、维生素 C、胡萝卜素和多种矿物质,其中钙、铁含量突出。茼蒿的根、茎、叶、花均可入药。具有润肺清痰、消肿止咳、清血利尿的功效。茼蒿性寒,脾胃虚弱的人群不可长期大量食用。

☞ *180*. 茼蒿的生长习性是怎样的？

茼蒿是浅根性蔬菜,直根系,须根、侧根发达,根系主要集中在 $10\sim20$ cm 土层。在生产上茼蒿是直播的。土壤结构良好,有较好透气保肥能力的土壤利于茼蒿的生长。茼蒿喜好偏酸性土壤,土壤 pH 在 $5.5\sim6.8$ 为宜。在北方的碱性土壤中种植,花盆中可多拌入有机肥或基质土。在施肥时可偏施酸性肥料(过磷酸钙、硫酸铵等)。在家中的阳台栽培茼蒿,在供应土壤磷钾肥的同时,还要加强土壤中氮肥的施用。茼蒿是低温长日照植物。在凉爽短日照的环境下能够迅速生长。当温度高于 29℃ 或日照时间过长时，茼蒿容易结束营养生长进入生殖生长。相对弱光的条件下茼蒿生长更好。在夏季栽培时要选择耐热、耐抽薹的品种进行栽培，必要时可用薄窗帘遮挡阳光。茼蒿在平均温度 15～20℃ 下生长旺盛。

☞ *181*. 茼蒿要什么时候播种？

茼蒿在家中一年四季均可播种。在夏季栽培，由于高温下易抽薹，会丧失食用品质。因此在夏季栽培应尽量选择耐热、耐抽薹、抗病性强的品种。冬季栽培时，如果家中没有暖气，气温较低会降低生长速度。一般播种后 40～50 d 后可以开始采收。

☞ *182*. 茼蒿播种前要做什么准备？

茼蒿栽培上用的种子其实是茼蒿的果实。其果实是瘦果，千粒重在 1.8 g 左右，褐色，内含种子 1 粒。种子的使用寿命一般在 2～3 年，1～2 年的种子发芽率较高。在播种前可以对茼蒿的种子进行浸种催芽。催芽时将种子浸入 30℃ 的温水中 24 h，之后去除水面漂浮物，将种子沥干水分，放在湿纱布上 20℃ 下避光催芽。每天要用温清水冲洗种子，防止种子发霉，3～5 d 后种子露白时即可播种。

☞ *183*. 茼蒿要怎么播种？

生产中，茼蒿一般采用条播的方式进行播种。在家中阳台上种植茼蒿可使用点播或条播的手段进行播种。点播时对催好芽的种子可每穴播 1～2 粒种子，未催芽的种子要多播几粒，种子不要重叠,穴距控制在 4～5 cm 为宜。使用条播的方式进行播种时,隔 8～10 cm 开 1～1.5 cm 的沟,均匀播种。定株时株距在 4 cm 左右。夏季播种要选在上午 10 点之前或下午 4 点之后温度相对较低时。

☞ *184*. 茼蒿播种后的管理要注意什么?

茼蒿播种后,出苗前要保持土壤湿润,刚出苗时浇水要轻、缓,前期尽量少浇水。在冬季播种后要提高温度,注意防寒,不要在夜间开窗通风。夏季播种后可以拉上纱帘,避免阳光直射,以降低温度。

☞ *185*. 茼蒿多久才能出苗?

茼蒿种子发芽的最低温度为 10℃ 左右,在适宜的温度下 (15～20℃),催芽后的种子在播种 3～5 d 即可出苗,冬季出苗时间会略长。如果长时间不发芽,就要检查种子的质量和环境温度,必要时要提前催芽。

☞ *186*. 茼蒿幼苗的栽培需要注意什么?

在家中阳台进行茼蒿育苗主要需要控制温、湿度。温度过高不利于茼蒿的生长。前期浇水不要过勤,争取在第 2 片真叶展开时才浇第一水,水分过多或温度过高都会造成茼蒿幼苗的徒长,适当的蹲苗会让茼蒿苗敦实粗壮。注意适时间苗,在幼苗长到 2 片真叶时即可开始间苗,提早间苗有利于留苗的生长。最终定苗时株距要控制在 4～5 cm。

☞ *187*. 茼蒿在育苗时需不需要施肥？

茼蒿在播种前可在土壤中拌入有机肥。在苗期不要追肥。

☞ *188*. 茼蒿需不需要间苗？

在播种时,若使用撒播或条播的手段进行播种,在茼蒿长出真叶时就可以开始间苗了。当茼蒿幼苗第 2 片真叶展开后就可以定苗了。定苗原则是每穴留一棵苗,定苗后株距掌握在 4～5 cm。

☞ *189*. 茼蒿在栽培后期如何控制水分？

茼蒿是密植型蔬菜,生长迅速所以需水量大,在 8 片真叶后要多浇水,保持土壤含水率在 70%～80%,夏季栽培时,还可在中午用喷壶喷水降温,提高环境湿度。

☞ *190*. 茼蒿后期还要不要追肥？

茼蒿的后期生长迅速,在长到 8～10 片真叶时进入生长旺盛期,可利用营养液水肥同施,可每浇 2～3 次清水,浇 1 次营养液。在采收后可先浇 1 次营养液,但浇营养液和采收要间隔 7 d 以上。

☞ *191*. 茼蒿什么时候采收？

茼蒿在播种 40～50 d 后,就可陆续采收,一些速生品种在栽种 30 d 后就可以开始采收了。茼蒿在采收时,可在下段剪断主茎,采收主枝,留下 1～3 个侧枝,在侧枝长大后又可再次采收。

☞ *192*. 茼蒿在生长过程中容易出现什么病虫害？

茼蒿具有特殊香味，抵抗病虫害能力较强。其主要病害有霜霉病、猝倒病、叶枯病等。霜霉病的防治与菠菜霜霉病类似。猝倒病发生时，幼苗茎基部贴地处会有水渍状病斑，植株成片倒下，可用百菌清进行防治。叶枯病发生时，会出现浅黄色水渍状病斑，之后病斑会连成片，呈灰褐色，叶片枯死。湿度大时叶正、背面会出现黑色霉层，可用甲基硫霉灵进行防治。茼蒿害虫有蚜虫、白粉虱、菜青虫等。除用黄板进行防治外，还可喷施含有阿维菌素或拟除虫菊酯类的杀虫剂进行防治。喷药与采收要至少间隔 10 d 以上。

☞ *193*. 什么是小白菜？

小白菜又名不结球白菜、青菜、鸡毛菜，属十字花科芸薹属，一二年生草本植物，常作一年生栽培。小白菜原产于我国，南北各地均有分布，在我国栽培十分广泛。小白菜是芥属栽培植物，茎叶可食，植株较矮小，浅根系，须根发达。叶色淡绿色至墨绿色，叶片倒卵形或椭圆形，叶片光滑或褶缩，少数有绒毛。叶柄肥厚，白色或绿色。不结球。根据形态特征、生物学特性及栽培特点，白菜可分为秋冬白菜、春白菜和夏白菜，各包括不同类型品种。

☞ *194*. 小白菜的营养价值有哪些？

据测定，小白菜是蔬菜中含矿物质和维生素最丰富的菜，为保证身体的生理需要提供物质条件，有助于增强机体免疫能力。小白菜中含有大量胡萝卜素，并且还有丰富的维生素 A、维生素 C、B

族维生素、钾、硒、钙等。可促进皮肤细胞代谢,防止皮肤粗糙及色素沉着,使皮肤亮洁,延缓衰老,亦可治疗肺热咳嗽、便秘、丹毒、漆疮等疾病。小白菜有利于预防心血管疾病,降低患癌症危险性,并能通肠利胃,促进肠管蠕动,促进人体的新陈代谢,具有清肝的作用。

☞ 195. 小白菜的生长习性是怎样的?

小白菜根系分布浅,吸收能力弱,生长期短,小白菜性喜冷凉,不耐热,有些品种较耐寒,发芽适宜温度为 20～25℃,生长适温在 15～20℃,25℃以上生长不良,易衰老,口感差。小白菜对光照要求不严,阳光充足有利于生长,喜光,光照过弱会引起徒长。小白菜喜温暖湿润的环境,喜水,如遇长时间缺水,品质会变差,纤维含量会增多。小白菜在肥沃疏松的土壤上栽培为宜,夏季每天早晚各浇 1 次水,春、秋两季每 2 d 浇 1 次水,浇水在早晚进行,切忌在中午浇水,容易伤根不利于生长。播种前要施足底肥,生长期内要随水追施 1～2 次薄液肥。小白菜采收没有统一的标准,一般在小白菜播种后 20～40 d 后即可进行。南方全年可以播种,夏季炎热生长不好,以春、秋季生长为佳,北方地区春、夏、秋三季均可。

☞ 196. 小白菜要什么时候播种?

小白菜在春、夏、秋三季均可进行播种,但小白菜在不同季节播种,需采用不同品种。如在冬季、早春气温较低时播种,应选用耐寒、抽薹迟的品种,如早生华京青梗菜,春水白菜。夏播则要选择耐热、耐风雨的品种,如 D94 小白菜、矮脚黑叶,以获得较高产量。蒜头白、瓢儿白等小白菜 8～11 月份均可以播。乌塌菜耐寒不耐热,不宜早播,一般 10～11 月份播。红菜苔早熟种 7～8 月份播,晚熟种 9～10 月份播。菜心适温范围较广,4～10 月份均可以播,但以 8～9 月份播的品质好。

☞ *197.* 小白菜要怎么播种?

小白菜可以直播也可育苗移栽。夏季气温高,小白菜生长快,一般采用直播方法,每亩用种量为 250 g 左右,播种要疏密适当,使苗生长均匀,播种可采用撒播或开沟条播、点播。育苗时由于苗地面积小,便于精细管理,有利于培育壮苗,再移植到大田种植。育苗移植可节省种子,且单株产量高,质量好。一般在地少而劳力又相对集中的地方,或秋、冬季适合小白菜良好生长的季节多采用育苗移植的方法。一般苗期为 25 d,定植的株行距为 16 cm×16 cm 至 22 cm×22 cm,气温较高可适当密植,气候较凉可采用较宽的株行距。

家庭种植以直播为主,具体方法是在栽培箱或花盆中装好栽培土,用手抚平,用细孔喷壶浇透水,待水下渗后,将种子均匀撒播在土壤表层,用种量适中,然后覆一层薄土,用水打湿,温度适宜 2～3 d 即可出苗。

☞ *198.* 小白菜种子如何催芽?

小白菜可浸种催芽,即洗净种子后,用水浸泡 6～10 h,视温度高低适当调整浸泡时间,最低不小于 6 h,淘洗干净滤起。

☞ *199.* 如何进行小白菜穴盘播种?

经过催芽的种子可以每穴两粒进行播种,未催芽的种子可以多播一些,具体方法可参考生菜穴盘播种。

☞ *200* **· 小白菜播种后的管理要注意什么?**

小白菜不耐过湿与干燥,每天要注意水分管理,浇水 2 次左右。必须注意土壤要排水良好,以防产生病虫害,浇水时应使用出水孔小的喷水壶,避免冲散种子。小白菜容易滋生害虫,所以一旦发现虫子就要立刻除去。种植约 10 d 后,视基肥投入量及作物成长状况适度追肥。可在株间施肥,或喷洒有机液肥。

☞ *201* **· 小白菜多久才能出苗?**

小白菜种子发芽的最低温度 3～5℃,发芽适宜温度为 20～25℃,生长适温在 15～20℃。小白菜极易出苗,在 20～25℃条件下 3 d 就可以出苗,如果长时间不发芽,就要检查种子的质量。

☞ *202* **· 小白菜幼苗的栽培需要注意什么?**

在家中阳台进行小白菜育苗主要需要控制温、湿度和光照,保持土壤湿润,光照充足。

☞ *203* **· 小白菜需不需要间苗?**

在播种时,为了保证出苗数一般都会多播种子,而在出苗后,多余的小白菜幼苗就会争夺生长资源,所以要适当间苗。即可将一些生长较弱的拔除,留下健壮的植株继续生长。待本叶长至 3 片,即可进行第二次间苗。

☞ 204 . 小白菜什么时候移栽？

播种后约 1 周的时间,本叶长出 1～2 片,再过约 1 周时间,本叶长出 4～5 片时开始疏苗移栽。具体的移栽方式可参考生菜的移栽。

☞ 205 . 小白菜移栽后如何控制水分？

移栽后小白菜苗要注意保湿,生长期间要有充足的水分,夏季每天早晚各浇 1 次水,春、秋两季每 2 d 浇 1 次水,浇水在早晚进行,切忌在中午浇水,容易伤根不利于生长。

☞ 206 . 移栽后的小白菜要不要追肥？

小白菜在直播定苗后及移栽成活后应及时追肥,以后隔 10～15 d 再施 1 次追肥,平均每平方米用尿素 22～30 g。追肥要结合灌水,保持土壤湿润。真叶长出 10～15 片时,在植株四周施肥,需质地轻混合基质与有机肥,并把土拨到株根上。种植约 10 d 后,也可以视基肥投入量及作物成长状况适度追肥,可在株间施肥,或喷洒有机液肥。

☞ 207 . 小白菜什么时候采收？

小白菜的采收时期与产量因生产季节不同而异,采收太早产量低,采收过迟品质差,一般是叶柄由青转白时采收。2～3 月播种的,播后 50～60 d 可采收。4～5 月播种的,播后 30～40 d 可采收。6～8 月份播种的,播后 25～30 d 可采收。而在阳台种植的小白菜,一般在播种后 20～40 d 后即可进行采收,采收时可从较大株的开始,整株拔起即可。

☞ 208. 小白菜为什么植株弱小?

弱光、过量的水分、过高的温度都会造成植株弱小,对于小白菜来说,病毒病也会使苗期受害,病叶发生畸形,严重的生长受阻,使植株矮化,影响产量和品质。因此,小白菜植株矮小时,不仅要考虑其生长环境是否不适,还要考虑是不是病毒病的影响。

☞ 209. 小白菜在生长过程中容易出现什么病虫害?

小白菜在生长过程中易出现病虫害,常见虫害有斜纹夜盗虫、纹白蝶、黄条叶蚤、蝇虫、蚜虫、蓟马。常见病害有根肿病、白粉病、霜霉病、腐烂病、炭疽病、病毒病等。

根肿病主要危害地下根部,形成大小不等的肿瘤,可对其实行水旱轮作,或在定植前用 1% 石灰水作定根水,成活后继续淋施 1～2 次,生长期可用菌根消 1 包对水 75 kg 淋湿。白粉病主要危害叶片,发病初期叶面出现褪绿黄斑,相应的叶背出现不定形白斑,随病情的发展,病斑数目增多和扩大,并互相连合成斑块。可对其适当补充磷钾肥,补充叶面肥,增强植株抵抗力,或在发病初期连续喷施金世纪或 60% 菌可得 100 倍液。炭疽病主要危害叶片及叶柄,叶片染病,初生灰白色或褪绿水渍状斑点,后扩大为圆形或近圆形灰褐色斑,发病后期,病斑灰白色,半透明,易穿孔。预防该病害可在种植前施足基肥,避免偏施氮肥,并选择排水良好的土地高畦种植,及时清除病叶,避免种植太密不通风,或用叶斑净 1 000 倍液或施保功 1 500 倍液喷施,每隔 5～7 d 喷 1 次,连喷 2～3 次。病毒病可使病叶发生畸形,严重的生长受阻,植株矮化,影响产量和品质。可种植前施足有机肥,消灭蚜虫传染源,选用抗病品种,尽量采用直播栽培等方法对其进行防治。

☞ 210. 什么是芹菜?

芹菜,属伞形科植物。有水芹、旱芹两种,功能相近,药用以旱芹为佳。旱芹香气较浓,又名"香芹",亦称"药芹"。为伞形科芹属中一二年生草本植物。我国芹菜栽培始于汉代,至今已有 2 000 多年的历史。起初仅作为观赏植物种植,后作食用,经过不断地驯化培育,形成了细长叶柄型芹菜栽培种,即本芹(中国芹菜)。

☞ 211. 芹菜的营养价值有哪些?

旱芹含有丰富的维生素 A、维生素 B_1、维生素 B_2、维生素 C 和维生素 P、钙、铁、磷等矿物质含量也多,此外还有蛋白质、甘露醇和食物纤维等成分。叶茎中还含有药效成分的芹菜苷、佛手苷内酯和挥发油,具有降血压、降血脂、防治动脉粥样硬化的作用。芹菜是高纤维食物,它经肠内消化作用产生一种木质素或肠内脂的物质,这类物质是一种抗氧化剂,常吃芹菜,可以有效地帮助皮肤抗衰老达到美白护肤的功效。

☞ 212. 芹菜的生长习性是怎样的?

芹菜性喜冷凉、湿润的气候,属半耐寒性蔬菜,不耐高温。干燥可耐短期零度以下低温。种子发芽最低温度为 4℃,最适温度 15～20℃,15℃ 以下发芽延迟,30℃ 以上几乎不发芽,幼苗能耐 −7～−5℃ 低温,属绿体春化型植物,3～4 片叶的幼苗在 2～10℃ 的温度条件下,经过 10～30 d 通过春化阶段。西芹抗寒性较差,幼苗不耐霜冻,完成春化的适温为 12～13℃。芹菜茎部特别发达,为主要的家庭食用部分。因此在家中种植芹菜,最好是在 7 月末到 8 月初,夏末空气温度逐渐下降,有利于芹菜的发芽。

芹菜耐阴,出苗前需要覆盖遮阳网,后期需要充足的光照,但最好将土温控制在 20℃ 以下,可以用低温的水加以灌溉但不能过勤浇水。芹菜对土壤的要求较严格,需要肥沃、疏松、通气性良好的土壤,整个生长期要及时灌水,追肥,以满足其生长的需要。夏季栽培,因蒸发量大,每天早晚各浇 1 次水,施肥以氮肥为主。

☞ *213.* 芹菜要什么时候播种?

南方地区,全年可栽培,但以春、秋、冬三季种植最佳。夏季炎热,生长缓慢,品质差。北方地区,以春、秋两季播种为宜。

☞ *214.* 芹菜播种前要做什么准备?

芹菜种子较小,果皮坚厚,透水性差,出苗能力弱,所以,需对种子进行适当处理,才能加快种子的出苗。播种前,应对种子进行催芽处理,具体方法是,先将种子用 20～25℃ 的温水浸泡 4～6 h,捞出后用清水冲洗,并用手搓洗,搓去表皮,晾干种子表面的水分,用纱布包好,放进冰箱的冷藏室内,3～4 d 有大部分种子露白后即可播种。

☞ *215.* 芹菜要怎么播种?

在播种前要浇足底水,播前勿施基肥,播后不覆土,高温季节要遮阳防雨。7～14 d 方可出苗。

☞ 216. 芹菜播种后的管理要注意什么？

出苗后要经常保持床土湿润,以小水勤浇为原则,也可以在播种后用湿润的报纸或薄布铺在土面上以保持湿度。秧苗有 4～6 片真叶时可定植。由于芹菜出苗时间长,苗床内常出现杂草为害,应在秧苗有 1～2 片真叶时结合间苗清除杂草。在出苗后白天适当降低温度,开窗通风。

☞ 217. 芹菜多久才能出苗？

芹菜种子发芽的最低温度为 4℃,在 15～20℃ 下,播种 7～14 d 即可出苗。出苗时间稍微有些长,但如果更长时间不发芽,就要检查种子的质量或提前催芽。

☞ 218. 芹菜种子如何催芽？

芹菜种子催芽见以下三种方法。

第一种方法是将种子在清水中浸泡 24 h,使种子充分吸水。然后将种子揉搓并淘洗数遍到水清为止。将种子摊在草席上于阴凉处略晾一下,散失种子表面过多的水分。晾后的种子放瓦盆里,盖上湿布,放在阴凉通风处催芽。催芽的适宜温度为 15～20℃。在催芽期间,每天将种子翻动 1 次,使温度、湿度均匀。每 2 d 用清水将种子淘洗 1 次,以防发霉。淘洗后要稍晾一晾,然后继续催芽。约 7 d,80% 以上的种子露白时即可播种。

第二种方法是将种子装入布袋,用清水浸湿后吊入水井,距离水面约 30 cm,使其在低温潮湿的环境中吸水膨胀。24 h 后取回放在 15～20℃ 条件下催芽,温度不可过高,以防催芽参差不齐或造成胚根纤细。每天用清水冲洗 2～3 次,2～3 d 后有 80% 胚根露出即可播种。

第三种方法是将浸泡后的种子,在 0～1℃ 的低温下冷藏 3 d,然后放在 15～20℃ 条件下催芽,可以缩短发芽时间,提高发芽的整齐度。用 1% 硫脲浸泡种子,可以代替低温处理,获得同样的效果。

☞ 219. 芹菜幼苗的栽培需要注意什么?

芹菜性喜冷凉气候,耐寒、耐阴、不耐热,不耐旱。生长适宜温度为 15～20℃,26℃ 以上生长不良,品质低劣。在家中阳台进行芹菜育苗主要需要控制土壤的温湿度和光照。芹菜的种子小,幼苗的顶土能力弱,出苗慢,其在有光的条件下有利于出苗。在幼苗期若温度过高或光照时间过长容易引起苗期抽薹。另外,只要土壤湿润就不要浇水,水分过多或温度过高都会造成芹菜幼苗根部的徒长,不利于芹菜的茎部生长,适当的蹲苗会让芹菜多发根且苗茎敦实粗壮,蹲苗后及时施追肥。芹菜幼苗生长缓慢,容易受杂草的危害,要注意及时拔除杂草。

☞ 220. 芹菜在育苗时需不需要施肥?

在播种前,应将有机复合肥等与土壤混合拌匀,有机复合肥作为基肥。幼苗期缺磷对芹菜的生长影响最大,磷可以促进叶片的伸长,因此在芹菜出苗后约 10 d 应追 1 次尿素,当长出 3～4 片真叶后应施 1 次含磷的肥料,如过磷酸钙等。因此芹菜在育苗时是需要施肥的。

☞ *221* · 芹菜需不需要间苗？

芹菜出苗后苗子的吸水力差，要小水勤浇，2～3片叶进行间苗，此后达3叶1心或4叶1心便可定植。

☞ *222* · 芹菜什么时候移栽？

在芹菜幼苗长至3～4片真叶时可进行移栽。且移栽最好在午后进行，具体的移栽方式可参考生菜的移栽。

☞ *223* · 芹菜移栽后如何控制水分？

芹菜移栽后最好3 d浇1次缓苗水，待表土干湿适宜时，及时中耕松土，进行蹲苗。芹菜移栽后浇水并适当遮蔽。当心叶变绿时，结束蹲苗，结合浇水施肥。以后随着温度的降低控制灌水量。采收前10 d停止浇水、施肥。

☞ *224* · 移栽后的芹菜要不要追肥？

刚移栽的芹菜不可追肥，只需浇水，在移栽约15 d后，看芹菜的长势、大小、成活率，芹菜成活之后可追肥1次，后期生长迅速，需要追肥。在若使用颗粒固体化肥可按每株0.1 g氮施用。也可以用液体营养液追肥，按说明对水施用。

☞ *225* · 芹菜什么时候采收？

家中栽培芹菜一般生育期为100 d左右，成株在8～10片成龄叶时,就可采收。如果水肥条件好,光照适宜,叶柄长可达 40～70 cm。如果营养条件差,光照又太强,则易老化,品质差,产量低,株高只有 20～30 cm。不管怎样,到采收期必须采收,否则品质会进一步下降,而且易引起病虫害或倒伏。

☞ 226. 为什么植株弱小?

造成植株弱小的原因很多,在叶类蔬菜中其原因也较相似。播种时,选在阴天或傍晚进行播种,避开高温,播种前先浇足底水,然后用细土填平低洼处,防止出苗不齐或植株弱小。对于移栽后的芹菜如果植株生长缓慢、弱小,叶色偏黄、萎蔫有可能是因为光照不足、温度过高或水肥不足等,芹菜在出苗后需有阳光方能促进生长,若在向北的阳台进行栽培,很容易造成植株弱小。幼苗如果肥料不足,尤其是缺磷肥,则容易导致植株弱小,因此要适当地追施磷肥。

☞ 227. 为什么植株只向上生长?

芹菜植株只向上生长可能是因为定植后灌水过量造成的,过量灌水会导致芹菜疯长,徒长,且茎部瘦小,不敦实。当然也有可能是光照不充足造成的,这时就需要将芹菜搬到光照较好的地方。另外,还有可能是因为芹菜种植太密集造成的,这样,植株间相互挤压,争夺光照,导致植株瘦小,只向上生长,此时就需进行适当的间苗,增大株距。

☞ 228. 芹菜在生长过程中容易出现什么病虫害?

室内芹菜主要病虫害有早疫病、晚疫病、菌核病、软腐病、根结线虫及蚜虫等,这些病虫害常是一种或几种相继发生。芹菜晚疫病又称斑枯病、叶枯病,俗称"火头"。叶上病斑直径比早疫病小、呈褐色,上有黑色小粒点。叶柄或茎部病斑也呈褐色,长圆形稍凹陷,中部散生黑色小粒点。发病适温 $20\sim25℃$,种子带菌。可用百菌清粉尘剂或用烟剂进行防治。芹菜早疫病又称叶斑病。主要危害叶片,叶上病斑初为黄绿色水渍状,病斑直径较大,不受叶脉限制,严重时病斑连成片,叶片枯死。空气潮湿时,病斑上密生灰色绒状霉层。茎和叶片上的病斑椭圆形,直径 $3\sim7$ mm,灰褐色,稍凹陷,病害严重时,全株倒伏。高湿时长出灰白色霉层。发病适温 $25\sim30℃$ 和高湿,种子带菌,可用百菌清烟剂或粉尘剂进行防治。根结线虫危害蔬菜作物的根系,使根系长出许多成串的瘤物,或整个根肿大。地上部病轻时症状不明显,严重时生长不正常,常出现萎蔫,发黄,枯死,定植时穴或沟内施 10% 粒满库颗粒剂,每平方米用 7.5 g。发现线虫要彻底清除集中烧毁或深埋。芹菜可发生潜蝇或蚜虫。可以在市场上买些"黄板"悬挂在植株背光侧或上方进行防治。

☞ 229 . 什么是油麦菜?

油麦菜又名莜麦菜、苦菜,属菊科、莴苣属植物,是叶用莴苣(生菜)的一个长叶变种,也可以叫作牛俐生菜。油麦菜以嫩梢、嫩叶为食用器官。其叶片呈长披针形,色泽嫩绿、质地脆嫩,口感清香爽口。

☞ 230 . 油麦菜的营养价值有哪些?

油麦菜富含维生素 A、维生素 C、维生素 B_1、维生素 B_2、叶酸、胡萝卜素和多种矿物质,其营养成分较普通生菜略高。同莴笋相比,蛋白质含量高 40%,胡萝卜素高 1.4 倍,钙高 2 倍,铁高 33%,硒高 1.8 倍。而油麦菜在非富硒土壤当中种植时,其中的硒含量就可以达到 1.5 μg/kg。油麦菜具有降低胆固醇、治疗神经衰弱、清燥润肺、化痰止咳等功效,是一种低热量、高营养的蔬菜。油麦菜性寒,胃寒的人群要注意不能大量食用。

☞ 231. 油麦菜的生长习性是怎样的?

油麦菜耐寒、适应性强,耐寒性强,抗病虫害,喜冷凉湿润的气候条件,种子发芽的适宜温度 15～20℃,幼苗期生长适温 16～20℃。油麦菜根系浅,叶面积较大,不耐干旱。喜微酸性土壤,pH 5～6 为宜,要求土壤通透性良好、有机质丰富、保水保肥强。

☞ 232. 油麦菜要什么时候播种?

阳台种植以春、夏、秋三季种植为宜,春种夏收、夏种秋收,早秋种植元旦前收获。可直播,也可育苗移栽,多为直播。

☞ 233. 如何选择油麦菜的品种?

油麦菜由于是生菜中尖叶的一种,品种不是很多,目前用得最多的纯香油麦菜。可以根据栽培季节的不同来选用适宜当地气候的品种。在春、夏季种植,应选用对日照长度反应不灵敏的、耐抽薹的品种;在夏季高温季节种植,还应选择抗热、耐湿、抗病的品种。在外观上选择叶面平滑、叶白绿色,叶形长披针形,植株直立紧凑的品种。内在品质应选择纤维少、脆嫩、苦味少、口感香脆为宜。

☞ *234*. 油麦菜播种前要做什么准备?

油麦菜发芽适温 15～20℃,高于 25℃ 或低于 8℃ 不发芽,夏季高温时播种需要催芽,否则难以保证育苗成功。将种子撒播于浇透水的土面,覆土 0.5～1 cm,保持土壤湿润,约 1 周发芽。催芽方法:将种子浸泡于水中 5～6 h,稍晾干后用湿布包好,放在阴凉处催芽,约有 3/4 种子露白时播种。或先将种子用清水浸泡 4～6 h,然后捞起沥干,用纱布包好在 15～20℃ 温度下催芽,每天冲洗 1 次,经 2～4 d 即可发芽。

☞ *235*. 油麦菜要怎么播种?

播种前可结合温汤浸种催芽,也可干籽直播。直播时以条播为主。播种前浇透水,水渗下后将种子掺细土撒播与苗床,然后覆一层细土。油麦菜要求较高的水分和养分,在栽培时要合理密植。出苗后 2～3 片叶子时需要间苗,保持株距 5 cm 以上,当幼苗 4～5 片真叶时即可移栽。

☞ *236*. 油麦菜如何定植?

将幼苗按株、行距 20 cm 定植,移栽后立即浇 1 次定根水。浇完水后,5～7 d 浇缓苗水,然后进行中耕除草,以促进生长。蹲苗以利于根系生长,蹲苗期 10 d 左右,然后即可浇水施肥,之后要保持土壤湿润,也可在收获前分两次随水施浇氮肥,收获前 5 d 左右不再浇水施肥。

☞ *237.* 如何进行容器栽培？

选用肥沃、富含有机质、保水保肥强的黏壤土、微酸性土壤为宜。油麦菜生长速度快，要施足基肥，基肥以腐熟的有机肥为主，加之磷肥。真叶 4～5 片时即可定植，移栽前要喷透水，尽量少伤根。苗要直，不宜深栽，定植后随即浇水，约 1 周后可正常管理。

☞ *238.* 油麦菜栽培管理需要注意什么？

(1)适当密植。油麦菜性喜湿润，在湿润的条件下，叶片才能柔嫩。合理的密植有利于保持土壤的水分，增进品质。

(2)小水勤浇。油麦菜生长盛期叶面积大，水分散失得快，因此，要保证充足的水分供应。但切忌漫灌，不能积水，最好每天淋水 1 次。

(3)追施速效肥。油麦菜生长周期短而生长量大，需氮素较多，因此，除施基肥外，要及时追施有效肥，以氮肥为主。

☞ *239.* 油麦菜的栽培需要注意什么？

油麦菜喜凉爽，稍耐寒而不耐热，叶片生长适温为 11～18℃，温度过高则影响生长或提前开花，夏季暴晒时要遮阳，避免阳光直射光合作用下降。喜湿润，生长旺盛期要求给予充足水分，通常每天浇水 1 次，必要时早、晚浇水，以免影响叶片的品质。定植的管理方法须加强肥水管理，既要保持充足水分，又要防止过湿而造成水渍为害，同时要做好病虫害的防治。

☞ 240·油麦菜种植中如何控制水分?

在给油麦菜浇水的时候要注意浇水的方式,正确的方法是将水均匀地洒在菜根附近的土壤上,切不可从菜叶上方向下直接倒水,这样会使水寄存在菜心中央,极易引起菜叶的腐烂变质。此外,因其不易保存,所以采收下的油麦菜要尽早使用。

☞ 241·油麦菜在育苗时需不需要施肥?

油麦菜病虫害少,生长快速,需肥量较大,一般每隔 7～10 d 喷施 1 次以氮肥为主的腐熟有机肥,以促进叶片生长,采收前 5 d 宜停止施肥。

☞ 242·油麦菜为什么出现萎蔫?

油麦菜种植需要大量的水分,本身为绿色食叶蔬菜阳光的照射也是十分必要。在阳光充足的条件里,还要保证蔬菜获得充足的水分且注意通风,同时也要注意避免阳光直射,最好每天中早晚各浇 1 次水,这样油麦菜才会有精神。

☞ 243·为什么植株只向上生长?

油麦菜种植的行距太小,彼此之间挤压,为争夺阳光而向上生长。或者在该间苗或定植时没及时移栽,容器中植株过多,彼此之间相互争夺阳光水分。应及时移栽,定合理的株距。

☞ 244. 在生长过程中容易出现什么病虫害?

油麦菜很少有病虫害,但是季节不同,出现的病虫害也不尽相同。油麦菜的病害主要是霜霉病,幼苗和成株均可发病,病情由下部向上蔓延,淡黄色近圆形或多角形病斑,可用多菌灵、克露等防治。灰霉病在苗期染病,受害的茎叶呈水渍状腐烂,成株期染病始于近地表的叶片,初呈水渍状后迅速扩大,用速克灵喷洒即可。虫害主要是蚜虫,可用吡虫啉等防治,喷药时间应选晴天午后3点或雨后转晴叶面不带露水时较好。出现虫道的叶子摘下来挖坑深埋即可。

☞ 245. 油麦菜的栽培与生菜有何不同?

油麦菜与生菜在亲缘关系上很近,在生长习性和栽培方式上也类似。在家中栽培可以参考生菜的阳台栽培。油麦菜和生菜比较,耐热性较强,在25℃下继续营养生长。在栽培时可以相较生菜合理密植,但株距不要低于20 cm。

☞ 246. 油麦菜什么时候采收?

油麦菜在间苗后35 d左右,株高达到30 cm时就可以采收。

可分为一次性采收和劈叶采收。一次性采收时可用刀将油麦菜的根部齐根砍断即可,劈叶时留顶端5~6片叶,从叶柄基部劈下即可。以嫩叶使用,应现采现食,如存放时可装于保鲜袋后放置冰箱中。待伤口晾干可追施1次腐熟有机肥,以促进新叶萌发,一段时间后可再次采收。收获时夏季在早上进行,冬季应在晚上进行。

☞247.什么是结球甘蓝?

结球甘蓝,又名洋白菜、圆白菜、卷心菜、包菜等,是甘蓝类最重要的类型,通称甘蓝。十字花科芸薹属,甘蓝种,中顶芽或腋芽,能形成叶球的一个变种,为一年生或二年生草本植物。以叶球供食,为欧洲、美洲国家的主要蔬菜,中国各地均有栽培。甘蓝各园艺品种的形状有尖有扁或球状,包卷有松有紧,具有绿、灰绿和紫红等色泽,品种多样。

☞248.结球甘蓝的营养价值有哪些?

甘蓝含有蛋白质、粗纤维及钙、磷、铁、锰、钼等元素,以及丰富的维生素 C、维生素 E、胡萝卜素、抗坏血酸、叶酸等,能够宽肠通便、提高免疫力、防癌抗癌、缓解关节疼痛、杀菌消炎,并且具有美容功效,其防衰老、抗氧化的效果,与芦笋、花椰菜同样处在较高的水平。特别适合动脉硬化、胆结石症患者、肥胖患者、孕妇及有消化道溃疡食用。

☞249.结球甘蓝的生长习性是怎样的?

结球甘蓝喜温和气候,比较耐寒,对高温也有一定的适应能力。一般适宜温度为 15～25℃。但在月平均 7～25℃条件下都能正常生长与结球。发芽的适宜温度是 18～20℃,结球的适宜温度是 17～20℃。在 25℃以上时同化作用降低,呼吸加强,基部叶变黄、短缩茎伸长,结球松散,品质和产量下降。

结球甘蓝根系浅,叶片大,蒸腾作用强。其营养体含水量达 92%～93%。所以适宜在土壤水分多,空气相对湿度大的环境中生长。一般以土壤湿度在 80％～90％,空气相对湿度 70％～80％的环境最好。一般空气湿度对其影响不如土壤湿度,若土壤水分不足,则引起基部叶片脱落,叶球小而松散,甚至不能结球,影响产量和品质。浇水过量,且不能及时排除积水,则根系受到积水影响会变褐、变黑,引发黑腐病和软腐病。

结球甘蓝是长日照作物,在未完成春化前,长日照有利于生长。对光照强度的要求不严格,在结球期要求日照较短,光照较弱。所以一般秋季结球比夏季好。与高秆作物间作,有一定增产效果。

☞ 250. 结球甘蓝种子播种前如何处理？

甘蓝可以选用直播及育苗方式种植。为防种子带有病菌,播种前可用多菌灵浸种 24 h。种子可干播或催芽,催芽方法:播前用 20～30℃温水浸种 2～3 h,捞出后放在 20～25℃条件下催芽 3 d,种子露白尖后即可播种。

☞ 251. 结球甘蓝如何确定育苗期？

结球甘蓝播种期因品种、地区和栽培季节不同而有较大差异。

(1)春甘蓝。春甘蓝应选用冬性强、较早熟的品种。在 11～12 月份播种,12 月下旬到翌年 1 月份定植,既不能使苗龄偏大,避免通过春化,又不要使苗龄太小,以免越冬期间被冻死或晚熟,3～4 月份收获。

(2)夏甘蓝。一般选用早熟或中熟品种,立春以后的 2～3 月份育苗,苗龄需 40～45 d,3 月下旬至 4 月份定植,6～7 月份采收。

(3)秋甘蓝。夏季高温季节育苗,播种期为 6～8 月份,苗龄 35～40 d。一般选用中熟品种,8～9 月份定植,10～11 月份采收。

（4）冬甘蓝。一般选用中、晚熟品种，8～9月中旬育苗，苗龄35～40 d，9～10月份定植，12月份至翌年2月初采收。

☞ *252.* 结球甘蓝育苗需要注意哪些问题？

甘蓝通常用种子播种，利用穴盘育成幼苗，然后定植。用穴盘育苗时，可根据需要选择用50孔、72孔穴盘。播种前可用50%多菌灵可湿性粉剂拌营养土对土壤消毒杀菌。将营养土装满穴盘后，浇透水，待水渗下后每孔2～3粒种子，然后盖上营养土厚约1 cm，覆盖塑料薄膜。

一般播种后4～5 d出苗，每天查看出苗情况，气温高时注意通风防烧苗，气温低时盖好膜防苗受冻，视墒情约每周补充水分1次。当苗长至2叶1心时要间苗防徒长，保证幼苗大小一致，每个孔穴留1株幼苗；当幼苗茎粗达0.5 cm以上时，应尽量保持温度在15℃以上，以免通过春化阶段。当苗长至5～6片真叶时可实施移栽。

☞ *253.* 结球甘蓝定植时要注意什么问题？

根据阳台的温度选择定植时间，当夜间气温不低于7℃，10 cm土壤温度稳定在5℃以上时，选阴天或傍晚进行定植。定植早，若阳台温度较低，幼苗在较长低温下容易通过春化，而发生未熟抽薹，但定植时间过晚则会延迟结球。甘蓝植株较大，最好用盆栽单株种植，若容器比较大，可多株种植，但要保证株行距在40～50 cm，定植时应在定植穴浇稳苗水，定植后立即浇水，浇水后立即盖上薄膜，以防冻害，有利于缓苗。

☞ 254. 什么是结球甘蓝的未熟抽薹?

结球蔬菜在正常情况下形成硕大的叶球,经过低温贮藏及长日照阶段后才能抽薹开花。但有时结球蔬菜在结球以前就抽薹开花,叫作未熟抽薹(或先期抽薹)。结球甘蓝是绿体通过春化的作物。当幼苗长到 7 片真叶左右,叶宽 5 cm 以上,茎粗达到 0.6 cm 左右时,遇到低温,一般为 0~10℃,在 4~5℃时通过最快,再遇春季长日照,很快引起花芽分化,抽薹开花而不能结球。

☞ 255. 怎样预防结球甘蓝的未熟抽薹?

春甘蓝如管理不当,容易发生未熟抽薹,特别是在"倒春寒"年份,因未熟抽薹导致减产。生产上通过采取一些措施,可预防未熟抽薹现象的发生。

(1)选择冬性强的品种或一代杂交种。如中甘 15 号、珍奇、兴福 2 号、京丰一号等。这些品种对通过春化的条件要求严格,只要种子纯度高,管理得当,一般很少未熟抽薹。

(2)适期播种,确定合适的育苗时间。根据阳台的封闭性及保温性,确定合适的育苗及定植时间,避免苗期过长,调控好定植后的阳台环境温度。

(3)培育壮苗,加强管理。育苗时,播种后要覆盖薄膜,注意保温。苗出齐后要逐渐放风,防止幼苗徒长,同时也要避免温度过高,避免长成大苗。

(4)定植后加强管理。做到促控适度。前期肥水过多过勤,幼苗生长过旺,容易发生未熟抽薹,莲座期及结球期肥水过多或高温干旱,使营养生长受到抑制,过早进入生殖生长而发生未熟抽薹。如果阳台温度过高,要适时通风降温。

☞ *256*. 结球甘蓝定植后不同时期的管理要注意哪些问题？

（1）缓苗期。定植后的 10 d 内为缓苗期，应根据情况及时浇缓苗水，并进行中耕，尽快促进缓苗，当温度超过 25℃时开始通风。春甘蓝定植后常会出现紫苗现象，与早春低干旱、定植伤根，吸收能力降低有关。当紫苗转绿时标志苗已缓好。栽培中应采取措施缩短紫苗时间，如及时浇水 1～2 次，加强中耕，追施少量氮肥等。

两片基生叶拉"十"字到 5～8 片第一叶环形成，形成"团棵"。需要 25～30 d。在冬、春季可能需要 40～60 d。幼苗期叶片开始进行同化作用。根系形成，但吸收养分的能力较弱。冬、春季育苗时因自然温、光条件不好，需加强管理。如果管理不当常会出现未熟抽薹现象。

（2）莲座期。为使植株壮而不过旺，加速心叶分化，莲座期应控制灌水进行蹲苗。蹲苗结束后到莲座中期，浇 1 次透水，追施速效氮肥，以后根据苗情及天气状况，再浇水追肥 1～2 次，并增施磷钾肥。

（3）结球期。从第一叶环形成后，陆续形成第二、第三叶环，15～25 片叶时，形成莲花叶簇，开始进入结球期，需要 20～40 d。这时期叶片和根系迅速生长，同化作用加强为结球做准备。结球前期要注意浇水 1～3 次，并结合浇水进行追肥。结球后期不再追肥，需控制浇水以免裂球。

☞ *257*. 结球甘蓝有哪些常见的病虫害？如何防治？

甘蓝主要病害有黑腐病、病毒病、缘枯病、黑根病、菌核病、霜霉病、软腐病等。

(1)黑腐病。茎基部先腐烂,外叶萎蔫,叶球外露。也有外叶边缘枯焦,心叶顶部或外叶全面腐烂,当天气转晴干燥时,腐烂的叶片失水呈薄纸状。合理轮作,实行配方施肥,忌过施氮肥。发病初期可选用72%链霉素可溶性粉剂3 000倍液或新植霉素3 000倍液、77%可杀得可湿性粉剂600倍液、30%氧氯化铜悬浮剂600倍液交替使用,每隔7~10 d喷施1次。

(2)病毒病。发病初期用病毒A 3 000倍液、东方毒消1 000倍液交替使用,每隔7~10 d喷施1次。

(3)甘蓝缘枯病。主要发生在生长后期,以包心期发病重。病株从包心期开始发病,初期叶缘均呈油渍状灰褐色坏死,渐向叶柄方向发展,病部变为黄褐色,新侵染区呈灰褐色油渍状坏死,随病害发展包心叶缘均干腐抽缩,停止生长。发病初期将病株拔除并配合药剂防治,可选用72%农用链霉素可湿性粉剂4 000倍液、新植霉素5 000倍液喷雾,10~15 d 1次,视病情防治2~3次。

(4)黑根病。主要危害幼苗根茎部,使病部变黑或缢缩,潮湿时病斑上生白色霉状物。植株发病后数天叶片开始萎蔫、干枯,引起整株死亡。发病初期拔除病株,并及时喷洒75%百菌清可湿性粉剂600倍液,或用20%甲基立枯磷(利克菌)乳油1 200倍液。

(5)菌核病。主要危害植物茎基部。支柱顶端、叶片和小叶球在发病初期边缘呈淡褐色水浸状病斑,后期病部组织软腐,形成黑色鼠粪状菌核,导致结实率低或不能结实。发病初期,拔除病株,立即喷药。可喷施50%速克灵可湿性粉剂1 500倍液,或50%多菌灵可湿性粉剂,或50%乙烯菌核利可湿性粉剂1 000~1 500倍液,交替喷施2~3次。喷药时,重点喷射植株中下部。每隔7~10 d喷1次,必要时喷施、淋施相结合。

(6)霜霉病。主要危害叶片。幼苗子茎、子叶感染后,先出现白色霜状霉,然后枯死。发病严重时病斑连成片,叶片干枯脱落。发病初期喷施72.2%普力克水剂对水600~800倍喷雾,64%杀毒矾可湿性粉剂对水 500 倍液。

（7）软腐病。一般多在甘蓝包心时发病，病部初呈水渍状，后软化腐烂，产生恶臭味。高温多雨，地势低洼，排水不良，或偏施、过施氮肥，有利于该病的发生和流行。可用 72％农用硫酸链霉素 3 500 倍液，或新植霉素 4 000 倍液，50％代森铵水剂 800～1 000 倍液。药剂交替使用，喷施与淋施相结合，每隔 7～10 d 喷 1 次，连施 2～3 次。

冬、春栽培的甘蓝，虫害主要有蚜虫、甘蓝夜蛾等。

（1）蚜虫。可利用黄板诱蚜或用银灰膜避蚜，药剂防治可用 50％灭蚜松乳油 1 000 倍液喷雾，或用 50％抗蚜威可湿性粉剂 2 000～3 000 倍液喷雾，对甘蓝蚜虫有效，一般 6～7 d 1 次，连喷 2～3 次。

（2）甘蓝夜蛾。可利用成虫对糖蜜的趋性，在成虫盛发期用糖醋液诱杀。低龄幼虫抗药力差，可于 3 龄以前选用 40％菊杀乳油 2 000 倍液，或 20％灭扫利乳油 3 000 倍液、2.5％功夫乳油 4 000 倍液等药剂喷雾，每隔 10～15 d 喷 1 次，连续防治 2～3 次即可。

☞ 258. 结球甘蓝何时采收？

结球甘蓝依据生长温度的不同，从定植到收获 30～60 d。采收时间过早，产量不高不稳；采收过迟，容易出现裂球现象，严重影响质量和产量。甘蓝不同品种采收期差异较大，一般根据叶球坚实度来判断采收时间，肉眼观察或用手轻压叶球，当叶球基本包实、外层球叶发亮时及时收获。

☞ 259. 什么是球茎甘蓝？

球茎甘蓝是十字花科芸薹属甘蓝种中能形成肉质茎的变种，

别名苤蓝、擘蓝、玉蔓菁等,形状如球,是甘蓝的一种,俗称甘蓝球。二年生草本植物,高 30～60 cm,全体无毛,带粉霜。茎短,在离地面 2～4 cm 处膨大成 1 个实心长圆球体或扁球体,绿色,其上生叶。原产地中海沿岸,由叶用甘蓝变异而来。在德国栽培最为普遍。16 世纪传入中国,现中国各地均有栽培。

☞ *260*. 球茎甘蓝的营养价值有哪些?

球茎甘蓝嫩叶营养丰富,含钙量很高,具有消食积、祛痰的保健功能。维生素含量十分丰富,能促进胃与十二指肠溃疡的愈合。其所含的维生素 C 等营养素,有止痛生肌的作用。内含大量水分和膳食纤维,可宽肠通便,防治便秘,排除毒素。苤蓝还含有丰富的维生素 E,有增强人体免疫功能的作用。所含微量元素钼,能抑制亚硝酸胺的合成,因而具有一定的防癌抗癌作用。另外,还含有磷、铁、钾、胡萝卜素、尼克酸等营养成分。但糖尿病人不宜多食。

☞ *261*. 球茎甘蓝的生活习性是怎样的?

球茎甘蓝喜温和湿润、充足的光照。较耐寒,也有适应高温的能力。球茎生长适宜温度白天 18～22℃,夜间 10℃左右,肉质茎膨大期如遇 30℃以上高温肉质易纤维化;光照充足生长健壮,产量高,品质好。喜湿润的土壤和空气条件,球茎膨大期如水分不足会降低品质和产量。对土壤的选择不很严格,最适宜在疏松、肥沃、通气性良好的土壤种植,需氮、磷、钾和微量元素配合使用。

☞ *262*. 球茎甘蓝种子如何处理?

球茎甘蓝可直接播种,也可育苗后种植。种子播种前最好先放到 55℃ 的温水中浸泡 15 min 消毒,等水温自然降温后再浸泡 3～4 h。

☞263. 球茎甘蓝如何育苗?

球茎甘蓝分春、秋两季栽培。在春季栽培时,适宜播种期为 1 月下旬至 2 月上旬。春播时要严格按时播种,若提前播种,易引起未熟抽薹,影响球茎产量和品质。而错后播种,苗小,成熟晚。秋季栽培在 7～8 月育苗。播种前浇足底水,播种后覆一层过筛细土,厚度 0.5～1 cm,覆土厚度均匀一致。如果阳台温度不适宜,需要覆盖地膜,保持 20～25℃ 温度。

出苗后适当降低温度,防止幼苗徒长,在幼苗出齐后,培土 1 次,厚度为 0.5 cm,防止土面龟裂,均匀浇水。子叶展开后间苗,间苗后再培土 1 次,厚度为 0.5 cm 左右,以利幼苗扎根。待幼苗长到 5～7 片叶时定植。定植株行距为 35 cm 左右,要带完好土坨,定植后立即浇水,尽量少伤根,促进早缓苗、早成活。

☞264. 球茎甘蓝定植后怎样进行肥水管理?

茎蓝生育期短,一般定植后 65～70 d 收获。定植缓苗后,及时中耕保墒,提高地温,促进根系发育。注重蹲苗,不可过早追肥浇水,否则易引起植株徒长,影响球茎发育,表现叶片多、球茎小、成熟迟。要求在球茎膨大中后期直径达 4 cm 以上时开始浇水,保持土壤湿润,防止土壤过干过湿,干湿不匀,容易引起球茎开裂,同时追肥 1～2 次,促进球茎膨大。接近成熟时,停止浇水。

☞ 265. 球茎甘蓝常见的病虫害有哪些? 如何防治?

球茎甘蓝常见的病害有软腐病、黑腐病等。

(1)软腐病。从球茎处发病,外部表现为植株萎蔫,球茎内部湿腐,直至腐烂呈泥状,致使整个植株塌倒溃烂。病部散发出臭味。防治方法:均匀灌水,避免干湿过度,以防湿度剧烈变化而导致球茎开裂。发病初期拔除病株,并在病穴及四周撒少许石灰消毒,可用72%农用硫酸链霉素4 000倍液,或47%加瑞农可湿性粉剂700倍液等防治细菌类病害的药剂灌根,对好的药剂200 mL/株,每周用1次,连续防治2~3次。

(2)霜霉病。最初叶正面出现灰白色、淡黄色或黄绿色周缘不明显的病斑,后扩大为浅褐色或黄褐色病斑,病斑因受叶脉限制而呈多角形或不规则形,湿度高时叶背密生白色霜状霉。病斑多时相互连接,使病叶局部或整叶枯死。防治方法:早间苗,晚定苗,适度蹲苗;小水勤浇,及时清除病苗。发病初期可用72%霜康可湿性粉剂800倍液,或78%科博可湿性粉剂500倍液,或72%克霉星可湿性粉剂500倍液等药剂喷雾,每隔6~8 d喷1次,连喷2~3次。

主要的虫害有菜青虫、菜蚜、菜螟、甘蓝夜蛾等。

(1)菜青虫。菜青虫是为害水果苤蓝的最主要害虫,1~2龄幼虫在叶背啃食叶肉,留下一层薄而透明的表皮,农民叫"天窗"。3龄以后可将叶子吃成孔洞或缺刻,严重时仅留叶脉。可在小苗定植后用敌杀死1 000倍液或灭幼脲800~1 000倍液喷施防治,1次/周。也可喷洒苏云金杆菌,如国产的菜青虫6号液剂或Bt乳剂500~1 000倍液,使菜青虫感染而死亡。

(2)菜蚜。菜蚜在水果苤蓝叶上刺吸汁液,形成退色斑点,使叶片变黄,卷缩变形。可用50%抗蚜威可湿性粉剂1 500~2 000

倍液或 10％扑虱蚜可湿性粉剂 3 000～5 000 倍液防治,每隔 7～
10 d 喷 1 次。

(3)菜螟。菜螟以幼虫啃食菜心,3 龄以后蛀食根部,受害苗
因生长点受破坏而停止生长或萎蔫死亡。可在小苗定植后用敌杀
死 1 000 倍液防治,每隔 7～10 d 喷施 1 次。

(4)甘蓝夜蛾。初孵幼虫群集在叶背面剥食叶肉,残留表皮,
大龄幼虫则分散为害,蚕食叶片成孔洞或缺刻。一般不需单独防
治,如果发生较重,应以药剂防治为主。喷药防治的最佳时期为卵
孵化盛期至 3 龄幼虫以前在叶的正反两面都要喷到。所用药剂
有:10％二氯苯醚菊酯乳油 1 000～1 500 倍液,或 2.5％溴氰菊酯
乳油 2 000～3 000 倍液,或 50％辛硫磷乳油 1 000～1 500 倍
液等。

☞ 266．球茎甘蓝何时采收?

水果茎蓝定植后 60 d 左右心叶停止生长时,应及时采收,切
记不要延迟过长时间采收,以免茎皮变厚变硬,茎肉纤维老化而影
响水果茎蓝的品质。早熟品种宜在球茎未硬化、顶端的叶片未脱
落时采收;晚熟品种应待其充分成长、表皮呈粉白色时收获。采收
时应从地面根部割下,防止损伤外皮,除去球茎顶端叶片,以减少
水分蒸腾。如果不能及时食用,则最好在每个茎蓝顶部都要留一
片叶,保持新鲜。

☞ 267．什么是甜菜?

甜菜(*Beta vulgaris*),又名恭菜,二年生草本植物,属于石竹
目藜科甜菜属的植物。原产于欧洲西部和南部沿海,从瑞典移植
到西班牙,是热带甘蔗以外的一个主要糖来源。糖甜菜起源于地

中海沿岸,野生种滨海甜菜是栽培甜菜的祖先。大约在公元1 500年从阿拉伯国家传入中国。1906年糖用甜菜引进中国。甜菜的栽培种有糖用甜菜、叶用甜菜、根用甜菜、饲用甜菜。

☞ 268. 甜菜的营养价值有哪些？

甜菜营养丰富,含有粗蛋白质、可溶性糖、粗脂肪、膳食纤维、维生素C、烟酸等,以及钾、钠、磷、镁、铁、钙、锌、锰、铜等矿物质,能通过补充身体所需营养来调养身体。

甜菜中的膳食纤维可促进锌与其他矿物质的吸收。丰富的钾、磷及容易消化吸收的糖,可促进肠胃道的蠕动。甜菜中含有碘的成分,对预防甲状腺肿以及防治动脉粥样硬化都有一定疗效。甜菜根中还含有相当数量的镁元素,有调节软化血管的硬化强度和阻止预防血管中形成血栓,对治疗高血压有重要作用。甜菜根中具有天然红色维生素 B_{12} 及铁质,有良好的补血作用。甜菜块根及叶子含有一种甜菜碱成分,是其他蔬菜所没有的,它具有和胆碱、卵磷脂生化药理功能,是新陈代谢的有效调节剂,能加速人体对蛋白的吸收,改善肝的功能。甜菜根中还含有一种皂角甙类物质,它有把肠内的胆固醇结合成不易吸收的混合物质而排出等。

☞ 269. 甜菜的生长习性是怎样的？

甜菜为喜温作物,但耐寒性较强。块根生育期的适宜平均温度为19℃以上。当土壤5～10 cm深处温度达到15℃以上时,块根增长最快,4℃以下时近乎停止增长。昼夜温差与块根增大和糖分积累有直接关系,昼温 15～20℃,夜温 5～7℃时,有利于提高光合效率和降低夜间呼吸强度,增加糖分积累。

甜菜在深而富含有机质的松软土壤上生长良好。施用化肥和粪肥均有良效。普遍实行灌溉,能忍耐盐碱含量较高的土壤,但对强酸性土壤和低硼敏感。缺硼则抑制生长并使根内出现黑心病。

甜菜最适宜的日照时数为 $10\sim14$ h。在弱光条件下,光合强度降低,块根生长缓慢。日照时数不足会使块根中的全氮、有害氮及灰分含量增加,降低甜菜的纯度和含糖率。在遮光条件下,块根中单糖占优势,品质显著变化。

☞ *270*. **甜菜怎样播种?**

如果甜菜种子为包衣种子则不需要处理,若不是包衣种子,则最好进行浸种消毒。按照每 0.01 kg 40%甲基异硫磷、水 1.5 kg、70%敌克松可湿性粉剂 8 g 比例配成药液,将种子放入溶液,浸种 2 d。

根据情况可直接播种,也可育苗栽培。直接播种时,根据盆的大小,穴播种植,每穴间隔 3 cm 左右,每穴播 $3\sim4$ 粒种子。育苗栽培时也是每孔穴 $3\sim4$ 粒种子,播种好后要覆膜。

☞ *271*. **甜菜如何进行出苗后的管理?**

当甜菜长出 $1\sim2$ 对真叶时,要及时间苗、疏苗,同时要结合间苗中耕锄草 1 次。如发现有缺苗现象,可就地移苗,此时移苗,不但成活率高,并且不影响主根生长。最后保持每株间距 10 cm,当甜菜长出 $3\sim4$ 对真叶时及时定苗,定苗时要及时中耕锄草 1 次。

☞ *272*. **甜菜对水的要求如何?**

块根生长前期需水不多,生育中期需有足够水分,生育后期需水量减少。收获前 1 个月内浇水宜少,否则含糖率显著降低。

☞ *273*. 甜菜的病虫害有哪些？如何防治？

甜菜病害主要有立枯病、褐斑病、根腐病、丛根病等。以选用抗病品种、实行轮作换茬、兼用药剂方法防治为主。

(1)立枯病。立枯病又名黑脚病，是甜菜苗期的主要病害。由于甜菜立枯病主要是土壤和种子带菌所致，并以土壤带菌为主，因此采用土壤消毒效果较好，药剂可选用菌线威或的确灵 3 500 倍液喷撒苗床，并覆膜 2 d，然后通风 1 周后播种。

(2)褐斑病。褐斑病又名叶斑病，主要叶部病害，是一种世界性危害较大的甜菜。由于叶片大面积被吃光只剩下叶脉，严重影响干物质积累及光合作用，从而造成甜菜根产量严重减产，含糖也有不同程度的降低。一般使用天诺菌成或国优 101(50％氯溴异氰尿酸水溶性粉剂)1 000 倍液＋果保佳 1 000 倍液喷施于作物表面进行防治。

(3)根腐病。根腐病是甜菜生育期间受多种真菌和细菌侵染而引起块根腐烂的病害，严重可造成绝产。天诺的确灵或菌线威(1.5％二硫氰基甲烷)3 500 倍液＋田除(0.5％氨基寡糖素)600倍液灌根。

(4)丛根病。丛根病病原为甜菜坏死性叶脉黄化病毒，严格注意防止病原传播是防治此病的一种有效方法。结合土壤消毒和早期防治线虫可有效减轻此病的发生。选用的药剂以天诺的确灵或菌线威(1.5％二硫氰基甲烷)＋天诺果保佳为好。

甜菜苗期时要及时查看甜象甲、地老虎等害虫，如发生可用灭扫利 2 000～2 500 倍液进行喷杀。

☞ 274.甜菜何时采收?

甜菜块根在地温 8℃左右时基本停止生长,气温小于 5℃时基本停止糖分积累。当气温降至 5℃,含糖率稳定在 16% 以上时为甜菜适宜收获期。收获过早会使块根减产,含糖率降低;收获过迟,甜菜易遭受冻害,含糖率下降。

☞ 275.什么是黄瓜?

黄瓜,又名胡瓜、青瓜,属葫芦科植物,一年生蔓生或攀缘草本。是由西汉时期张骞出使西域带回中原的,黄瓜广泛分布于中国各地,并且为主要的温室产品之一。黄瓜食用部分为幼嫩子房,果实颜色呈油绿或翠绿,亦可入药。根据黄瓜的分布区域及其生态学性状分南亚型黄瓜、华南型黄瓜、华北型黄瓜、欧美型露地黄瓜、小型黄瓜。

☞ 276.黄瓜的营养价值有哪些?

黄瓜营养十分丰富,富含蛋白质、钙、磷、铁、钾、胡萝卜素、维生素 B_2、维生素 C、维生素 E 及烟酸等营养素,黄瓜具有除湿、利尿、降脂、镇痛、促消化的功效。黄瓜具有丰富的药用价值,包括抗肿瘤、抗衰老、减肥强体、健脑安神、防止酒精中毒、降低血糖等。

☞ 277.黄瓜的生长习性是怎样的?

黄瓜喜温暖,不耐寒冷,种子发芽适温为 25～30℃,生育适温为 10～32℃,一般白天 25～32℃,夜间 15～18℃生长最好。超过

35℃会导致其光合作用不良,超过45℃会出现高温障碍,低温－2～0℃冻死,如果低温炼苗可承受3℃的低温。多数品种在8～11 h的短日照条件下,生长良好。黄瓜需水量大,适宜土壤湿度为60%～90%,幼苗期水分不宜过多,土壤湿度60%～70%,结果期必须供给充足的水分,土壤湿度80%～90%。黄瓜适宜的空气相对湿度为60%～90%,空气相对湿度过大很容易发病,造成减产。黄瓜喜湿而不耐涝、喜肥而不耐肥,宜选择富含有机质的肥沃土壤,pH 5.5～7.2为宜。黄瓜可采用无土栽培的手段。

☞ 278. 适合阳台种植的黄瓜盆栽品种有哪些?

荷兰小黄瓜、小可爱多黄瓜、翠玉黄瓜和F_1水果黄瓜等较适合在阳台种植,这些品种植株蔓生,果实长约10 cm,果皮无棘,肉质香甜,从种植到收获50～60 d,结果多,家庭室内四季可播。

☞ 279. 黄瓜要什么时候播种?

黄瓜在春、夏、秋三季均可进行播种,在家庭内一般四季均可播种,但要注意黄瓜不耐寒冷,需保持室温在20℃左右。

☞ 280. 黄瓜播种前要做什么准备?

播种前可以对种子进行消毒、浸种、催芽。

☞ 281. 如何对种子进行消毒?

首先要确认种子是否包衣,包衣的种子不需要对其再进行消毒处理。

对黄瓜种子消毒可采用热水烫种或药剂处理的方法。药剂处理包括用稀释的福尔马林、高锰酸钾液、甲基托布津、甲醛等浸种消毒。热水烫种是将种子加入 50～60℃热水,水量为种子体积的 5 倍,浸泡 10～15 min,中间不停地加入热水保证水温,并不停地用小木棍搅动,种子消毒处理后再用温水浸泡 4～6 h。

☞ 282. 黄瓜要如何催芽?

浸种催芽在黄瓜播种中普遍应用,用 50～55℃温开水烫种消毒 10 min,不断搅拌以防烫伤。然后用约 30℃温水浸 4～6 h,搓洗干净,捞起沥干,在 28～30℃的恒温箱或温暖处保湿催芽,20 h 开始发芽。简便方法是浸种后用潮湿的纱布包裹,与 25℃环境下瓷盘中放一昼夜即可。

☞ 283. 黄瓜要怎么播种?

黄瓜以直播最佳,简便且成活率高,也可用穴盘育苗后移栽,注意防猝倒病,以保证成苗率。应将基质中预先按 6∶4 掺入腐熟好的有机肥,之后装入穴盘孔多半。用镊子将催芽后的种子播入穴盘孔内,每孔 1～2 粒,覆盖基质浇足水。

☞ 284. 黄瓜播种后的管理要注意什么?

苗期要防治强光直接照射,出苗至心叶初露期间苗易徒长,应尽量减少水分供应。之后水量可逐渐增加,保持基质湿度在 40%～70%。此时期只浇灌营养液,不需额外补浇清水。

☞ 285. 黄瓜不出苗或出苗不齐是什么原因？

播种经催芽后发芽的黄瓜种子一般在播种 3～4 d 后苗可出齐。黄瓜不出苗或出苗不齐的原因包括土温度过低，种芽被冻死。土壤中化肥浓度过高，或有机肥未经腐熟或腐熟不完全。土壤中水分不足，阻碍了种芽吸水，使幼嫩的种芽烂掉而不出苗。覆土厚度不均匀等。

☞ 286. 黄瓜幼苗顶壳出土怎么办？

造成"戴帽"出土的原因很多，如种皮干燥。播种后所覆盖的土太干，覆土过薄，土壤挤压力小。土温低，导致出苗时间延长。种子秕瘦，生命力弱等。可以通过在播种前浇足底水，先覆干土再覆湿土，覆土厚度保证均匀一致，发现覆土太浅的地方，可补撒一层湿润细土，保持土壤湿润的状态对其进行预防。另外，如发现"戴帽"苗，可趁早晨湿度大时，或喷水后用手将种皮摘掉，操作要轻柔缓慢，如果干摘种壳，很容易把子叶摘断，也可等待黄瓜幼苗自行脱壳。

☞ 287. 黄瓜要如何间苗？

幼苗长出真叶时开始间苗，出苗后及时查苗、补苗。

☞ 288. 黄瓜在幼苗时需不需要施肥？

黄瓜苗期前期需肥量较少，在底肥充足的情况下可以不追肥。后期可适量追肥，逐渐增加肥水供应。

☞ *289.* 黄瓜什么时候移栽？

一般当黄瓜苗长出 3～4 片真叶时，可按行株距 60 cm×20 cm 进行带土移栽。穴盘基质育苗苗龄短，可在 2 叶 1 心至 3 片真叶期，出苗 20 d 左右进行移栽。移栽前花盆中的基质须预先消毒，时间以晴天下午或傍晚为佳，要注意保护根系，起苗前淋透水，注意水既不可少又不可过多，少则不利于缓苗，多则易引发猝倒病。起苗时按照顺序，做到带土移栽，以防伤根。移栽时，选择大小均匀一致的秧苗，应轻拿轻放，确保根系完整，有利于缩短缓苗期，提高成活率。缓苗大概需 5 d。待心叶颜色变浅，根部大量白色细根发生即表示苗成活。

☞ *290.* 黄瓜在栽培后期如何控制水肥？

在初花期可适量喷施营养液，并逐渐增大肥水供应，基质湿度保持在 50%～70%。结果期肥水需求量大，尤其对钾肥需求增加，营养液施用参考量为每天每植株 1 L，营养液不要只浇在土中，也要在叶面喷施。同时早晚补水，基质湿度保持在 70%～90%。

☞ *291.* 黄瓜如何进行整枝？

植株整理。及时绕蔓，摘掉老病残叶，并及时摘瓜以防赘秧。根瓜尤需及早采收。及时摘心打顶，待植株长到铁丝以上。摘心打顶，促回头瓜，同时将侧蔓绕过铁丝垂下，继续结瓜，以主蔓结瓜为主的黄瓜品种可进行落蔓长期管理，注意灵活调节营养生长和生殖生长，加大营养液浓度，减少水分供应量；喷适当激素（矮壮素、缩节胺、坐果灵等)以控制营养生长并捉进生殖生长。适当摘除部分雌花,集中促进1~2瓜膨大。

黄瓜整枝是按照黄瓜不同品种,结瓜习性进行。以主蔓结瓜为主的品种,则采用主蔓整枝;以侧蔓结瓜为主,采用侧蔓整枝,春黄瓜整枝,按照合理叶面积指数3~4来确定,这样才能做到合理密植,达到丰产增收的目的。地爬黄瓜管理很简便,整枝方法多为单蔓整枝,有的可在田间随意放一些树枝,随便爬,增大空间,提高产量。

☞ 292. 黄瓜要不要绑蔓?

黄瓜架一般用塑料绳或尼龙网吊蔓,每株黄瓜用1根绳人工引蔓缠绕上架。也可用竹竿做架。绑蔓采用"S"形曲折绑法,这种方法与直线绑蔓法相比,可以增加瓜蔓节位。黄瓜进入抽蔓期以后,生长迅速,每隔23 d掐1次卷须后,还要相应地进行落蔓。落蔓时打开底部活结、把茎蔓落下50 cm左右时再系好。一次性落蔓不要太多,最好使叶片能均匀地分布,不相互遮挡。在绑蔓的同时,注意把长势较旺的植株瓜秧适当下缩,适当减弱生长势把长势较弱的瓜秧落蔓少些,促进生长。需注意要保持瓜秧高度一致,便于以后的管理。

☞ 293. 黄瓜什么时候采收?

黄瓜在移栽后40 d左右便可采收,果实皮色从暗绿变为鲜绿有光泽,花瓣不脱落时采收为佳。头瓜要早收,以免影响后续瓜的生长,甚至妨碍植株生长,形成畸形瓜和植株早衰,从而影响产量。

☞ 294 . 黄瓜为什么只开花不结果?

黄瓜基本上是雌雄同株而异花,偶尔也出现两性花,黄瓜只开花不结果,可能是因为肥料不足,可对其补充磷、钾肥,也可在开花时轻摇小花,帮助授粉。

☞ 295 . 黄瓜的生理障碍有哪些?

(1)化瓜。开花后,当瓜长到 8~10 cm 时,瓜条不再伸长和膨大,且前端逐渐萎蔫、变黄,后整条瓜逐渐干枯。主要原因是栽培管理措施不当,水肥供应不足,结瓜过多,采收不及时,植株长势差,光照不足,温度过低或过高等。

(2)苦味瓜及其成因。主要是因为果实中苦味物质葫芦素所致,造成苦味瓜的主要原因是偏施氮肥、浇水不足等。环境条件不适也可造成苦味瓜的形成,持续低温、光照过弱、土壤质地差等。

(3)畸形瓜。主要症状有蜂腰瓜、尖嘴瓜、大肚瓜、弯瓜、僵瓜等。形成原因是栽培管理措施不当,如水肥管理不当造成植株长势弱;温度过高、过低造成授粉受精不良;高温干旱、空气干燥也可形成畸形瓜。另外土壤缺硼、钾时可形成畸形瓜。

(4)低温障碍。黄瓜耐低温能力较弱,连续低温会引发出多种症状。播种时土温过低,种子发芽和出苗延迟造成黄弱苗、沤籽或发生猝倒病、根腐病等。有些出土幼苗子叶边缘出现白边,叶片变黄,根系不生长。定植后发生寒害或冻害后,出现叶色深绿,叶缘微外卷,大叶脉间出现黄白色斑,冻害加重后扩大而连片。或植株发根缓慢,或不发根,或者花芽不分化,整个植株生长瘦弱,出现花打顶,甚至叶片枯死至全株枯死。可以把浸泡后快发芽的种子置于 0℃冷冻 24~36 h 后播种,可增强抗寒力。

☞ *296*. 黄瓜的病害有哪些?

黄瓜病虫较多。对产量、品质影响较大的有疫病、霜霉病、枯萎病、炭疽病、白粉病等,虫害主要有黄守瓜、蚜虫、美洲斑实蝇等。

黄瓜疫病是一种毁灭性病害,感病植株主要茎基部节间再现水渍状病斑,继而环绕茎部湿腐、缢缩,病部以上蔓叶萎蔫,瓜果腐烂,以致整株死亡。霜霉病,主要危害叶片,形成黄色或淡褐色多角形病斑,叶片背面有紫灰霉层。枯萎病多在开花结果期发生,病株生长缓慢,下部叶片发黄,逐渐向上发展。病情开始时萎蔫不显著,中午萎蔫,早晚恢复,反复数日才枯萎死亡。炭疽病于高温、高湿季节为害严重。发病温度为 10~38℃,以 22~27℃ 最适宜,苗期至成株期均可发病。白粉病多发生于生长中后期,发病越早损失越大。主要危害叶片,植株徒长、枝叶过密、通风不良、光照不足,病情发生较严重。

阳台种植黄瓜可采取综合防治,在种植时选择不易感病的品种,在发病初期注意清除残枝叶并及时喷药,以防病势蔓延。可喷施百菌清可湿性粉剂、敌克松、代森铵和福美双等。

☞ *297*. 什么是花椰菜?

花椰菜(*Brassica oleracea* var. *botrytis*),又称花菜、菜花或椰菜花,是一种十字花科的蔬菜,为甘蓝的变种。花椰菜的头部为白色花序,与西兰花的头部类似。茎顶端有 1 个由总花梗、花梗和未发育的花芽密集成的乳白色肉质头状体。总状花序顶生及腋生。花淡黄色,后变成白色。花椰菜富含维生素 B、维生素 C。这些成分属于水溶性,易受热溶出而流失,所以煮花椰菜不宜高温烹调,也不适合水煮。原产地中海沿岸,其产品器官为洁白、短缩、肥嫩的花蕾、花枝、花轴等聚合而成的花球,是一种粗纤维含量少,品质鲜嫩,营养丰富,风味鲜美,人们喜食的蔬菜。

☞ 298. 花椰菜的营养价值有哪些？

花椰菜的营养比一般蔬菜丰富。它含有蛋白质、脂肪、碳水化合物、食物纤维、维生素 A、维生素 B、维生素 C、维生素 E、维生素 P、维生素 U 和钙、磷、铁等矿物质。

花椰菜质地细嫩,味甘鲜美,食后极易消化吸收,其嫩茎纤维,烹炒后柔嫩可口,适宜于中老年人、小孩和脾胃虚弱、消化功能不强者食用。花椰菜中含有"索弗拉芬"能刺激细胞制造对机体有益的保护酶——Ⅱ型酶,这种具有非常强的抗癌活性酶,可使细胞形成对抗外来致癌物侵蚀的膜,对防止多种癌症起到积极的作用。花椰菜含有抗氧化防癌的微量元素,长期食用可以减少乳腺癌、直肠癌及胃癌等癌症的发病几率。花椰菜是含有类黄酮最多的食物之一。类黄酮除了可以防止感染,还是最好的血管清理剂,能够阻止胆固醇氧化,防止血小板凝结成块,因而减少心脏病与中风的危险。

☞ 299. 花椰菜的生长习性是怎样的？

花椰菜性喜冷凉,属半耐寒蔬菜,它的耐热耐寒能力均不如结球甘蓝,既不耐高温干旱,也不耐霜冻。生育适温比较狭窄,栽培上对环境条件要求比较严格。种子发芽适温是 25℃,生长发育适温为 20～22℃,花蕾发育适温为 15～18℃,25℃以上发不良,花球松散,降低产量和品质,5℃以下生长缓慢,遇 0℃以下低温,花球易受冻。

花椰菜的产品器官是短缩的花枝、花轴、花蕾等聚合而成的花球,花球既是生殖器官又是养分储藏器官。从生物学上讲,任何生物到生殖阶段是抗逆性最差的脆弱阶段,因此花椰菜在花球生长发育时期对高温、干旱、霜冻等不良环境条件的抵御能力较差;从花椰菜的生育习性上讲,聚合的花球作为养分贮藏器官,适宜的环境条件下花椰菜由营养生长转向生殖生长,要经过以花球为载体的养分积累贮藏过程,从而使花球充分长大而紧实。如果花椰菜在此阶段,外界条件超出它本身适宜的范围,如遇高温、干旱等,上述过程就会缩短,其短缩的花枝在高温下就会迅速伸长,从而使结球小而松散。

花蕾群虽然在炎夏也抽生,但较瘦小,质量较差。花椰菜在充足的光照条件下生长正常,光照不足会导致植株徒长。花椰菜完成春化阶段后,花芽开始分化。

☞ *300*. 花椰菜要什么时候播种?

花椰菜对温度有较为严格的要求,且品种众多,不同的品种对温度要求也有所不同,一般早熟品种在幼苗较小和温度较高的情况下就能引起花芽分化,而晚熟品种通过阶段发育引起花芽分化要求较低温,且幼苗要求相对大一些。

应根据不同的栽培时期选择适宜的品种,使该品种的适宜结球温度和结球季节温度相符,才能如期结出优质花球,并获得丰产。一般早熟的应选早熟品种,随后可选中熟品种,晚播的则宜选晚熟品种。作为阳台蔬菜一般一年四季都可以栽培,但要控制好温度、水分等条件。

☞ *301*. 花椰菜要怎么播种?

花椰菜可采用营养钵播种、育苗。先配制好营养土,播前将营养土淋湿,每钵播种 1～2 粒,均匀覆盖 5～10 cm 的营养土,或者按 10 cm 的行距开 1～2 cm 深的播沟,将种子均匀撒入播沟,轻轻刮平小沟(或用药土覆盖)播完后覆膜。处于夏末初秋播种,要注意遮阳防雨。播种后要注意淋水,经常保持土壤湿润,出苗时期土壤相对湿度保持在 70%～80%。齐苗后视具体情况进行水分补充。移栽定植前使秧苗充分见光炼苗,然后移入栽培容器内。

☞ 302. 花椰菜种子应如何消毒?

用热水烫种,烫种的温度一般为 50～55℃,边浸边搅拌,浸烫10 min,然后立即将种子放入冷水中,浸泡 3～4 h,催芽播种或直播。

☞ 303. 花椰菜多久才能出苗?

一般播种后 2～3 d 幼苗出上,傍晚揭开覆盖物,次日清晨喷水,以保持土壤湿润为度。晴天遮阳自上午 9 点至下午 4 点,遮5～6 d 后适当缩短遮阳时间,直到出现第 1 片真叶为止。出现真叶后,注意除草和及时防治病虫。2～3 片真叶时除草和间苗1 次。

☞ 304. 花椰菜苗期要注意什么?

苗期要注意温度与水分管理,干旱和较长时期的低温,会形成"小老苗",容易引起"早期现球",花球失去商品及食用价值。此外,苗期氮素营养不足或伤根过多,也容易引起"早期现球",最后长成很小的花球。因此在进行花椰菜栽培时,应根据品种特征及当地气候条件、阳台条件合理安排播期,使花球生长处于最适温度条件下获得高产高质。

☞ 305. 花椰菜需不需要间苗和定植？

当幼苗长到 6～8 片叶时可定植，苗龄 28～40 d。按株距40～50 cm 挖定植穴，封穴后浇足水（定植水），4～5 d 后覆膜。定植前可在晴天中午通风降温，使幼苗逐渐适应环境，以提高移栽成活率。定植后及时浇定根水，促活棵。活棵后因气温低，蒸发量较小，一般不需浇水。

☞ 306. 应选择什么花椰菜品种？

选用抗病、抗虫、抗逆性强、适应性广、商品性好、产量高的花椰菜品种。如大地春花菜、一代金光春花菜 80 天、日本富士白 4号、瑞士雪球等。

☞ 307. 花椰菜应如何施肥？

花椰菜对土壤要求不太严格，但以肥沃的壤土栽培为好。用有机肥作基肥可以增加土壤肥力，但是有机肥在使用前必须进行高温发酵，杀死和降低有害病菌、虫卵。其生长发育过程中需要充足的营养，除需要氮、磷、钾、镁、硫等大量元素外，还需一定量的微量元素，施肥时注意各种元素配施。氮肥不能过多，否则会造成植株徒长，营养生长过旺，而推迟花球的出现，也易引起腐烂病害发生。钾肥用量较大，要在施足基肥的前提下增加追施钾肥。缺硼会引起花球开裂并出现褐色斑点、带苦味。锌可以提高花椰菜的抗病、抗热性能。所以在生长中后期应叶面喷施 0.1%～0.5%的硼砂和硫酸锌溶液 2～3 次。

☞ *308*. 花椰菜种植中如何控制水分？

花椰菜在湿润的土壤里生长发育良好。花椰菜需水量较多，尤其在花球形成期要及时浇水，保持土壤湿润。

浇好"三水"，即定植水、缓苗水和花球水。出现花球后要保证水分供应，除了浇好"三水"外，还应每隔 3～4 d 浇 1 次水，一直持续到收获花球前的 5～7 d。苗后 15 d 左右间苗，苗据应为 8～10 cm，苗期一般不浇水追肥，定植前 10 d 浇小水。要保持土壤一定的湿度，特别是结球期切勿干旱，以免抑制花球的形成，导致产量下降。露天阳台大雨后要及时排水，切勿积水，并及时喷杀菌剂，以防病害的发生与蔓延。

☞ *309*. 花椰菜栽培中为什么会不结球？

造成花椰菜不结球的原因主要有以下几个方面：

一是环境条件不适宜。花椰菜对环境条件的要求比较严格，而且品种间差异较大。因此，适于春种的品种秋种不一定适合，反之亦然。另外，不同品种通过春化阶段的温度差异很大，从 5～25℃均可通过春化阶段，时间长短也不相同。早熟品种要在较高的温度下通过春化阶段，时间也短，而熟品种则时间较长，要求温度也低。有些品种由于迟迟不通过春化阶段而不结球。

二是栽培暑期不当。将晚熟品种进行秋种，由于生长期不足，不能结花球或不能结成大花球；用春种品种秋种或秋种品种春播，都会出现不结球或结球小等现象。

三是栽培管理不当。有些品种在氮肥过多、水分过大造成徒长的情况下，外叶过量，迟迟不能结球。

☞ *310*. 花椰菜有哪些主要的病虫害？如何防治？

花椰菜的病害主要有花椰菜花叶病、黑斑病、枯萎病、黑腐病等。

(1)花椰菜花叶病。叶片首先出现明脉，后发展为斑驳，叶背沿叶脉产生疣状凸起，病株矮化不明显。发病初期喷洒 7.5% 菌毒·吗啉胍水剂 600～800 倍液或 3.95% 三氮唑核苷·铜·锌水乳剂 700 倍液、20% 吗啉胍·铜可湿性粉剂 500 倍液，每隔 10 d 左右喷 1 次，连续防治 3～4 次。

(2)黑斑病。主要危害叶片、叶柄、花梗及角果等部位。幼苗和成株均可受害。叶片受害，初呈近圆形褪绿斑，扩大后，中间暗褐色，边缘淡绿色，有或无明显的轮纹。潮湿时表面密生黑色霉状物。与非十字花科作物实行轮作。发病初期用 75% 百菌清可湿性粉剂 500～600 倍液，或 50% 扑海因可湿性粉剂 1 500 倍液，每隔 7～10 d 喷 1 次，连喷 2～3 次。

(3)枯萎病。从苗期即见发病，最初叶片变黄枯死。成株发病，个别叶片中肋或侧脉变黄，随着植株生长病情逐渐严重，可使整叶或全株变黄，有的出现皱缩或萎蔫。剖开病株短缩茎可见维管束变褐，造成植株停止生长，下部叶片脱落，不能结球而死亡。结合防虫，喷淋或浇灌 54.5% 恶霉·福 700 倍液或 50% 甲基硫菌灵悬浮剂 600 倍液、琉悬浮剂 500 倍液、20% 二氯异氰脲酸钠可溶性粉剂 400 倍液等，每株浇灌 100 mL。每隔 10 d 左右 1 次，防治 1～2 次。

(4)黑腐病。主要危害叶片。叶斑多从叶缘开始，黄色、黄褐色至黄白色，楔状（"V"形），斑外围有黄晕，斑面网状叶脉出现褐色至紫褐色病变。可喷施 20% 喹菌酮可湿粉 1 000 倍液，或 45% 代森铵水剂 1 000 倍液，或 77% 可杀得悬浮剂 800 倍液，或 50%

DT 或 DTM 可湿粉 1 000 倍液,2～3 次,每隔 7～10 d 1 次,交替施用,喷匀喷足。

常见的虫害有蚜虫、菜青虫、小菜蛾、黄条跳甲、甘蓝夜蛾等。蚜虫可用 40％乐果 1 000 倍液喷洒。菜青虫、小菜蛾、黄条跳甲、甘蓝夜蛾可用 80％敌敌畏乳剂 1 000 倍液,或 2.5％溴氰菊酯 2 500 倍液,或 20％甲氰菊酯 2 000 倍液喷洒。

☞ **311.** 花椰菜什么时候采收?

一般花球现蕾后 1 个月左右即可采收。采收的标准是:花球充分长大,表面洁白平整,边缘不散。越夏花椰菜必须及时采收,否则易散球或黄化,影响品质。

采收时,将花球下部带花茎 10 cm 左右一起割下。顶球采收后,植株的腋芽萌一发,并迅速长出侧枝,于侧枝的顶端又形成侧花球。当侧花球长到一定大小,花蕾尚未开放时,可再次采收,可陆续采收 2～3 次。收获时应注意,每个花球带 5～6 片小叶,以保证花球免受损伤和保持花球的新鲜柔嫩。

☞ **312.** 什么是西兰花?

西兰花为一二年生草本植物,原产于地中海东部沿岸地区,我国有少量栽培,主要供西餐使用。西兰花形态特征、生长习性和普通的白花菜(甘蓝)基本相似,属十字花科芸薹属甘蓝种。长势强健,耐热性和抗寒性都较强。植株高大,根据不同品种叶片生长 20 片左右抽出花茎,顶端群生花蕾。紧密群集成花球状,形状为半球形;花蕾青绿色。叶色蓝绿互生,逐渐转为深蓝绿,蜡脂层增厚。叶柄狭长。叶形有阔叶和长叶两种。根茎粗大表皮薄,中间髓腔含水量大、鲜嫩,根系发达。

☞ *313.* 西兰花的营养价值有哪些?

西兰花中的营养成分,不仅含量高,而且十分全面,主要包括蛋白质、碳水化合物、脂肪、矿物质、维生素 C 和胡萝卜素等。据分析,每 100 g 新鲜西兰花的花球中,含蛋白质 3.5~4.5 g,是菜花的 3 倍、番茄的 4 倍。此外,维生素 A 含量是白花菜的很多倍,西兰花中矿物质成也很全面,钙、磷、铁、钾、锌、锰等含量都很丰富,与同属于十字花科的白菜花相当。西兰花具有防癌抗癌的功效,含维生素 C 较多,比大白菜、番茄、芹菜都高,尤其是在防治胃癌、乳腺癌方面效果尤佳。除了抗癌以外,西兰花还含有丰富的抗坏血酸,能增强肝脏的解毒能力,提高机体免疫力。而其中一定量的类黄酮物质,则对高血压、心脏病有调节和预防的功用。同时,西兰花属于高纤维蔬菜,能有效降低肠胃对葡萄糖的吸收,进而降低血糖,有效控制糖尿病的病情。

☞ *314.* 西兰花的生长习性是怎样的?

西兰花具有很强的耐寒和耐热性,在 5~20℃ 范围内,温度越高,西兰花的生长发育越快,最适发芽温度为 20~25℃,幼苗期的生长适温为 15~20℃。莲座期生长适温为 20~22℃,花球发育适温为 15~18℃,温度高于 25℃ 时花球品质易变劣,但只要不受冻害,花球在 5℃ 甚至以下的低温仍可缓慢生长。不同品种、不同苗龄对完成春化所需温度要求的差异比较大,因此周年栽培时品种的选择是非常重要的。

西兰花对光照的要求并不十分严格,但在生长过程中喜欢充足的光照,光照足时植株生长健壮,能形成强大的营养体,有利于光合作用和养分的积累,并使花球紧实致密,颜色鲜绿品质好,盛夏阳光过强也不利于西兰花的生长发育。

西兰花在整个生长过程中需水量较大，尤其是叶片旺盛生长和花球形成期更不能缺水，即使是短期干旱，也会降低产量。苗期土壤湿度过高易引起黑腐病、黑斑病等病害。花球形成期土壤湿度田间持水量70％～80％才能满足生长需要；西兰花适宜在排灌良好、土质疏松肥沃、保水保肥力强的壤土和沙质壤土上种植。适应土壤 pH 范围5.5～8，但以6为最好。

☞ *315.* 西兰花播种前要做什么准备？

西兰花属于喜欢冷凉的蔬菜，选择植株生长势强，花蕾深绿色、焦蕾少、花球弧圆形、侧芽少、蕾小、花球大、抗病耐热、耐寒，适应性广的品种。普通种子要剔除霉粒、瘪粒、虫粒等或选用包衣种子，进口种子可直接使用。播种前将装好土的育苗钵浇透水，隔1～2 d 即可播种。也可做催芽播种，将种子用50℃温水浸泡20～30 min 后，立即移入冷水中冷却，晾干后用湿布包好，放在20～25℃处催芽，每天用清水冲洗1次，当20％种子萌芽时即可播种。

☞ *316.* 西兰花什么时候播种？

西兰花种植时，一般育苗期为4月上旬开始，每批隔7～10 d 为一个播期。秋季为7月下旬至8月上旬播种。

☞ *317.* 西兰花要怎么播种？

用手指在育苗碗中间按一小穴，每小穴点播一粒种子（普通种子最多点两粒）。播种后均匀地用细筛撒0.8～1 cm 厚的细土，再浇透水。上面覆盖塑料膜，也可用其他方法增温保暖，有利于发芽出苗以及出苗后的管理。

☞ *318*. 怎样防止西兰花幼苗徒长?

西兰花在播种时点籽不宜太密,每个营养钵或者孔穴一粒,以免出苗幼苗拥挤,出现高脚苗。出苗后要及时揭掉地面覆盖物,并且及时间苗、分苗(假定植)和定植,使大、小苗分开,增加单株营养生长面积。幼苗生长期要加强通风透光,降低温度和水分,控制苗的过度生长,配合合理的肥水管理。同时还要注意营养土的配备,注意磷、钾肥用量,控制氮肥用量,控制浇水。

☞ *319*. 西兰花何时进行间苗和定植?

播后 15 d 左右,当幼苗长至 4 叶 1 心时开始进行分苗(假定植)。分苗前 1 d,先将苗浇透水,然后移苗断根、蹲苗。将大、小苗分摆,促小苗、控大苗,以便培育壮苗和齐苗,分苗后搭遮阳网防晒降温,同时浇透水。一般幼苗在大棚内生长 30~35 d,幼苗生长达到 6 叶 1 心,开始定植移栽。要保证苗龄一致,有利于采收期一致。

☞ *320*. 西兰花播种后的管理要注意什么?

顶花球是专用品种,应在花球出现前摘除侧枝(芽)。顶侧花球兼用品种侧枝抽生较多,一般留上部健壮侧枝 1~2 个其余除掉,以减少养分消耗。当 60%~80% 的主茎花球采收后,浇水追肥,催侧枝花球的生长,当侧花球长至直径达 10 cm 左右时采收。适当中耕,铲除杂草,一般中耕 1 次,深松结合追肥 1 次,人工草除两次,宜早宜勤。

☞ *321*. 西兰花种植中如何控制水分?

西兰花需水较其他作物稍多一些,除苗期应适当控制土壤水分外,其他各生长发育期应保证水分充足。要求 3～5 d 浇 1 次水,每次一定浇透。炎热天气需遮阳降温,每天早晚各浇 1 次水。缓苗后为防止徒长,改在每天早上浇水 1 次。小弱苗喷 2% 尿素水溶液 1 次,以促幼苗生长。每次追肥后应及时浇水,莲座期后适当控制浇水,花球直径 2～3 cm 后及时浇水。定植后一般浇水 4～5 次,采收前 7 d 停止浇水,也可根据情况及时补水。

☞ *322*. 西兰花如何追肥?

西兰花在整个生长过程中需要充足的肥料,其氮、磷、钾比例为 14∶5∶8。幼苗期对氮素的需要相对较多,花芽开始分化以后对磷、钾的需要量相对增加。注意在花球发育过程中,西兰花对硼、钼、镁等微量元素的需要量也较多,因此现蕾前施用适当的微量元素叶面肥将会显著提高产量和品质。在定植的 7～10 d,追尿素;15～20 d 追第二次肥,追复合肥。花球形成初期喷磷酸二氢钾、硼宝或 0.05%～0.10% 的硼砂和钼酸铵溶液 1 次,以提高花球质量,减少黄蕾、焦蕾的发生。同时喷施植物生长剂,促进花球膨大,增加作物营养,提高作物的抗逆抗病能力。

☞ *323*. 西兰花在生长过程中容易出现什么病虫害? 如何防治?

西兰花生长过程中的病害主要有霜霉病、软腐病、黑斑病、菌核病等,虫害主要为小菜蛾、菜青虫、菜蚜等。

(1)霜霉病。属真菌病害,在花球发育过程表现较明显,老叶先发病,然后蔓延至幼叶,发病初期出现缺绿,叶片变黄的现象。干燥时叶片干枯,潮湿时叶背面出现霉层。发病初期及时用70%的代森锰锌可湿性粉剂600~800倍液,或甲霜灵400~600倍液进行喷雾。采收前10~15 d停止使用农药。

(2)软腐病。属细菌病害,西兰花生长后期遇较多雨水时易发生。病斑呈水渍状,逐渐软化腐败,产生臭味。病菌从根、茎、叶的伤口侵入。避免与十字花科蔬菜,特别是与甘蓝类、白菜类连作。发病初期及时喷洒硫酸链霉素,或72%的农用链霉素可湿性粉剂3 000~4 000倍液,或新植霉素4 000倍液。

(3)黑斑病。病斑为淡褐色圆形轮斑。低温多湿时易发生此病,常为害花茎、花梗和种荚,使种子丧失发芽能力。发病前每隔10~15 d喷波尔多液1次,共喷药3次,防效显著。

(4)菌核病。为真菌性病害,在花蕾收获前后发生,常为害茎基部,引起根基迅速腐烂。发病初期用75%五氯硝苯可湿性粉剂500倍液撒喷。

(5)小菜蛾。初龄幼虫仅能取食叶肉,留下透明表皮,3~4龄幼虫可将菜叶食成孔洞,严重时全叶被食成网状。病初期用黑光灯诱杀成虫。还可用苏云金杆菌制剂500~1 000倍液进行喷洒,或用50%的辛硫磷乳油1 000~2 000倍液进行喷雾。采收前10 d停止使用农药。

(6)菜青虫。幼虫啃食叶肉,只剩一层透明的表皮,重则仅剩叶脉,危害花球时容易发生软腐病,虫粪还会污染花球。发病初期及时用Bt乳液,或青虫菌6号液剂500~800倍液,或50%的辛硫磷乳油1 000倍液,或20%的氰戊菊酯乳油3 000~4 000倍液进行喷洒。

(7)菜蚜。被害植株严重失水,卷缩、变黄、扭曲畸形,菜蚜危害还可引发煤烟病及传播病毒病。在阳台悬挂黄板诱蚜。发病初

期及时用 40％的乐果 1 000 倍液，或 80％的敌敌畏乳油 1 000～
2 000 倍液进行喷雾。采收前 15 d 停止使用农药。

西兰花苗期主要病害为猝倒病、立枯病、霜霉病、黑斑病、细菌
性黑腐病等。防治应加强肥水管理，合理定植、轮作等。病害发生
时，用 25％多菌灵、70％甲基托布津进行灌根处理；或在猝倒病发
病初期用 58％雷多米尔可湿性粉剂 500～600 倍液喷雾防治；立
枯病发病初期用 10％世高水分散粒剂 1 500 倍喷雾防治。跳甲
等地下害虫在播种后用 4.5％高效氯氰菊酯乳油 2 000 倍喷洒
地表。

☞ 324 · 西兰花什么时候采收?

以清晨和傍晚采收最好，花球直径 12～18 cm，花球连柄长不
低于 14 cm，一般以手感花蕾粒子开始有些松动或花球边缘的花
蕾粒子略有松散，花球表面紧密并平整、无凹凸时为采收适期。采
收时将花球连同 10 cm 左右长的肥嫩花茎一起割下。

☞ 325 · 什么是番茄?

番茄(*Lycopersicon esculentum* Mill.)，又叫西红柿、洋柿子，
属茄科茄属番茄种植物。番茄以果实为主要产品器官。番茄的生
育期较长，可采果时间很长，产量高，一次栽培可长期供应。番茄
原产南美洲，目前世界上已经普遍栽培。南美土著人原称番茄"狼
桃"，认为番茄果实是有毒的。在 16 世纪时，一位英国公爵在游历
南美时发现了番茄，并将其带回英国献给自己心仪的伊丽莎白女
王以示爱意，所以番茄在当时又叫作"爱情果"。直到 17 世纪时，
一位画家才首先食用了番茄。自此，番茄才被看作是蔬菜而被人
类种植和食用。番茄有五个变种，分别是：栽培番茄、樱桃番茄、大

叶番茄、梨形番茄和直立番茄。目前,经过多年的育种积累,番茄的颜色有红色、黄色、粉色、紫色和白色,果形也有圆形、椭圆形等,品种十分丰富。

☞ ### 326．番茄的营养价值有哪些?

番茄营养十分丰富,除富含维生素 C、B 族维生素、胡萝卜素、有机酸和矿物质外,还含有番茄红素。番茄红素是一种天然色素,是迄今发现的最强的天然抗氧化剂之一,具有很强的清除自由基功效。从药用价值看,番茄具有止血、降压、利尿、健胃消食、生津止渴、清热解毒、凉血平肝的功效。

☞ ### 327．番茄的生长习性是怎样的?

番茄株高一般在 $0.6 \sim 2$ m,应用无土栽培的手段,在适宜环境下,番茄还能长成"树状"。在阳台上栽培番茄适合选择一些矮生品种。番茄植株表面有黏质腺毛,具有特殊清香味。番茄茎易倒伏,在栽培时要采用搭架子、吊蔓、落蔓等形式整理植株形态。番茄叶片为羽状复叶或羽状深裂。花序常 $3 \sim 7$ 朵花,花黄色。番茄果实为浆果,果实多汁,表面光滑。

番茄是喜温喜光蔬菜,生长最适温度为 $20 \sim 25 \, ^{\circ}\text{C}$,由营养生长转向生殖生长过程中要求短日照的条件诱导,但要求并不严格。番茄生长需要较多的水分,土壤湿度要保持在 $60\% \sim 80\%$。在高湿条件下,不利于番茄正常授粉结果。番茄对土壤条件要求不太严格,土层深厚、排水良好、富含有机质的肥沃土壤有利于番茄生长。土壤 pH 以 $6 \sim 7$ 为宜。

☞ *328*．番茄要什么时候播种?

在阳台上种植番茄,推荐在初春或秋季播种。这样在苗期温度适中,开花结果期气温不太炎热也不会受冻,利于丰产,在栽培时也容易管理。

☞ *329*．番茄播种前要做什么准备?

番茄在生产中属于病虫害较严重的蔬菜,在播种前宜采用温汤浸种或药剂拌种的方式杀灭病菌。

☞ *330*．如何进行温汤浸种?

首先,将种子在清水中浸泡 2~3 h,让种子吸足水。其次,将种子浸入 55℃的温水中 5 min,捞出后催芽。或可直接将干种子浸入 50℃的温水中 30 min,捞出后催芽。

☞ *331*．如何进行药剂浸种消毒?

首先要确认种子是否包衣。包衣的种子是不是需要药剂浸种消毒的。

其次用药剂进行浸种消毒,要将种子先在清水中浸泡 2~3 h,待种子吸足水后,将种子浸泡在稀释过的药剂中 10~15 min,捞出后催芽。可以用作消毒药剂的有:福尔马林、多菌灵、甲基托布津、百菌清、瑞多霉、抗枯宁、高锰酸钾等。

☞ *332*. **番茄要如何催芽？**

番茄在播种前可以只浸种不催芽，但为了出芽快也可以经过浸种催芽后再播种。番茄种子发芽的适宜温度为 25～30℃。具体催芽方法为：将浸种后的种子置于湿纱布上，先在 25～30℃下催芽，1～2 d 后将温度降低到 20℃左右，待种子露白后即可播种。

☞ *333*. **番茄要怎么播种？**

生产中，番茄苗期较长，为了节省栽培时间，番茄一般采用育苗移栽的方式。在家中阳台进行番茄栽培也推荐使用育苗移栽的方式。在播种时，每穴播 1～2 粒催好芽的种子。具体播种方式可参考生菜的穴盘播种。番茄成苗较大，因此穴盘宜用 50 孔规格。

☞ *334*. **番茄播种后的管理要注意什么？**

番茄播种后要保持土壤湿润，但出苗后要控制水分防止幼苗徒长。

☞ *335*. **番茄不出苗或出苗不齐是什么原因？**

番茄不出苗的原因是多方面的。如果种子在播种前没有经过浸种催芽，那么出苗会比较慢。进过催芽的种子，出苗不好的要考虑温湿度的问题。在幼苗出土前要保持土壤湿润，但不能积水。过干种子不能吸水，萌发中断；而过湿时，种子可能会沤烂发霉。番茄种子出苗温度要控制在 20～30℃。温度太低，种子萌发缓慢甚至停滞；温度过高，会烫伤种子。另外，种子不出苗可能是种子质量不好。陈年的种子出苗率会降低。

番茄出苗不齐可能是因为播种不匀,浇水不均造成的。在阳台上进行播种,很可能会因为建筑或窗框等的遮挡造成穴盘的某些地方长期照射不到阳光,或长期被阳光直射,造成区域性的温度差异。

☞ 336. 番茄幼苗顶壳出土怎么办?

番茄幼苗在出土过程当中,要靠与土壤的摩擦将种壳刮掉。播种较前、覆土太薄、覆土容重较轻都会造成"戴帽"出土。番茄在播种时,覆土要达到 1 cm。如果在栽培时发现"戴帽"出土的现象,要及时再轻覆一层土,帮助幼苗脱壳。

☞ 337. 番茄幼苗的栽培需要注意什么?

在家中阳台进行番茄育苗主要需要控制温湿度和间苗。在冬季栽培时要适当提高温度,在夜间不要开窗通风。

☞ 338. 番茄要如何间苗?

番茄在长至 2 叶 1 心时要定苗,每穴留 1 株。

☞ 339. 番茄在幼苗时需不需要施肥?

番茄在幼苗时可以适当追肥。当幼苗长至 2 叶 1 心定苗后,可以浇稀释 1 倍后的营养液。如果发现叶色偏黄,可以在 1 次追肥后再结合灌水浇营养液。

☞ 340. 番茄什么时候移栽?

番茄在长到 7～8 片真叶时,苗状且绿时就可以进行移栽了。具体移栽的方式与生菜移栽方式相似。番茄植株较大,要想获得更多的果穗,则需要较大的株距。在生产上株距一般要在 50 cm 左右。在家中阳台进行栽培矮化品种,株距一般也要达到 35～40 cm。因此,推荐在圆形花盆中只栽一棵番茄苗,长条形花盆可以间距 30～40 cm 栽两棵。移栽前在花盆中挖好定植穴,浇透水,将幼苗放入定植穴后,用干土填实。

☞ 341. 番茄在栽培后期如何控制水肥?

番茄在定植后 5 d 左右浇缓苗水。在定植后要适当地蹲苗,促进根系下扎。在第一穗果,开始膨大时第一次追肥,追肥时要用完全营养液,不要像种植叶类蔬菜时一样偏施氮肥。之后每 7 d 浇 1 次营养液。营养液不要只浇入土中,也要在叶面喷施。

☞ 342. 番茄如何进行整枝?

番茄植株生长发育快、分枝力强、茎叶繁茂、易落花落果,在生产上常采用整枝的方法达到早熟和高产的目的。整枝的方法主要包括打杈、打顶、打老叶、疏花疏果等。

阳台栽培番茄为达到早熟高产的目的,常采用单干整枝的方法。对早熟品种,只保留番茄主轴,把叶腹内侧枝全部摘除。中晚熟品种,由于生长势强,通常采用连续单干延伸整枝和连续摘心的方法。具体方法有:连续单干延伸整枝、连续摘心整枝等。

连续单干延伸整枝。将第一花穗下第一侧枝及以下所有侧枝全部摘除,留植株在封顶的最上位侧枝代替主干继续向上延伸。当此侧枝又出现封顶时,在此侧枝上选最上位侧芽代替侧枝继续向上延伸,如此反复达到要求高度,或留够所要求花穗数。

连续摘心整枝。采用单干整枝,当番茄长出 3～4 个花穗时,在其上面留两片叶摘心,作为第一个基本枝。保留植株最上部两片叶腋内的侧枝进行连续摘心,即当两叶腋内腋芽萌发后各留 1 叶摘心,当侧枝的腋芽萌发时,再各留一叶摘心。如此反复进行。当第一果穗采收后,在最上部的两个侧枝中选一健壮侧枝不再进行摘心;而另一侧枝留一叶,其余叶片剪除。放开生长的侧枝当长出 3～4 个花序时,在最上部花穗上方留两片叶再进行摘心,作为第二基本枝。然后按同样方法培养第三、第四基本枝。这种整枝方法一般可结 12～16 穗果。

☞ 343. 番茄整枝时有什么要注意的?

(1)番茄地上部和根系有着相互促进的关系。过早整枝会影响根系生长。因此打杈不可过早,一般第一花穗下部的腋芽应在腋芽长至 3 cm 长时进行。

(2)当采用单干连续整枝时,先要保证肥水充足,必须注意上部侧枝的选留和培养。

(3)打杈时,要求不留桩,不能带掉主轴上过多的皮,要尽可能减少伤口面,防止病菌侵染。生产上一般不用剪刀,因剪刀容易传染病毒。但在家中栽培,种植量小,推荐新手使用剪刀。

(4)整枝、打杈应在晴天上午 10 点至下午 3 点进行,这时温度高,伤口容易愈合。

(5)采用连续摘心整枝时,应及早进行。进行早,伤口小,易愈合。

(6)在整枝时,对有病毒症状的植株应单独进行,避免人为传播疾病。

☞ 344. 番茄要不要绑蔓？

家中阳台种植番茄，在植株长到 25 cm 以上时，要搭架子绑蔓或采取吊蔓的方式帮助植株直立生长，随着植株的不断生长，吊蔓的，要不断调整绳长，用架子绑蔓的，要将新长出的茎固定在架子上。

☞ 345. 番茄什么时候采收？

番茄依品种不同，不能只根据果实颜色来判断是否可以采收。但红果、粉果、黄果等成熟后变色的品种在整果变色后就可以采收了。有个别的绿果品种，果皮开始变薄、透明，果实开始变软，一般就可以进行采收了。

☞ 346. 番茄为什么只开花不结果？

番茄开双性花，在生产上是自花授粉的。只有经过授粉，番茄才能结果。当然通过涂抹生长素也能使未授粉的子房膨大发育成果实，但在绿色蔬菜的生产中，已经禁止了植物生长调节剂的使用，所以不推荐大家在家中使用。一般番茄可以自己授粉并结果。家中栽培如果只开花不结果，在开花时要轻轻摇动小花，帮助花粉掉落到雌蕊柱头上，使雌蕊授粉。

☞ 347. 为什么番茄坐不住果？

番茄在开花授粉后，子房开始膨大，随后会慢慢长成果实。但在栽培中会发生子房稍膨大后就掉落的现象。这种坐不住果的现象是由多种原因造成的。在阳台上进行栽培时,要保证番茄生长的温度,温度过低、过高都会造成落花、落果。水肥供应不足时,也会引发落发落果。所以在栽培时,要加强水肥管理。必要时疏花疏果,摘除花序中的小花和发育不良的花,后期摘除发育不良的果实,以保证其余果实的生长发育。

☞ 348 · 番茄的病害有哪些?

番茄的病害较多,主要有:番茄根腐病、番茄灰霉病、番茄早疫病、番茄晚疫病、番茄病毒病和番茄叶霉病等。

(1)番茄根腐病。高温、高湿是此病发生、流行的关键。苗床连茬、地面积水、施用未腐熟的肥料、地下害虫多、农事活动造成根部伤口多的地块发病较重。防治方法:用 72.2％普力克水剂400～600 倍液浇灌苗床(每平方米用药液量 2～3 kg);或在移栽前用 72.2％普力克水剂 400～600 倍液浸苗根,也可于移栽后用 72.2％普力克水剂 400～600 倍液灌根。

(2)番茄灰霉病。先从花序发病,后为害果实、茎秆、灰色毛层低温、高湿是发病的主要条件,湿度是发病的关键。植株种植过密、通风不畅、连阴天多、光照不足、放风不及时、湿度大,病害发生严重。防治方法:控制温度、勤放风;晴天中午高温短期放风阴天早晨放风半小时排雾控制湿度。番茄蘸花时加 0.3％扑海因悬浮剂或可湿性粉剂,预防灰霉效果好。也可在花期喷洒施佳乐40％悬浮剂 1 000～1 500 倍液,或扑海因 1 500 倍液。

(3)番茄早疫病。发病多从植株下部老叶开始,逐渐向上发展。昼夜温差大、连续阴雨、通风排水不良、植株生长衰败等,是该病发生、流行的主要原因。防治方法:常用药剂有施佳乐 40％悬浮剂1 000~1 500倍液,或者50%扑海因悬浮剂或可湿性粉剂1 000倍液均匀喷雾。

(4)番茄晚疫病。叶片边缘出现水浸状褪绿斑、黑秆、果硬。低温、高湿是该病发生、流行的主要条件。种植过密、温差大、阴雨天多、光照弱、大水漫灌、放风不及时等,均有利此病的发生和流行。防治方法:控制温度、湿度、勤放风。当发现中心病株时,要及时喷药防治。使用68.75%银法利悬浮剂均匀喷雾,可以达到保护和治疗的双重效果。

(5)番茄病毒病。主要以花叶症状和条斑症状为主。(顶部叶与激素中毒相似)。花叶病毒病:叶片皱缩、黄绿相间;厥叶病毒病:叶片细长、叶脉变形、线状;卷叶病毒病:叶片扭曲、向内弯曲(区别于生理性全株卷叶);条斑型病毒病:果实表面出现青皮,逐渐形成铁锈色,不着红,用刀剖开果实,皮里肉外有褐色条纹。高温干旱、养分不足、土壤板结等有利病毒病的发生。防治方法:用艾美乐70%水分散粒剂按1∶10 000的比例加水制成溶液喷雾,防治蚜虫或者白粉虱等刺吸式口器害虫,以便切断昆虫传播的途径,达到防治病毒病的目的。也可在感染病毒病后,喷施植病灵1 000倍液或病毒清于发病初期喷洒,以减轻毒害的为害程度。

(6)番茄叶霉病。为害叶片,灰绿色毛。低温、高湿是该病发生、流行的主要条件。气温20~25℃,相对湿度90%以上,病菌繁殖迅速,病情发生严重。湿度是其发生、流行的主要因素。种植过密、多年重茬、放风不及时、大水漫灌、湿度过大等都有利于该病发生。防治方法:控制浇小水、勤浇,勤放风,控制大棚湿度,多施有机肥、生物肥,特别冬季少施化学肥料。发病初期选用好力克43%悬浮剂3 000倍液,或50%扑海因悬浮剂或可湿性粉剂1 000倍液均匀喷雾。

☞ *349*. 什么是辣椒？

辣椒（*Capsicum annuum*）又叫番椒、海椒、秦椒、辣子、辣茄等，一年生或多年生草本植物，株高 40～80 cm，属于茄科辣椒属，果实一般为青色，成熟时候变红色。起源于中南美洲热带地区的墨西哥、秘鲁等地。我国古代也早有辣椒的栽培，大概在明朝末年传入我国。目前，辣椒在我国各地已普遍种植。辣椒经过几百年的种植，现已成为深受世界各国人民欢迎的蔬菜品种之一，也是我国栽培面积最大的蔬菜作物之一。

☞ *350*. 辣椒的营养价值有哪些？

辣椒具有较高的营养价值，含有人体所需的多种营养物质，如多种维生素、糖类、矿物质等，特别是维生素 C 含量在各种蔬菜中含量最高。另外，辣椒果实中还含有一种决定辛辣程度的特殊辛辣物质——辣椒素。适度的辛辣味，能够增加食欲，促进血液循环。辣椒既可做菜食用，又可以制作成干辣椒、辣椒粉、辣椒酱等作为调味品，深受人们喜爱。

☞ *351*. 辣椒的生长习性是怎样的？

辣椒根量较少，扎入土层较浅，再生能力比番茄和茄子弱，主要分布在 15～20 cm 土层内，既不耐旱也不耐涝，因此栽培过程中要掌握浇水的次数。辣椒对温度的适应能力比番茄和茄子都强。但苗期要求温度较高，一般 25～30℃，有利于壮苗的培育。随着植物进入开花结果期温度不能低于 15℃。进入盛果期后，对温度要求不严，可以在 10℃左右正常生长，但要注意高温危害，超过

35℃会导致落花落果。对土壤和肥力要求不严,但最好选择中性或微酸性、保水保肥性好的土壤。

☞ *352.* 辣椒什么时候播种?

辣椒的适应性较强,在阳台上一般四季均可播种,但在天气较为寒冷的季节可采用覆盖薄膜等方式进行保温增温,环境温度保持在 20℃左右。

☞ *353.* 辣椒播种前种子如何处理?

辣椒播种前可将种子在阳光下晒 2 d,然后进行浸种催芽。浸种可以在室温条件下用自来水浸泡,在这期间可以上下翻动种子,将瘪种和杂质剔除。当种子充分吸胀时,用手搓洗种子,清洗晾干后,放在湿毛巾中进行催芽。辣椒一般在 28℃作用下催芽,3～5 d 即可发芽。

☞ *354.* 辣椒如何进行播种?

在晴天的上午或下午进行播种,阳台栽培可以在育苗容器中进行撒播,也可以直接进行穴播,每穴 3～4 粒种子。无论采用何种播种方式,都要注意播种后覆土的厚度。

☞ *355.* 辣椒播种后的管理要注意什么?

辣椒播种后适宜温度为 25～30℃,这时候要勤浇水,保持土壤湿润状态,也可以施用少量的肥料。

☞ *356.* 如何进行苗期管理？

出苗后为了防止辣椒苗徒长，应适当降温。幼苗抗性比较弱，如果外界光照较强，应用遮阳网进行遮阳降温。同时要注意浇水，防止干旱。

☞ *357.* 如何防治辣椒"戴帽"出土？

辣椒播种出土前，如果覆土过少、土壤湿度较小等会导致辣椒苗"戴帽"出土即辣椒子叶上的种皮不脱离。"戴帽"出土会对辣椒产生较大的危害，影响子叶的展开，也有可能夹伤子叶，幼苗不能及时地进行光合作用，直接影响幼苗的生长。这时要轻轻地将种皮取下，不要伤及子叶。要彻底的防治"戴帽"出土，需要在播种前选择生命力较强的种子，播种后覆土不能太薄，可以在土壤上面覆盖一层无纺布或作物秸秆以保持湿度。

☞ *358.* 辣椒如何采收？

辣椒一般食用果实，果实颜色大多为青色，当果实成熟时呈现红色。辣椒是陆续开花结果，果实大小不一，家庭栽培可以先摘下部的辣椒，摘辣椒时注意不要伤及植株，最好用剪刀剪取。

☞ *359.* 什么是茄子？

茄子，又名落苏、矮瓜，是茄科茄属多年生草本植物，最早产于印度，公元 4～5 世纪传入中国。其结出的果实可食用，颜色多为紫色或紫黑色，也有淡绿色或白色品种，形状上也有圆形、椭圆形、梨形等。

☞ *360.* 茄子的营养价值有哪些？

茄子的营养价值很高,富含丰富的蛋白质、脂肪、碳水化合物、维生素以及钙、磷、铁等多种营养成分,特别是维生素 P 的含量很高,维生素 P 能使血管壁保持弹性和生理功能,防止硬化和破裂,所以经常吃些茄子,有助于防治高血压、冠心病、动脉硬化和出血性紫癜。茄子的抗癌性能是其他有同样作用的蔬菜的好几倍,是抗癌强手,茄子中的龙葵碱能抑制消化系统肿瘤的增殖,对于防治胃癌有一定效果。茄子含有维生素 E,有防止出血和抗衰老功能,常吃茄子对延缓人体衰老具有积极的意义。

☞ *361.* 茄子的生长习性是怎样的？

茄子根系发达,主根粗壮,主要根群分布在 30 cm 的土层内,根系木质化早,具一定的抗旱能力,对水分要求不严,适宜的空气湿度为 70%～80%。茄子喜温,较耐高温,不耐霜冻,对温度要求高,生长最适温度为 25～30℃,低于 13℃停止生长,高于 35℃容易引起落花落果,果实畸形。

茄子喜光,对光周期长短的反应不敏感,只要温度适宜,从春季到秋季都能开花、结果,但对光照强度要求较高,光照充足,果实表面有光泽,颜色鲜艳。由于茄子的结果期长,除要有充足的基肥外,还要求多次追肥(氮肥为主,适当增施磷肥、钾肥)。茄子幼苗生长较缓慢,特别是在温度不足条件下,苗龄不足,难以培育出早熟的大苗,其苗龄一般需 85～90 d。

☞ *362*. 适合阳台种植的茄子盆栽品种有哪些?

蛋茄、丸茄灯、泡茄、袖珍雪茄、黑圆茄、福茄等较适合在阳台种植,这些品种适应性强、果实营养丰富、果形小、颜色多、极富观赏价值。袖珍雪茄果实为卵圆形,小巧可爱,嫩果洁白如雪,形如鸡蛋,故又叫鸡蛋小白茄,又因老熟果金黄色,又名金蛋。植株高70 cm,茎叶绿色,单果重20 g,抗性、连续结果性特别强,是盆栽观赏茄子的最佳选择。黑圆茄果实圆球形,黑色,有光泽,花紫红色,单生或互生,单果重300 g左右。福茄植株高80～150 cm,果金黄色,呈圆锥形,全年均能开花结果,茎叶绿色,带刺,花紫色。

☞ *363*. 茄子要什么时候播种?

在家庭内一般四季均可播种,但要注意保持室温在 20℃左右。

☞ *364*. 茄子播种前要做什么准备?

茄科植物播种前,为提高其发芽率,减少病害,需进行温汤浸种并催芽,用1%高锰酸钾浸种30 min,经反复冲洗后,放入55℃水中浸种15 min,也可对其进行搅拌,温度下降到20℃左右时停止搅动而后在20℃水中浸泡24 h。催芽前用细沙搓掉种皮上的黏液,再用清水冲洗干净,然后包在湿布里,放在25～30℃处催芽,催芽期间应维持85%的环境湿度,一般需5～6 d出芽,有30%～50%种子露白即可播种。

☞ *365.* 茄子要怎么播种？

茄子可直播，也可育苗移栽。播种茄子时要选择合适的容器，家庭栽植，可以选择外形美观兼具艺术价值的陶盆，也可以使用价格低廉的瓦盆或塑料盆。但要注意，播种时宜选用浅盆，另外还要根据种植株数的多少选择容器的大小，一般单株选择口径 20～30 cm，高 25～30 cm 的花盆即可。

茄子的基质材料很多，主要有菜园土、蛭石、珍珠岩、草炭、炉渣、锯末等。菜园土应疏松通气，保水保肥，可采用草炭＋珍珠岩＋沙，将基质混合均匀后盛于花盆中待用。可在花盆表面加一层珍珠岩或蛭石，以增加美感。

可将种子直接播于准备好的花盆中，用小铲在容器中央挖坑1 cm 深，间隔 10～12 cm 为宜，用温水把基质洒透，每坑取 3～5 粒饱满健壮的种子进行播种，覆细土 0.8～1 cm 厚，用透明的塑料薄膜覆盖容器保温。

☞ *366.* 茄子播种后的管理要注意什么？

播种后要注意控制温、湿度，播种后适宜昼温 25～30℃，夜温14～22℃。苗出齐后昼温 20～26℃，夜温 12～18℃，另外要注意肥水结合，保持土壤湿度，每隔 1～2 d 淋水 1 次，也可见干即浇一点儿水。

☞ *367.* 茄子种子播种后多久可以出苗？

干种直播 5～6 d 即可出苗，浸种催芽要比干种直播提前 3 d左右。

☞ *368*. 茄子要如何间苗？

幼苗长出真叶时开始间苗，可在每坑中留一株苗，也可不间苗，直接将壮苗入盆。

☞ *369*. 茄子在幼苗时需不需要施肥？

苗期施肥要求全面，氮、磷、钾比例合适。以轻施薄施为主，间苗后，每隔 7～10 d 浇水 1 次，并追施复合肥，共追 2～3 次。

☞ *370*. 茄子怎么进行移栽？

播种后 25 d 左右，当植株长到 4～5 片叶时即可移栽入盆，一般每盆一棵。小苗入盆前，先将花盆洗净，盆底孔放置瓦片或填塞尼龙纱，装入盆土，离盆沿 3～4 cm，并在中间挖一个 5～6 cm 见方的坑。先用铲子在原盆小苗的根系周围 5 cm 的位置将小苗挖出，栽入已经准备好的花盆中，栽植深度比原来土坨稍深点为宜。把苗坨埋好后浇足水。

☞ *371*. 茄子在栽培后期如何控制水肥？

移栽后 3～4 d 浇 1 次缓苗水，茄子喜欢温暖湿润的环境，生长期早、晚浇水两次，高温干旱时每天应浇水 2～3 次，如发现叶片萎蔫，应及时喷叶面水和浇水，浇过水后待土壤不黏时用小耙松土，要注意花盆内不要积水。室温维持在 20～25℃。茄子要求充足的肥料，移栽后 13 d 左右，可追施 1 次尿素，也可在移栽成活后 10～15 d 培土结合施肥，可施腐熟有机肥、复合肥。株高 30 cm 以上时追施 1 次腐熟有机肥,其后视长势施肥,约每月 1 次。开花至挂果时增加施肥次数,约每隔 10 d 施 1 次,以磷钾肥为主,每次采收后要施肥 1 次。现蕾期应勤施薄施,6～7 d 施肥 1 次,等茄子膨大后,应重施肥料,以速效氮肥为主,每株 5 d 施用 1 次,每次 1～2 g。

☞ *372*. 茄子如何进行整枝?

在茄子生长后期要对其进行整枝打叶,门茄形成后,剪去两个向外的侧枝,只留两个向上的双干,一般到第 7 个果摘心,以促进果实早熟。门茄瞪眼时打掉基部 3 片叶,以后随着植株生长,逐渐打掉底层叶,将下部的老叶全部摘除,利于群体通风透光。第一次分枝时出现的茄子开花时,保留门茄下的分权,抹去其余的腋芽。四穗果时摘除顶芽,并随时抹去主茎与第 1、第 2 分枝上的权子。叶片长密后需摘除硕大、枯黄的老叶。摘叶时发现徒长枝、过密枝、枯枝、病虫枝要及时剪除。必要时,要进行疏花疏果,一般每一花序留 1～5 个果。门茄采收后,将近地面老叶摘除。

☞ *373*. 茄子什么时候采收?

茄子的生长期较长,条件适宜,在开花 15～25 d 就可采收。一般在萼片与果实连接的地方,果皮的白色部分很少时为采收适期,采收宜在早晨或傍晚进行,以防折断枝条,门茄的采收期可适当提前。

☞ *374*. 茄子为什么只开花不结果?

茄子只开花不结果的原因有气候环境方面的因素。如花期温度过高,影响花粉管的伸长,导致授粉受精不良;或日照相对不足,茄子的光合作用同化产物减少。生理性缺硼症也会导致花而不实。缺硼症的补救措施主要是施硼肥,可以通过叶面追施或根施方式进行。也可帮助其进行人工授粉。

☞ *375* . **茄子的病害有哪些?**

对产量、品质影响较大的有绵疫病、褐纹病、枯萎病、炭疽病、白粉病等。绵疫病主要为害果实,茎和叶片也被害,在果实上初生水浸状圆形或近圆形、黄褐色至暗褐色稍凹陷病斑,边缘不明显,扩大后可蔓延至整个果面,内部褐色腐烂;褐纹病是茄子的重要病害,幼苗感病后,多在近地面茎基部产生褐色至黑褐色梭形或椭圆形病斑,稍凹陷收缩,当病斑环绕茎周时,病部缢缩,幼苗猝倒死亡,大苗则形成立枯;枯萎病病株叶片自下向上逐渐变黄枯萎,病症多表现在一、二层分枝上,有时同一叶片仅半边变黄,另一半健全如常,横刻病茎,病部维管束呈褐色;炭疽病主要为害果实。在果面形成近圆形病斑,大小 15~25 mm,初表面灰褐色,后变成灰白色,其上生出大量黑点状毛刺,即病菌分生孢子盘。

防治方法包括在种植时选择不易感病的品种,在发病初期注意清除残枝叶并及时喷药,可喷施百菌清、敌克松等。

☞ *376* . **什么是紫苏?**

紫苏(*Perilla frutescens* L.),唇形科,古名荏,又名白苏、赤苏、红苏、香苏、黑苏、白紫苏、青苏、野苏、苏麻、苏草、唐紫苏、桂荏、皱叶苏等,是唇形科紫苏属下唯一种,一年生草本植物,主产于东南亚、台湾、浙江、江西、湖南等中南部地区、喜马拉雅地区,日本、缅甸、朝鲜半岛、印度、尼泊尔也引进此种,而北美洲也有生长。

☞ *377*. 紫苏有哪些功效？

紫苏是一种用途很广泛并且容易种植的蔬菜。紫苏富含多种维生素、矿物质等营养元素,胡萝卜素和钙的含量在蔬菜中属于尤其高的。紫苏以嫩叶供食用,营养丰富,除含维生素和矿物盐类较高外,还含有紫苏醛、紫苏醇、薄荷醇、丁香油酚、白苏烯酮等有机化学物质,据特异芳香,有杀菌防腐作用。

紫苏主要有六种功效:①用于感冒风寒,发热恶寒,头痛鼻塞,兼见咳嗽或胸闷不舒者。②解表散寒,行气和胃。用于风寒感冒、咳嗽呕恶、妊娠呕吐、鱼蟹中毒。③用于脾胃气滞,胸闷,呕吐之证。本品具行气宽中,和胃止呕功效。④由于紫苏具有发汗和松弛的效果,当患上风寒感冒、咳嗽、疼痛时,可减轻症状。⑤紫苏茶抗海鲜过敏,解表散寒,治疗感冒,解鱼蟹毒。⑥紫苏还能减轻胸腹胀满的症状,亦能治疗牙周炎、抑制花粉过敏症。

☞ *378*. 紫苏的生长习性是怎样的？

紫苏性喜温暖湿润的气候。种子在地温5℃以上时即可萌发,适宜的发芽温度18~23℃,生长适温为20~25℃,开花期适宜温度是22~28℃,苗期可耐1~2℃的低温。植株在较低的温度下生长缓慢,夏季生长旺盛。

宜选阳光充足,排灌方便,疏松肥沃的沙质壤土,富含腐殖质壤土、中性或微碱性的土壤种植为佳,较耐湿,耐涝性较强,不耐干旱,尤其是在产品器官形成期,如空气过于干燥,茎叶粗硬、纤维多、品质差。

☞ *379*. 紫苏要什么时候播种？

紫苏在每年的 4～6 月份播种。种子在地温 5℃ 以上时即可萌发，适宜的发芽温度 18～23℃。苗期可耐 1～2℃ 的低温。植株在较低的温度下生长缓慢。

☞ *380*. 紫苏播种前要做什么准备？

紫苏种子属深休眠类型，采种后 4～5 个月才能逐步完全发芽，如果要进行反季节生长，进行低温及赤霉素和新高脂膜处理均能有效地打破休眠，将刚采收的种子用 100 μL/L 赤霉素处理并置于低温 3℃ 及光照条件下 5～10 d，后置于 15～20℃ 光照条件下催芽 12 d，种子发芽可达 80% 以上。

☞ *381*. 紫苏要怎么播种？

直播在长条形容器内进行穴播，行距 25 cm，株距 25～30 cm穴播，浅覆土。播后立刻浇水，保持湿润，直播省工，生长快，采收早，产量高。

☞ *382*. 紫苏播种后的管理要注意什么？

生产期间看长势及时追施尿素。在整个生长期，要求土壤保持湿润，利于植株快速生长。出苗后 2～25 d 要摘除初茬叶，第四节以下的老叶要完全摘除。第五节以上达到 12 cm 宽的叶片摘下腌制。紫苏分枝力强，对所生分枝应及时摘除。

在管理上，要特别注意及时打杈。由于紫苏的分枝力强，如果不摘除分杈枝,既消耗了养分,拖延了正品叶的生长,又减少了叶片总量而减产。打杈可与摘叶采收同时进行。

☞ 383. 紫苏多久才能出苗?

紫苏种子发芽的最低温度为 5℃,在 15~20℃下,催芽后的种子在播种 1~3 d 即可出苗。如果长时间不发芽,就要检查种子的质量,注意是否已通过低温春化或提前催芽。

☞ 384. 紫苏幼苗的栽培需要注意什么?

紫苏生长前期要勤除草,直播地区要注意间苗和除草,植株生长快,如果密度高,造成植株徒长,不分枝或分枝的很少。虽然植株高度能达到,但植株下边的叶片较少,通光和空气不好都脱落了,影响叶子产量。同时,茎多叶少,也会影响全草的规格。播种要及时浇水土壤水分过少会影响紫苏的生长。

☞ 385. 紫苏在育苗时需不需要施肥?

紫苏生长时间比较短,种植后 4 个月既可收获全草,又以全草入药,故以氮肥为主。播种 1 个月内在每株苗下施 1~2 次尿素,每次施用 0.2~0.3 g。施肥后用手指耕土,将土与肥料搅拌均匀,并将根部培土。

☞ 386. 紫苏在栽培后期如何控制水分?

紫苏的叶片幼嫩多汁,栽培上要保持土壤一直湿润。

☞ *387.* 紫苏后期还要不要追肥？

紫苏的后期生长迅速，可按生长需要适当追肥。可以施用固体肥料，也可利用营养液追肥时，每浇 2～3 次清水，浇 1 次营养液。

☞ *388.* 紫苏如何采收？

采收紫苏要选择晴天收割，香气足，方便干燥，收紫苏叶用药应在 7 月下旬至 8 月上旬，紫苏未开花时进行。

苏子梗：9 月上旬开花前，花序刚长出时采收，从根部割下，把植株倒挂在通风背阴的地方晾干，干后把叶子打下药用。

苏子：9 月下旬至 10 月中旬种子果实成熟时采收。割下果穗或全株，扎成小把，晒数天后，脱下种子晒干。

在采种的同时注意选留良种。选择生长健壮的、产量高的植株，等到种子充分成熟后再收割，晒干脱粒，作为种用。

☞ *389.* 紫苏在生长过程中容易出现什么病虫害？

（1）斑枯病。病斑在紫色叶面上外观不明显，在绿色叶面上较鲜明。病斑干枯后常形成孔洞，严重时病斑汇合，叶片脱落。在高温、高湿、阳光不足以及种植过密、通风透光差的条件下，比较容易发病。

防治方法：①从无病植株上采种。②注意花盆中水分，水分过多时及时清理。③避免种植过密。④药剂防治。在发病初期开始，用 80% 可湿性代森锌 800 倍液，或者 1∶1∶200 波尔多液喷雾。每隔 7 d 喷 1 次,连喷 2～3 次。但是,在收获前半个月就应停止喷药,以保证药材不带农药。

(2)红蜘蛛。被害处最初出现黄白色小斑,后来在叶面可见较大的黄褐色焦斑,扩展后,全叶黄化失绿,常见叶子脱落。

防治方法:①收获时收集田间落叶,集中处理。种植初期清除花盆中的杂草。②发生期及早用 40％乐果乳剂 2 000 倍液喷杀。但要求在收获前半个月停止喷药,以保证药材上不留残毒。

(3)银纹夜蛾。7～9 月幼虫为害紫苏,叶子被咬成孔洞或缺刻,老熟幼虫在植株上作薄丝茧化蛹。防治方法:用 90％晶体敌百虫 1 000 倍液喷雾。

☞ *390*. 什么是苋菜?

苋菜(*Amaranthus mangostanus* L.),也叫凫葵、蟹菜,属苋科苋属植物。苋菜是一年生草本植物,以幼嫩叶片为主要产品器官。苋菜原产我国,目前世界上只有中国、日本、印度将苋菜作为栽培蔬菜进行种植。在我国古代一直将苋菜作为野菜来食用。苋菜按叶色划分可分为绿苋、红苋、彩苋。其中红苋和彩苋叶色美观,又可以作为观赏蔬菜在家中种植。绿苋的叶片和叶柄均为绿色或黄绿色。红苋的叶片和叶柄均为紫红色,植株稍矮。彩苋茎部和叶片边缘呈绿色,叶脉附近紫红色。有的彩苋叶片上会有紫红色斑块。中国农科院蔬菜所育成的蝴蝶苋,叶片呈心形,全缘红绿参半,十分美观。

☞ *391*. 苋菜的营养价值有哪些?

苋菜营养丰富,其中富含维生素 C、钙、铁和赖氨酸,且不含草酸。因此,苋菜中的铁和钙质很容易被人体吸收。苋菜全株均可入药,性凉、味微甘,入肺、大肠经,具有清热解毒,帮助消化的作用。

☞ 392．苋菜的生长习性是怎样的?

苋菜根系发达,为直根系,幼苗期茎基部较脆,在摘除主茎生长点后,侧枝会快速发展。因此,可以多次采收。在生产上苋菜是直接播种的,在家中栽培也可以直接在花盆中播种,不用移栽。土壤深厚结构良好,有较好的透气保肥能力的偏碱性土壤有利于苋菜的生长。南方的家庭要种植苋菜,可在土中拌入少量的石灰以提高土壤 pH。苋菜不耐涝,因此花盆要有漏水口,利于排灌。苋菜是高温短日照植物,在高温短日照条件下极易抽薹,营养品质降低。苋菜喜温暖,耐热不耐寒。苋菜生长适温为 23～27℃,在平均温度 20℃下时生长缓慢。在日照相对较长,气温较高的春、夏季栽培,产量较高。

☞ 393．苋菜要什么时候播种?

在阳台上种植苋菜,一年四季均可播种。但在气候炎热的地区,夏季播种可能会提前抽薹,种植时要注意降温。苋菜植株矮小,适合密植,可在高大的茄果类蔬菜间隙放置。一般在播种后30～40 d 后可以采收。

☞ 394．苋菜播种前要做什么准备?

苋菜的种子细小,圆形,呈黑色,千粒重在 0.7 g 左右。在播种前可进行浸种催芽。催芽时将种子浸入温水中 3～4 h,之后沥干水分,将种子放在湿纱布上 30℃下避光催芽。每天要用温清水冲洗种子,防止种子发霉。待种子露白时即可播种。

☞ 395 . 苋菜要怎么播种?

生产中,苋菜一般采用撒播或条播两种播种方式,若要采收嫩茎需要进行育苗移栽。在家中阳台上种植苋菜可使用条播或撒播的手段进行播种。条播时苋菜行距控制在 15～20 cm 为宜。

☞ 396 . 苋菜播种后的管理要注意什么?

苋菜播种后要保持土壤湿润,刚出苗时浇水要轻、缓。在真叶展开后可以开始间苗,定苗时株距控制在 20 cm 左右。在冬季播种后要适当提高温度,气温低时可先催芽。

☞ 397 . 苋菜多久才能出苗?

苋菜种子在 10℃ 以下时发芽困难,最适温度为 25～35℃,冬季或早春播种 10 d 左右出苗,夏季播种 3～5 d 后可出苗。如果播种后长时间不发芽,就要检查种子的质量,陈年种子发芽率会降低,必要时要提前催芽。

☞ 398 . 苋菜幼苗的栽培需要注意什么?

在家中的阳台进行苋菜的育苗主要需要控制温湿度和间苗。在冬季栽培时要适当提高温度,在夜间不要开窗通风。

☞ *399*.苋菜在幼苗时需不需要施肥？

栽培苋菜时是不经过移栽的。因此，在前期也可适当的追肥。在幼苗长至 2～3 片真叶时就可以开始结合间苗追肥。

☞ *400*.苋菜要如何间苗？

在播种时，采用撒播或条播的手段进行播种，在苋菜长出真叶时就可以开始间苗了。当苋菜幼苗第 5 片真叶展开后就可以结合采收进行定苗。定苗原则是每穴留一棵苗，定苗后株距掌握在 20 cm 左右。

☞ *401*.苋菜在栽培后期如何控制水肥？

苋菜在冬、春季栽培时要注意控制浇水，夏季栽培时要加大灌水量，并结合浇水多追肥。注意肥水同施，使用固体颗粒肥料时将化肥均匀撒在花盆中，不要集中在茎基部周围。在第一次追肥后两周就可以再次追肥，之后每次采收都要追肥。如果肥水跟不上，则苋菜生长缓慢，容易抽薹，降低食用品质。

☞ *402*.种苋菜时怎么有这么多杂草？

苋菜对杂草的竞争力较弱，如果栽培的土壤中有较多的杂草种子，在苋菜的生长中就会出现很多杂草。杂草要及时清除。在土壤湿润的情况下，最好将杂草在基部掐断，不要硬拔，否则可能会破坏土壤，伤及苋菜的根。

☞ *403*. 苋菜什么时候采收？

苋菜在播种 30～40 d 后，就可陆续采收。苋菜属于一次播种多次采收型蔬菜。在幼苗长到 5～6 片真叶，高度达到 10 cm 时就可进行第一次采收，第一次采收时要结合间苗去除过密或过大的幼苗。在第二次采收时，可在距茎基部 5 cm 左右留侧枝剪断主枝。在侧枝长到 10～15 cm 时就又可以采收了。

☞ *404*. 苋菜在生长过程中容易出现什么病虫害？

苋菜的主要病害是白锈病。白锈病在高温高湿的情况下容易发生。发生时，叶面呈黄色病斑，叶背面出现白色圆形孢子堆。病叶不可食用。可用甲霜灵进行防治。蚜虫是苋菜的主要害虫。可以用悬挂黄板的方式进行防治，严重时用含有有机氯的杀虫剂（吡虫啉）进行防治。

☞ *405*. 什么是空心菜？

空心菜（*Ipomoea aquatica* Forsk）学名蕹菜，又名藤藤菜、蓊菜、通心菜、瓮菜、竹叶菜，为旋花科番薯属一年生或多年生草本植物，开白色喇叭状花，原产东亚，主要分布于亚洲温热带地区，对土壤要求不严，适应性广，夏季火热高温仍能生长，但不耐寒，遇低温茎叶会枯死，高温无霜地区可终年栽培。空心菜生长迅速，可多次采收，比较适合家中种植。空心菜按照繁殖方式分为子蕹和藤蕹两类。栽培方式依环境不同可分为旱地栽培、水生栽培和浮生栽培（或称深水栽培）3 种。

☞ *406.* 空心菜的营养价值有哪些？

空心菜含丰富的维生素与微量元素，具有丰富的钙、钾、维生素 C、胡萝卜素、核黄素等。蕹菜性味甘咸、寒滑，具有清热、解毒、凉血、利尿作用，还能降低胆固醇、甘油三酯，具有降脂减肥的功效。紫色的蕹菜还含有胰岛素样成分，有利于降低血糖。

☞ *407.* 空心菜的生长习性是怎样的？

空心菜属蔓生植物，根系分布浅，为须根系，分枝能力强，再生能力强。喜高温潮湿气候，对土壤条件要求不严，宜选择土壤湿润、肥沃的黏壤土栽培，环境过干，藤蔓纤维增多，粗老不堪食用，会大大降低产量和食用品质。生长适宜温度为 25～30℃，能耐35～40℃的高温，10℃以下生长停滞，受冻后植株枯死。空心菜喜充足光照，对密植的适应性也较强。空心菜生长迅速，需肥需水量大，耐肥力强，对氮肥的需要量极大。

☞ *408.* 空心菜要什么时候栽种？

家中栽培空心菜四季都可进行。但在冬季没有暖气的阳台进行栽培会生长缓慢，要适当升温。

☞ *409.* 空心菜适合什么样的栽种方式？

空心菜又叫蕹菜，按结种难易可分为子蕹和藤蕹。子蕹可以用种子繁殖也可以进行无性繁殖。子蕹的耐旱力较强，可以旱地栽培也可以水培，北方栽培的空心菜多为子蕹品种。藤蕹一般很少开花,更难结籽,所以一般都只能用无性繁殖。其生长期更长,产量较子蕹更高。在生产中藤蕹一般都在水田或沼泽中栽培,在家中栽培藤蕹推荐用水培的方式。

☞ *410.* 用种子怎样栽培空心菜?

空心菜种子的种皮厚而硬,吸水慢,若直接播种会因温度低而发芽慢,如遇长时间的低温阴雨天气,则会引起种子腐烂,因此宜在播种前进行催芽。催芽时,将种子在 50～60℃ 温水浸泡 30 min,然后用清水浸种 20～24 h,捞起洗净后放在 25℃ 左右的温度下催芽,催芽期间要保持湿润,每天用清水冲洗种子 1 次,大约 3 d 后,当大部分种子露白时即可进行播种。

☞ *411.* 空心菜怎么播种?

空心菜在播种时宜采用点播或条播的方式,点播时穴距 15 cm 左右,一穴播 3～4 粒种子。条播时,行距 20 cm 开沟,沟深 2～3 cm,均匀播种。播种后覆土压实,之后浇透水。当然空心菜也可以应用育苗移栽的方式进行育苗,当幼苗长到 4～5 片真叶时就可以移栽了。

☞ *412.* 空心菜播种后的管理要注意什么?

空心菜播种后要保持土壤湿润,在气候干燥时可以在播种后,在花盆上包裹一层保鲜膜以提高湿度,但夏季温度过高时白天要揭膜,防止烫伤。空心菜的种子发芽的适温在 20～35℃,因此,保持较高的温度,对空心菜幼苗早发、快发、齐发有利。

☞ *413.* 空心菜多久才能出苗？

空心菜种子发芽的最低温度为 10℃，在 20～35℃下，播种 1 周内即可出苗。催芽的种子出苗一般在 5 d 内。

☞ *414.* 空心菜需不需要间苗？

应用条播的方法进行播种，在幼苗长出真叶后就可以开始间苗，间苗可分多次进行，当苗长到 5～6 片真叶苗高超过 20 cm 时就可以直接定苗，这时间去的苗就可以直接食用了。定苗后株距掌握在 10 cm 左右。点播的苗每穴可留 2～3 株。

☞ *415.* 空心菜如何采收？

空心菜也是一次播种多次采收型蔬菜，采收期很长。空心菜在间苗时就可以不断采收大小苗，在定苗后，植株高度达到 25 cm 后就可陆续采收。采收时，从基部留 2～3 个节，将嫩梢剪下。之后叶腋中的侧芽会长成侧蔓继续生长。在适宜的温度条件下，每 10 d 左右都可以进行 1 次采收。从第二次的采收开始就可只留 1～2 个节。留的节数多，则后期再长出的植株会变弱。当枝蔓过多时要剪掉老蔓弱蔓，改善通风透光条件，加强生长旺盛的侧蔓的发展。

☞ *416.* "旱地"栽培空心菜怎么施肥？

空心菜分支能力很强，生长迅速，对肥料的需求较大。苗期要追 1 次复合肥。在每次采收后都要进行追肥。可以用营养液直接追肥,营养液要选择氮、磷含量较高的营养液。在追施化肥的同时每2～3周要适当补充有机肥。这样空心菜才能保持风味。

☞ 417. 空心菜如何进行扦插?

空心菜易发不定根,扦插成活率较高。在生产上空心菜的无性繁殖方式各异。在家中进行种植我们可以采用较简单的方法。首先将市场上买来的新鲜空心菜植株每段留2～3个节(带叶)剪成若干段,刀口倾斜,以留出更大的表面积,利于植株初期吸水。如果应用土壤或基质栽培,可直接将剪好的段插入浇透水的土壤中,入土深度在3～4 cm,待植株重新抽出新叶后,就可以按照直接播种后的方法继续栽培了。如果后期应用水培的方式进行栽培,可以将剪好的枝条下部泡入水中,待生出不定根后就可以进行移栽了。

☞ 418. 空心菜的水培适合哪种方式?

空心菜由于对水流不敏感,生长速度快,需水量大等特点适宜采用深液流法进行水培。也可以应用改良的浮板法进行栽培。在本书第一部分介绍的箱式栽培、管道式栽培和柱状栽培都比较适合空心菜的水培。

☞ 419. 空心菜进行水培要怎么移栽?

在移栽前首先要将栽培装置中加入营养液。应用管道栽培时,要让营养液循环几次,使营养液充分混匀。在冬季气温较低时种植,营养液浓度可以稍高些,按标识的1倍浓度进行混配。气温较高的季节,由于植株蒸腾作用强烈,需水量大,可以将营养液浓

度调低,保持在 0.75～0.9 倍浓度。空心菜在水培营养液的 pH
应在 5.5～6.5。

直接播种育得的空心菜苗在长到 4～5 片真叶时可以直接小
心从土里拔出,在花盆内播种的,可以借助小花铲将幼苗起出。将
起出的幼苗的根系浸在温水中,轻轻用手拂去根系表面的泥土。
操作要小心不要把根折断,借助水流将根捋顺。用海绵将去好泥
土的幼苗的根系轻轻包裹好,借助定植篮或直接固定在栽培设施
的定植孔中。确保根系和营养液能接触到。

在水中泡出根系的空心菜苗在移栽时较容易,待根系较发达
后,可以直接用海绵包裹根系固定在定植孔中。

☞ *420.* 水培空心菜在定植后为什么会萎蔫?

蔬菜在定植后,接触到一个新的环境,都会有一个缓苗的过
程。在水培空心菜定植时,我们不可避免地会伤到幼苗的根系,尤
其是直接播种在土壤中的空心菜,在剥离土壤进入水培环境时,需
要一个适应的过程。所以,水培空心菜在定植后的 1 d 到几天内
会出现叶片萎蔫的现象。

如果植株在 1 周后还维持萎蔫的状态,说明在移栽过程中根
系被伤害严重,也可能是移栽后的环境不适合空心菜生长。这时
我们可以检查根系。健康的植株根系要粗壮发白,如果根系发黑、
纤细那说明根系已经开始坏死,要考虑重新移栽。如果叶缘出现
褐色的环状斑,就说明营养液的浓度过高,要加水稀释营养液。

☞ *421.* 水培空心菜与土壤栽培的空心菜在移栽后的管理有
什么不同?

水培空心菜与土壤栽培的空心菜在后期的管理基本相同。而

且水培空心菜省去了追肥、除草等工作，又不易产生病虫害，管理相对更加简单。从食用角度来讲，水培空心菜口感更加幼嫩多汁，适口性更好。

☞ **422.空心菜在生长过程中容易出现什么病虫害？**

空心菜的主要病害有白锈病、轮斑病、褐斑病等。

白锈病发生时病斑在叶背面产生，叶正面初现淡黄色至黄色斑点，后渐变褐，病斑较大，叶背面生白色隆起状疱斑，近圆形或椭圆形至不规则形状，有时愈合成较大的疱斑，后期疱斑破裂散出白色孢子囊。叶片受害严重时病斑密集，病叶畸形，叶片脱落。可在发病初期喷洒48％甲霜灵锰锌可湿性粉剂进行防治。

轮斑病主要为害叶片。叶片发病，产生黄褐色小斑点，扩展后成圆形至椭圆形，直径2～4 mm，褐色至黑褐色病斑。发病严重时，病斑相互连接，病叶变黄干枯。发病初期可喷洒75％百菌清可湿性粉剂600倍液进行防治。

褐斑病发病时初为黄褐色小点，后扩大成圆形至椭圆形，或不规则形的黑褐色病斑，直径4～8 mm，边缘明显。发病重时，病斑相互连接，病叶黄枯而死。可在发病初期喷洒48％甲霜灵锰锌可湿性粉剂进行防治。

家中种植空心菜，主要害虫是蚜虫，可用吡虫啉进行防治。

☞ **423.什么是木耳菜？**

木耳菜原名落葵，又称蓉葵、繁露、藤菜、潺菜、豆腐菜、紫葵、胭脂菜、蘺芭菜、染绛子，紫角叶。落葵属落葵科，是一年生蔓生草本植物。叶片卵形或近圆形，很厚实有木耳的感觉，长3～9 cm，宽2～8 cm，顶端渐尖，基部微心形或圆形，下延成柄，全缘，背面叶脉微凸起。叶柄长 1～3 cm，上有凹槽。木耳菜以幼苗、嫩梢或嫩叶供食，质地柔嫩软滑，营养价值高。咀嚼时如吃木耳一般清脆爽口，故名木耳菜。其在南北方普遍栽培，在南方热带地区可多年生栽培，在北方多采用一年生栽培。

☞ 424 · 木耳菜的营养价值有哪些？

木耳菜的叶含有多种维生素和钙、铁，可作栽培蔬菜，也可观赏。全草供药用，为缓泻剂，有滑肠、散热、利大小便的功效。花汁有清血解毒作用，能解痘毒，外敷治痈毒及乳头破裂。果汁可作无害的食品着色剂。木耳菜不但美味而且营养素含量极其丰富，尤其钙、铁等元素含量甚高，除蛋白质含量比苋菜稍少之外，其他项目与苋菜不相上下。其中富含维生素 A、维生素 C、B 族维生素和蛋白质，而且热量低、脂肪少，经常食用有降血压、益肝、清热凉血、利尿、防止便秘等功效，极适宜老年人食用。木耳菜的钙含量很高，且草酸含量极低，是补钙的优选经济菜。同时木耳菜菜叶中富含一种黏液，对抗癌防癌有很好的作用。

☞ 425 · 木耳菜的生长习性是怎样的？

木耳菜性喜温暖，耐热，不耐寒。生长适宜温度 25℃，发芽温度为 20℃左右，低于 15℃生长不良，可耐 35℃高温。喜光，整个生长季，需充足的阳光，阳光过强时需加盖遮阳网。木耳菜喜湿润，生长期内应经常保持土壤湿润为宜。应小水勤浇，一般每采收 1 次结合追肥灌水 1 次。

☞ 426. 木耳菜播种前要做什么准备？

木耳菜种皮坚硬,发芽困难,播前必须进行催芽处理。先用35℃的温水浸种 1～2 d 后,捞出放在 25～30℃下催芽 4 d 左右,种子"露白"即可播种。

☞ 427. 木耳菜要怎么播种？

在阳台种植木耳菜,可选用的栽培容器,其耕层深度以 20 cm 为宜。播前均应浇足水,播后覆土 2～3 cm,覆盖好地膜和草帘保温,以保证出苗。播种后待 70%幼苗出土后揭去地膜。

☞ 428. 木耳菜多久才能出苗？

在 28℃左右 3～5 d 出苗,如地温偏低应催芽后播种。

☞ 429. 木耳菜何时进行间苗和定植？

苗期控制适当低温,1～2 片真叶时间苗,4～5 片真叶时定植。

☞ 430. 木耳菜要不要追肥？

底肥以农家腐熟堆厩肥、畜禽肥为好。追肥以腐熟人畜粪肥或尿素溶水施用。出苗后,要保持土壤湿润,适时浇水。每次采收后每平方米及时追施人粪尿 450 g 左右或尿素 15 g 左右,露天阳台在雨季还应及时排水防涝。

☞ *431.* 木耳菜种植中如何控制水分？

木耳菜喜湿润，应小水勤灌，以保持土壤经常处于湿润为宜，一般是每采摘 1 次结合追肥灌 1 次水，遇旱时应增加灌水次数。

☞ *432.* 木耳菜播种后的管理要注意什么？

直播出苗后或移栽定植缓苗后及生长期间，要及时中耕除草，防止杂草争夺养分。出苗后温度白天保持在 25～26℃，夜间保持在 16～17℃。子叶展平后，白天温度保持在 28～30℃，夜间保持在 18～20℃。

在采收前 5～7 d 降低温度，白天温度保持在 24～25℃，夜间温度保持在 14～15℃。降温的目的是使木耳菜生长健壮，增加叶片厚度和颜色。当苗高 30 cm 时，留 3～4 片叶采嫩梢，选留 2 个强壮侧芽，其余抹去，第二次采收后，再留 2～4 个强壮侧芽。在生长旺期可选留 5～8 个强壮侧芽。中后期应随时抹去花蕾。到收割末期，植株生长势减弱，选留 1～2 个强壮侧芽，这种管理有利于叶片肥大，梢肥茎壮，品质好，产量高。

☞ *433.* 木耳菜在生长过程中容易出现什么病虫害？

木耳菜常发生的病害是褐斑病，又称鱼眼病，从幼苗到收获结束均可危害，主要危害叶片。被害叶初期有紫红色水浸状小圆点，凹陷，以后逐渐扩大。严重时病斑可达百余个，互相汇合成大病斑（不易穿孔），引起叶片早衰。主要防治方法：与非藜科、非落葵科作物轮作。发生初期可喷 72％克露可湿性粉剂 500～600 倍液，或 68.75％易保可分散性粒剂 800～1 000 倍液防治。或者用

65％的代森锌可湿性粉剂 600 倍液或 50％的代森铵可湿性粉剂 800 倍液喷雾,每隔 7～10 d 喷 1 次,连续 2～4 次。

若发生斜纹夜蛾为害,发现较多嫩叶尖有小眼,可用菊酯类杀虫剂在虫龄 1～2 龄时喷洒 1 次。连作木耳菜也可能发生根结线虫病,实行换茬轮作可减少或避免该病的发生。

☞434．木耳菜什么时候采收?

播后 40 d 左右苗高 10～15 cm 即可采收。以采食嫩梢为主的,在苗高 30～35 cm 时留基部 3～4 片叶,收割嫩头梢,留两个健壮侧芽成梢。收割二道梢时,留 2～4 个侧芽成梢,在生长旺盛期,每株有 5～8 个健壮侧芽成梢,到中后期要及时抹去花茎幼蕾,到后期生长衰弱,留 1～2 个健壮侧梢,以利叶片肥大。以采食叶片为目的的要搭架栽培,在苗高 30 cm 左右时,搭人字架引蔓上架,除留主蔓外,再在基部留两条健壮侧蔓组成骨干蔓,骨干蔓长到架顶时摘心,摘心后再从各骨干蔓留一健壮侧芽。骨干蔓在叶采完后剪下架。上架时及每次采收后都要培土,也可以不整枝搭架采收嫩梢。

☞435．木耳菜如何留种?

木耳菜为自花授粉作物,品种比较单一,留种栽培,可不必隔离。一般应以春播植株留种,株距为 26～40 cm,行距 50～60 cm。选择生长势强、植株健壮无病、叶片大而肥厚、柔嫩、软滑细腻、符合本品种特征性的植株,于 6 月引蔓伸长时,摘去蔓心,多生分枝。由于木耳菜是陆续开花的,果实种子陆续成熟,故应分次采收。

☞ *436*. 什么是荠菜？

荠菜（*Capsella bursa pastoris*），又名护生草、地菜、小鸡草、地米菜、菱闸菜等，十字花科，荠菜属植物，一、二年生草本植物。高25～50 cm，茎直立，有分枝，稍有分枝毛或单毛。叶子羽状分裂，花白色，荠菜以嫩叶供食。主要品种：板叶荠菜和花叶荠菜。地方上叫香荠，北方也叫白花菜、黑心菜，河南、湖北等地区叫地菜，是一种人们喜爱的可食用野菜。起源于东欧和小亚细亚，目前在世界各地都很常见。

☞ *437*. 荠菜的营养价值有哪些？

荠菜以其嫩茎叶作蔬菜食用，具有较丰富又比较平衡的各类营养成分。根据测定，每 100 g 可食部分含蛋白质 5.2 g，脂肪 0.4 g，碳水化合物 6 g，胡萝卜素 3.2 mg，维生素 B_1 0.14 mg，维生素 B_2 0.19 mg，磷 73 mg，铁 6.3 mg 及钾、镁、钠、锰、锌和铜等多种元素和人体所需的 10 余种氨基酸。荠菜所含维生素 C 是大白菜的两倍多，含钙量是蔬菜中最高的，蛋白质含量超过了菜豆、大白菜和番茄，胡萝卜素的含量超过了胡萝卜等。此外，还含有草酸、苹果酸、丙酮酸以及黄酮、胆碱、乙酰胆碱等多种生物碱，有助于增强人体免疫功能。

荠菜既是一种美味野菜，又具有较高的医用价值，全株都可入药。其花与籽可以止血，治疗血尿、肾炎、高血压、咯血、痢疾、麻疹、头昏目痛等症。具有和脾、利水、止血、清凉、解热、明目的功效，常用于治疗产后出血、痢疾、水肿、肠炎、胃溃疡、感冒发热等症。体质虚寒者、便清泄泻及阴虚火旺者不宜食用。

☞ 438. 荠菜的生长习性是怎样的?

荠菜性喜温和,属耐寒性蔬菜,要求冷凉和晴朗的气候,可以忍耐 $-7.5℃$ 的短期低温。菜属喜光植物,在光照条件好的情况下生长旺盛,也能耐弱光,但遇到长时间的阴雨天气,植株生长纤细,容易感病。荠菜生长迅速,叶片柔嫩,需要经常供给充足的水分。但水分过多,会使其根变黑,丧失吸收功能,植株萎蔫死亡。荠菜对土壤的要求不严但以有机质含量丰富,疏松肥沃,排灌良好的壤土或黏性壤土(pH 为 $6.0\sim6.7$)栽培为佳。

☞ 439. 荠菜要什么时候播种?

荠菜可以在春、夏、秋三季栽培。春季栽培在 2 月下旬至 4 月下旬播种,夏季栽培在 7 月上旬至 8 月下旬播种,秋季栽培在 9 月上旬至 10 月上旬播种。

☞ 440. 荠菜播种前要做什么准备?

早秋播的荠菜如果采用当年采收的新籽,要设法打破种子休眠,通常以低温处理,用泥土层积法或在 $2\sim7℃$ 的低温冰箱中催芽,经 $7\sim9$ d,种子开始萌动,即可播种。播种的种子选取最好为陈种子。

☞ 441. 荠菜要怎么播种?

荠菜一般均采用直播的方式,但也可采取育苗移栽的方式。土面要整得细、平、软,荠菜通常撒播,但要力求均匀。

播种可以先浇水、后播种,也可以先播种、后浇水。先将掺好细土的种子均匀播撒,然后镇压或用脚踏实,如果土壤较湿,最好第 2 天浇水,这样种子不易被冲走。如果土壤较干,播后浇水时,宜小水慢浇,以免把种子冲走。播种后轻轻地压实,使种子与泥土紧密接触,以利种子吸水,提早出苗。

☞ 442. 荠菜播种后的管理要注意什么?

荠菜植株较小,易与杂草混生,除草困难。为此,在管理中应经常中耕拔草,做到拔早、拔小、拔了。同时,可结合每次收获,细心挑除杂草,以防止草害。

☞ 443. 荠菜多久才能出苗?

在正常情况下,春播的 5～7 d 能齐苗,夏秋播种的 3 d 能齐苗。

☞ 444. 荠菜需不需要间苗?

条件适宜时荠菜播种后 4 d 左右出苗,因荠菜种子细小,播种时很难均匀,因此应及时间苗,当幼苗 2 片真叶时,可以开始间苗,5 片左右真叶时可以移植或补苗,10 片左右的幼苗即可食用,最后生产大株的,苗间距为 10 cm 左右。移栽定植的株行距也在 10 cm 左右。

☞ 445. 荠菜要不要追肥?

底肥要用农家肥,先经充分腐熟,与土壤混匀。荠菜的生长以氮肥为主,追施的肥料以腐熟、稀薄的人粪尿为主,追肥的原则以轻追、勤追为主。春、夏季栽培的荠菜,由于生长期短,一般追肥2次。第一次在2片真叶时,第二次在相隔15～20 d后。秋播荠菜的采收期较长,每采收1次应追肥1次,可追肥4次。

☞ **446. 荠菜种植中如何控制水分?**

荠菜种子细小,根系浅,因此整个生长期应保持土壤湿润,但冬季栽培应注意水分不宜过大,水分大,温度低,病害容易发生。秋播荠菜在冬前应适当控制浇水,防止徒长,以利安全越冬。出苗前要小水勤浇,保持土壤湿润。出苗后注意适当灌溉,保持湿润为度,勿使干旱。采后及时浇水,以利余株继续生长。

☞ **447. 荠菜在生长过程中容易出现什么病虫害?**

荠菜的主要病害是霜霉病,夏秋多雨季节,空气潮湿时易发生。发生初期可喷百菌清。其次是病毒病,防治方法主要是进行合理轮作,清除田间杂草,及时消灭传播病毒病的蚜虫。荠菜的主要虫害是蚜虫,蚜虫危害后,叶片变成绿黑色,失去食用价值,还易传播病毒病。在发现蚜虫危害时,应及时用乐果。

☞ **448. 荠菜什么时候采收?**

荠菜是多次采收,每次采收应采大留小。春播和夏播的荠菜,生长较快,从播种到采收的天数一般为30～50 d,采收的次数为1～2次。秋播的荠菜,从播种至采收为30～35 d,以后陆续采收4～5次。采收时,选择具有10～13片真叶的大株采收,带根挖出。密处多采收,稀处少采收,使留有的植株都能有一定的营养面积,以促进生长平衡整齐留下中、小苗继续生长。

☞ 449. 荠菜如何采种?

荠菜采种方法是,在冬季或早春,可到田野里挑选种苗,将三种类型荠菜分挖、分放,也可根据选种目的,挑选其中一种类型。然后将种苗定植在经过施肥和精细整地的零星熟土菜地上(注意不同类型之间需进行隔离),成活后注意浇水施肥,防治蚜虫,使植株正常开花结荚。在种荚发黄,种子八成熟时收割,以免过熟后使种子散落。将收回的种荚摊于薄膜上晾干搓揉,取出干种子精细保管待用。成熟适度的种子呈橘红色,色泽鲜艳,成熟过度的种子呈深褐色。使用期限为2~3年。

☞ 450. 什么是马齿苋?

马齿苋(*Portulaca oleracea* L.)为马齿苋科一年生草本植物。肥厚多汁,无毛,高10~30 cm,生于田野路边及庭园废墟等向阳处。一年生草本,茎平卧或斜倚,伏地铺散,多分枝,圆柱形,长10~15 cm淡绿色或带暗红色。茎紫红色,叶互生,有时近对生,叶片扁平,肥厚,倒卵形,似马齿状,长1~3 cm,宽0.6~1.5 cm,顶端圆钝或平截,有时微凹,基部楔形,全缘,上面暗绿色,下面淡绿色或带暗红色,中脉微隆起。叶柄粗短。国内各地均有分布。

☞ 451. 马齿苋的营养价值有哪些?

全草供药用,有清热利湿、解毒消肿、消炎、止渴、利尿作用。种子明目。现代研究,马齿苋还含有丰富的SL3脂肪酸及维生素A样物质。SL3脂肪酸是形成细胞膜,尤其是脑细胞膜与眼细胞膜所必需的物质。维生素 A 样物质能维持上皮组织如皮肤、角膜及结合膜的正常机能,参与视紫质的合成,增强视网膜感光性能,也参与体内许多氧化过程。凉拌马齿苋具有很高的营养价值和药用价值,有"天然抗生素"之称。马齿苋粥对人体有很好的滋养作用,可以很好地改善皮肤的颜色,使肌肤散发健康的光泽。

☞ *452*. 马齿苋的生长习性是怎样的?

马齿苋喜温和气候,稍耐低温,但怕霜冻,即使是轻霜,也能使植株死亡。特别是在苗期,温度低于 10℃,极易发生立枯病和猝倒病。10℃可以发芽,最适发芽温度 25～28℃,生长发育适宜温度为 20～30℃,气温低于 15℃,植株生长缓慢,气温高于 30℃,植物呼吸作用加强,不利于同化产物的积累,对生长发育同样不利。喜光,也能耐阴,属短日照植物,在长日照条件下,生殖生长推迟,有利于营养生长。因此,在中高纬度地区栽培马齿苋优于在低纬度地区栽培。

马齿苋生命力非常强,对土壤要求不严,无论在哪种土壤中马齿苋都能生长,能储存水分,既耐旱又耐涝。但是为了获得高产,仍以富含有机质的沙性土壤最为适宜。喜湿不耐涝。所以,要求土壤排水良好。由于马齿苋全株肉质化,因此它很耐干旱,但长期干旱会影响马齿苋的品质。

☞ *453*. 马齿苋有什么品种?

马齿苋可分两个类型。一种为马齿苋属中的野生种,春季及初夏在田间、路旁、原野、菜园采集嫩茎叶供食用,亦可全株采收,余水后晒干,冬季做包子、饺子馅料,美味可口。另一种为马齿苋属中的栽培种,近年来,我国台湾省推广的荷兰菜就属此类型。

其中,野生马齿苋常见的有三个品种:窄叶苋、宽叶苋、观赏苋。窄叶苋耐寒抗旱,但植株矮小,宽叶苋叶大而肥厚,但不耐寒,较抗旱。观赏苋只用于观赏,其花瘦小但很鲜艳。用作蔬菜栽培时宜选用宽叶苋。

☞454. 马齿苋要什么时候播种?

亚热带地区的台湾省南部、广东、海南等地区,2月下旬开始播种,陆续采收到11月份;江浙一带于5月中下旬播种,如用保护地种植,可提前到4月份播种,6～8月份为生长旺期;华北地区露地栽培于6月上中旬播种。各个地区气温超过20℃时,可随时播种,分期播种。

☞455. 马齿苋要怎么播种?

播种要待气温超过20℃时进行。播种前,先将盆土浇足底水,待水渗下后,播种时种子先同三倍于种子的细沙均匀拌和后再播,然后覆盖一层细土,厚度以不见种子为度。播后应注意保温保湿。

☞456. 马齿苋如何进行间苗和定植?

播后2～3 d即可出苗。出苗7 d后间苗,株距3～4 cm。当苗高15 cm左右时,开始间拔幼苗食用,保持株距7～8 cm。生长期间要保持土壤湿润。追肥要求薄肥勤施,每周1次,最好施用颗粒复合肥。

☞ 457. 马齿苋怎样追肥?

在生长期间,根据生长情况进行追肥,一般施用尿素 300 倍液 1～2 次。幼苗高 5～6 cm 时匀苗、补苗,每穴留苗 3～4 株,并除草,追肥 1 次。苗高 15 cm 时,进行第 2 次。

☞ 458. 马齿苋的栽培种植需要注意什么问题?

用于栽培马齿苋的花盆不宜太小,口径 35～40 cm 的泥盆最为适宜。马齿苋生长强健,对土壤要求不很严格,但选用疏松、肥沃、保水性良好的沙质壤土栽培,生长加快,茎叶幼嫩,品质特佳。马齿苋喜肥水,耐强光,尤喜空气干燥、土壤潮湿的环境,久旱,应适当浇水,生长期间要注意除草。要注意将马齿苋摆放在阳光能够照射到的地方,利于茎叶生长,弱光下马齿苋生长快而幼嫩,光照过强,则易老化。

☞ 459. 马齿苋在生长过程中容易出现什么病虫害?

危害马齿苋的主要病害有病毒病、白粉病及叶斑病。病毒病用 1∶1∶50 的糖醋液叶面喷施防效达 80％以上。白粉病常用 800～1 000 倍的甲基托布津、粉锈宁防治。叶斑病用百菌清、多菌灵、速克灵防治。主要虫害有蜗牛为害,可在早晨撒鲜石灰防治。

☞ 460. 马齿苋什么时候采收?

马齿苋是一次播种多次采收,采收是挑采。采摘应在花前,以保持茎叶鲜嫩,新长出的小叶是最佳的食用部分。嫩茎的顶端可连续掐取,掐取中上部,留茎基部抽生新芽使植株继续生长,直至霜降。采收时也可间拔,收大留小。

☞ 461. 马齿苋如何采种?

马齿苋的蒴果成熟期有前有后,一旦成熟就自然开裂或稍有振动就撒出种子,且种子又很细小,采集时可以在行间或株间先铺上废报纸或薄膜,后摇动植株,让种子落到报纸或薄膜上,再收集。

☞ 462. 马齿苋怎样进行无性繁殖?

马齿苋繁殖一般采用两种方式,即压条繁殖和扦插繁殖。压条繁殖就是将植株较长的茎枝压倒,每隔 3 节用湿土压 1 个茎节,压土处的茎节生根后与主体分开,形成新的个体。扦插繁殖把未开花结籽的野生植株分剪成 5 cm 左右长的茎段或分枝,以 8～10 cm 的株距扦插 1/2 以上入土,然后浇水,待发根后追肥。

☞ 463. 什么是蒲公英?

蒲公英(*Taraxacum mongolicum Hand.-Mazz.*)菊科,蒲公英属多年生草本植物。蒲公英别名黄花地丁、婆婆丁、华花郎等。根圆锥状,表面棕褐色,皱缩,叶边缘有时具波状齿或羽状深裂,基部渐狭成叶柄,叶柄及主脉常带红紫色,花葶上部紫红色,密被蛛丝状白色长柔毛。头状花序,总苞钟状,瘦果暗褐色,长冠毛白色,花果期 4～10 月份。头状花序,种子上有白色冠毛结成的绒球,花开后随风飘到新的地方孕育新生命。

☞ 464 . 蒲公英的营养价值有哪些？

蒲公英植物体中含有蒲公英醇、蒲公英素、胆碱、有机酸、菊糖等多种健康营养成分。性味甘,微苦。有利尿、缓泻、退黄疸、利胆等功效。可用于治疗热毒、痈肿、疮疡、内痈、目赤肿痛、湿热、黄疸、牙痛、急性扁桃体炎、胃炎、肝炎等。蒲公英可生吃、炒食、做汤,是药食兼用的植物。

☞ 465 . 蒲公英要什么时候播种？

蒲公英一般 5 月末播种,从播种至出苗需 10～12 d。延至夏季 7～8 月播种,则从播种到出苗需 15 d。

☞ 466 . 蒲公英如何催芽？

蒲公英播种前,为提早出苗可采用温水烫种催芽处理,即将种子置于 50～55℃ 温水中,搅动至水凉后,再浸泡 8 h,捞出种子包于湿布内,放在 25℃ 左右的地方,上面用湿布盖好,每天早晚用温水浇 1 次,3～4 d 种子萌动即可播种。

☞ 467 . 蒲公英要怎么播种？

播种时要求土壤湿润,如土壤干旱,在播种前 2 d 浇透水。春播最好进行地膜覆盖,夏播可不覆盖,种子无休眠期,成熟采收后的种子,从春季到秋季可随时播种。种子播下后覆土 1 cm,然后稍加镇压,约 6 d 可以出苗。

☞ *468*. 蒲公英播种后的管理要注意什么？

当蒲公英出苗 10 d 左右可进行第 1 次中耕除草，以后每 10 d 左右中耕除草 1 次，做到无杂草。生长期要经常注意中耕除草，保持田间无杂草，防止草与药共同生长的现象，影响蒲公英的产量和质量。中耕除草松土时，宜浅不宜深，以免伤根。

☞ *469*. 蒲公英需不需要间苗和定植？

出苗 10 d 左右进行间苗，株距 3～5 cm，经 20～30 d 即可进行定苗，株距 8～10 cm，撒播者株距 5 cm 即可。

☞ *470*. 蒲公英要不要追肥？

生长期间追 1～2 次肥。秋播者入冬后，撒施有机肥、过磷酸钙，既起到施肥作用，又可以保护根系安全越冬。翌春返青后可结合浇水施用化肥。

☞ *471*. 蒲公英种植中如何控制水分？

出苗前，保持土壤湿润。如果出苗前土壤干旱，可在播种的土面先稀疏散盖一些麦秸或茅草。然后轻浇水，待苗出齐后用杈子扒去盖草。出苗后应适当控制水分，使幼苗苗壮生长，防止徒长和倒伏。在叶片迅速生长期，要保持土壤湿润，以促进叶片旺盛生长。冬前浇 1 次透水，然后覆盖麦秸等，利于越冬。

☞472·蒲公英在生长过程中容易出现什么病虫害?

蒲公英抗病力较强,管理得当一般不需防治病虫害。常发生的病害主要有叶斑病、斑枯病、锈病。

叶斑病发生时,叶面初生针尖大小褪绿色至浅褐色小斑点,后扩展成圆形至椭圆形或不规则状,中心暗灰色至褐色,边缘有褐色线隆起,直径 3～8 mm,个别病斑 20 mm。出现斑枯病时,初于下部叶片上出现褐色小斑点,后扩展成黑褐色圆形或近圆形至不规则形斑,大小 5～10 mm,外部有一不明显黄色晕圈。后期病斑边缘呈黑褐色。锈病主要危害叶片和茎,初在叶片上现浅黄色小斑点,叶背对应处也生出小褪绿斑。后产生稍隆起的疱状物,疱状物破裂后,散出大量黄褐色粉状物,叶片上病斑多时,叶缘上卷。

上述三种病害的防治方法是:注意卫生,结合采摘及时清除植株病残体。及时排除积水,避免偏施氮肥,适时喷施植宝素等,使植株健壮生长,增强抵抗力。发病初期开始喷洒 42%福星乳油8 000 倍液,或 20.67%万兴乳油 2 000～30 000 倍液,或 50%扑海因可湿性粉剂 1 500 倍液,每隔 10～15 d 1 次,连续防治 2～3 次。采收前 7 d 停止用药。

主要虫害有蚜虫。通常年份危害期短,多在 6 月下旬、7 月上旬,危害个别植株。防治方法:烟草石灰水溶液灭蚜。按烟叶∶生石灰∶水为 1∶1∶60 的比例,再加香皂少许,浸泡 48 h 过滤,取汁喷洒,效果显著。

☞473·蒲公英什么时候采收?

蒲公英可在幼苗期分批采摘外层大叶供食,或用刀割取心叶以外的叶片食用。每隔 15～20 d 割 1 次,也可一次性割取整株。

采收时可用钩刀或小刀挑挖,沿地表1～1.5 cm处平行下刀,保留地下根部,以长新芽。先挑大株收,留下中、小株继续生长。

☞ 474. 蒲公英如何采种?

蒲公英是多年生宿根性植物,野生条件下二年生植株就能开花结籽,初夏为开花结数随生长年限而增多,有的单株开花数达20个以上,优良品种单株开花数量可高达20个以上,开花后经13～15 d种子即成熟。花盘外壳由绿色变为黄绿色,种子由乳白色变褐色时即可采收。

蒲公英种子采收时要注意时间,切不要等到花盘开裂时再采收,否则种子易飞散失落损失较大。一般每个头状花序种子数都在100粒以上。大叶型蒲公英种子千粒重为2 g左右,小叶型蒲公英种子千粒重为0.8～1.2 g。采种时可将蒲公英的花盘摘下,放在室内存放后熟1 d,待花盘全部散开,再阴干1～2 d至种子半干时,用手搓掉种子尖端的绒毛,然后晒干种子备用。

☞ 475. 什么是葱?

葱为百合科葱属多年生宿根草本植物。先端尖,叶鞘圆筒状,抱合成为假茎,色白,通称葱白。茎短缩为盘状,茎盘周围密生弦线状根。雌雄同体,以叶鞘和叶片供食用。葱含有挥发性硫化物,具特殊辛辣味,是重要的解腥、调味品。中国的主要栽培种为大葱。

☞ 476. 葱的营养价值有哪些?

葱的主要营养成分是蛋白质、糖类、维生素A原(主要在绿色葱叶中含有)、维生素 C、食物纤维以及磷、铁、镁等矿物质。葱有较强的杀菌作用,可以刺激消化液的分泌,增进食欲。挥发性辣素还通过汗腺、呼吸道、泌尿系统排出时能轻微刺激相关腺体的分泌,而起到发汗、祛痰、利尿作用。葱中含有相当量的维生素 C,有舒张小血管,促进血液循环的作用,有助于防止血压升高所致的头晕,预防老年痴呆。葱含有微量元素硒,可降低胃液内的亚硝酸盐含量,对预防胃癌及多种癌症有一定作用。另外,葱还有降血脂、降血压、降血糖的作用。

☞ 477. 葱的生长习性是怎样的?

葱生长最适温度为 15～25℃,在 10～20℃时葱白生长旺盛,有利于叶鞘积累养分。超过 25℃,则生长迟缓,形成的叶和假茎品质都较差。性极耐寒,可忍耐−10℃温度而不被冻伤,根系弱,极少根毛。宜肥沃的沙质壤土。葱健壮生长需要良好的光照条件,不耐阴,也不喜强光。

☞ 478. 葱的种植方法有哪些?

葱的种植主要有三种方法,即直播、育苗种植及葱苗栽植。

(1)直播。市场上购买种子或者当年自行留种的葱籽,备好种植容器,容器大小根据自己所需种植的量来选择,最好是宽口盆(箱),基质(土壤)不要完全填平容器口。播种方法有撒播和条播两种。撒播是先浇足水,然后均匀撒播葱籽,上面再覆盖一层基质或蛭石,不见种子即可。条播是在容器内开 1.5～2 cm 的浅沟,行距在 10～15 cm,可适当加宽行距,种子播在沟内,搂平畦面,压实。经常保持盆土湿润,待葱苗长出后,视生长情况进行间苗,给葱苗生长留出足够的空间。

（2）育苗种植。选用孔穴大小合适的穴盘,每孔播 2～3 粒种子,覆土 0.5～1 cm 即可,到葱苗长到 10 cm 左右时可根据情况进行间苗或分苗。定植时,一般开浅沟,沟的深浅视葱苗的生长情况而定,将葱白部分全部埋入土中,不要覆盖叶子部分,株距 2～3 cm 以上,行距 10 cm 以上。

（3）葱苗栽植。到市场上购买栽植用的葱苗,开浅沟,将葱白部分全部埋入土中,株距视葱苗的大小而定,留出一定的间距即可,行距 15 cm 以上,栽完立即浇透水。

葱的整个生长过程都可采收,间隔一定的时间进行培土,葱白就不断增长,采收时可以整株拔出,也可预留出地下部分将上面割掉,经过一段时间,地下部还会重新长出植株。

☞ 479．葱生长期间的水分管理是怎样的?

葱的叶片呈管状,表面多蜡质,能减少水分蒸腾,耐干旱。但根系的吸收能力差,所以各生长发育期均需供应适当的水分。葱幼苗生长旺盛期、叶片生长旺盛期、开花结实期对水分的要求较多,应保持较高的土壤湿度。葱不耐涝,浇水过多时要注意及时排水防涝,防止沤根。抽薹期水分过多易倒伏。

☞ 480．葱常见的病虫害有哪些?

葱常见的病害有紫斑病、疫病、灰霉病、霜霉病等。

（1）紫斑病。主要危害叶片和花梗。病斑椭圆形至纺锤形,通常较大,紫褐色,斑面出现明显同心轮纹,湿度大时,病部长出深褐色至黑灰色霉状物。当病斑相互融合绕叶或花梗扩展时,至全叶变黄枯死或倒折。播前种子消毒 40～50℃ 温水浸泡 1.5 h,加强肥水管理。发病时,用 70% 日托 1 000 倍液或波尔多液或代森锰锌70%的1000倍液交替喷施。

(2)疫病。主要危害叶和花梗,患病部位初期呈青白色不明显斑点,扩大后呈灰白色斑,致叶片从上而下枯萎,湿度大时患部长出稀疏白霉,天气干燥时则白霉消失。种植过程中均衡浇水,湿度不要太大,发病时可用25%日邦克菌1000倍液或25%甲霜灵锰锌600倍液喷2~3次,每隔7~10 d 1次。

(3)灰霉病。叶片上出现白色至浅灰褐色小斑点,扩大后成为梭形至长椭圆形,潮湿时病斑上生有灰褐色绒毛状霉层。后期病斑相互连接,致使大半个叶片甚至全叶腐烂,烂叶表面也密生灰霉,有时还生出黑色颗粒状物。发病初期用3%多氧清水剂600~900倍液,或40%灰霉菌核净悬浮剂1200倍液,或50%灰霉灵可湿性粉剂800倍液等药剂喷雾防治,每隔7 d喷药1次,连续防治2~3次。

(4)霜霉病。病株矮化,叶片扭曲畸形。病斑黄白色,表面生有白色到淡紫色绒毛状霉层,病叶软化易折。苗期和发病初期喷药防治,可用58%甲霜灵·锰锌可湿性粉剂500~700倍液,或64%杀毒矾可湿性粉剂500倍液,或25%甲霜灵可湿性粉剂800倍液等,每隔10 d喷1次,连喷2~3次。

葱的常见虫害有葱蝇、蓟马等。

(1)葱蝇。又叫韭蛆,幼虫危害葱蒜类蔬菜。在假茎靠近地面处产卵,孵化出幼虫潜入叶鞘基部,食幼叶和生长点。在成虫发生初期,可使用80%敌敌畏乳油800倍液、5%高效氯氰菊酯乳油1500倍液、2.5%敌杀死乳油2000倍液、2.5%功夫菊酯乳油2000倍液,喷施土表、根茎和茎部,间隔7~8 d喷1次,连喷2次。

(2)蓟马。成虫、若虫以刺吸式口器为害寄主植物的心叶、嫩芽,使寄主叶片形成许多长形黄白或灰白斑纹,叶片扭曲畸形。选用80%敌敌畏乳油1000倍液,或25%增效喹硫磷乳油1000倍液,或 50％辛硫磷乳油 1 000 倍液,或 20％速灭杀丁乳油 3 000～4 000 倍液,或 4.5％高效氯氰菊酯 3 000～3 500 倍液等喷雾。

☞ 481. 什么是姜?

姜,又称生姜、黄姜,姜科姜属,多年生宿根草本植物,开有黄绿色花并有刺激性香味的根茎。根茎鲜品或干品可以作为调味品。生姜在我国栽培历史非常悠久,分布广。目前已形成许多名产区,除东北、西北等高寒地区外,其余地区均有种植。南方以广东、浙江栽培较多。

☞ 482. 姜的营养价值有哪些?

生姜以其地下根状茎供食用,内含多种营养成分。它除含有碳水化合物、蛋白质、多种维生素及钙、锰、锌、铜等矿物质外,还含有姜辣素、姜油酮、姜烯酚和姜醇等,因而具有特殊的香辣味,是我国人民普遍采用的香辛调味蔬菜。生姜具有解毒杀菌的作用,抑制癌细胞活性、降低癌的毒害作用,其味辛性温,长于发散风寒、化痰止咳,又能温中止呕、解毒,临床上常用于治疗外感风寒及胃寒呕逆等症,前人称之为"呕家圣药"。

☞ 483. 姜的生长习性是什么?

姜原产于热带多雨的森林地区,喜温暖湿润的环境条件,不耐低温霜冻,地上部遇霜冻枯死,地下部也不能忍耐 0℃的低温。16℃以上开始萌芽,幼苗生长适温 20～25℃,茎叶生长适温 25～28℃,15℃以下停上生长。不耐热,如温度过高,阳光直射,生长受阻,故在夏季栽培时应遮阳。

姜喜弱光,不耐强光,在强光下,叶片容易枯萎,农谚有"生姜晒了剑(新叶)等于要了命"。对日照长短要求不严,对土壤湿度的要求严格,抗旱力不强,如长期干旱则茎叶枯萎,姜块不能膨大,但若水过多,排水不良,会引起徒长和姜块腐烂。

☞ 484. 如何确定姜的播种期?

生姜为喜温暖、不耐寒、不耐霜的蔬菜作物,所以必须要将生姜的整个生长期安排在温暖无霜季节栽培,尤其是露天的阳台,要注意采取一定的措施防霜,而封闭式阳台则主要考虑温度来确定播种。确定生姜播种期的原则是断霜后,地温稳定在 15℃ 以上时播种,初霜到来前收获。一般要求适宜于生姜生长的时间要达到135~150 d 以上,尤其是根茎旺盛生长期,要有一定日数的最适温度,才可获得较高的产量。阳台栽培时可使用塑料棚膜、加盖保温被等保护措施栽培生姜,可以适当提早播种或延迟收获,从而延长生姜生长期,收到显著增产效果。

☞ 485. 姜播种前需要做哪些准备工作?

(1)选种姜及晒姜、困姜。选择肥壮、丰满、皮色光亮、肉质新鲜、不干不缩、不腐烂、未受冻、质地硬、无病虫害的健康姜块做种用,将瘦弱干瘪、肉质变褐及发软的种姜挑出淘汰。播种前 1 个月左右,取出种姜,用清水洗净泥土,平铺在干净地上晾晒 1~2 d,通过晒种,可提高姜块温度,打破休眠,促进发芽,并减少姜块中水分,防止腐烂。此时,将干缩变褐的姜块及时淘汰。晒晾 1~2 d后,再把姜块置于室内放 3~4 d,促进种姜内养分分解,叫作"困姜"。经过 2~3 次的晒姜与困姜便可以进行催芽。

(2)催芽。催芽可促使种姜幼芽尽快萌发,使种植后出苗快而整齐。催芽时使用炉火或其他热源加温,保温避光,22～25℃适温条件下催芽,经25～35 d,姜芽在0.5～1 cm时即可播种。若催芽温度过高,长时间处在28℃以上,新长的幼芽瘦弱细长。催芽期间湿度过低,可能引起种姜失水过多,种芽往往瘦弱。生姜壮芽从其形态上看为芽身粗壮、顶部钝圆,弱芽则芽身细长,芽顶细尖。生姜种芽强弱与种姜的营养状况,种芽着生位置以及催芽温度与湿度有关。

(3)掰姜种。掰姜时一般要求每块姜上只保留1个短壮芽,少数姜块可根据幼芽情况保留2个壮芽,其余幼芽全部去除,以便使养分能集中供应主芽,保证苗全苗旺。掰姜时若发现幼芽基部发黑或掰开姜块断面褐变,应严格剔除。一般播种姜的种块以75 g左右为宜。

(4)浇底水。因生姜发芽慢,出苗时间长,若土壤水分不足,会影响幼芽的出土与生长。为保证幼芽顺利出土,必须在播前浇透底水。浇底水一般在播种前1～2 h进行。

☞486. 姜如何播种?

应选晴暖天气进行。底水渗下后,即可按一定株距将准备好的姜种摆放到事先挖好的孔穴或小沟中,用手轻轻按入泥中,使姜芽与土面相平即可。然后扒下部分湿土,盖住幼芽,以防强光灼伤幼芽。

☞487. 姜生长期对环境条件有哪些要求?

(1)温度。种姜在16℃以上开始发芽,但发芽极慢,发芽期很长。在22～25℃幼芽生长速度适宜,在此温度下容易培育出壮芽。在28℃以上高温条件下,发芽速度比低温条件快,但发出的幼芽往往比较细弱而不够肥壮。茎叶生长期以 20~28℃较为适宜。在根尖旺盛生长期,为积累大量养分,白天和夜间需要保持一定温差,白天保持 25℃左右,夜间保持 17~18℃为宜。温度保持15℃以上,否则幼芽会停止生长。

(2)光照。生姜为喜光耐阴作物,不同的生长时期对光照要求不同。发芽时要保持黑暗条件,而幼苗期则要求中强光,但不耐强光。生姜对日照长短要求不严格,在长日照或短日照条件下均可形成根茎,但以自然光照条件下根茎产量高,日照过长或过短对产量均有影响。

(3)水分。生姜为浅根性作物,根系不发达,对水分要求严格不能充分利用土壤深层的水分,吸收力较弱,并且叶片的保护组织亦不发达,水分蒸发快,因而不耐干旱。一般幼苗期生长量少,需水少,盛长期则需大量水分。为了满足其生育之需,要求土壤始终保持湿润,使土壤水分维持在田间最大持水量的 70%~80%为适宜。

(4)土壤及营养。姜忌连作,最好与葱蒜类及瓜、豆类作物轮作,并选择土层深厚、肥沃、疏松、排水良好的壤土或沙壤土。生姜为喜肥耐肥作物,但生姜根系不甚发达,能够伸入到土壤深层的吸收根很少,因而吸肥能力较弱,对养分要求比较严格。以吸收钾最多,磷最少。在旺盛期吸肥量最大,应加强肥水管理,防止植株脱肥早衰。对生姜增产具有重要作用。

☞488. 姜的生长发育有哪几个时期? 需要注意什么问题?

生姜为多年生宿根草本植物,但在我国作为一年生作物栽培。生姜为无性繁殖的蔬菜作物,播种所用的"种子"就是根茎,它的整个生长过程基本上是营养生长的过程。按照其生长发育特性可以分为发芽期、幼苗期、旺盛生长期和根茎休眠期四个时期。

(1)发芽期。从种姜萌芽到第一片叶展开为发芽期,需40~50 d。此期生长量很小,主要依靠种姜的养分生长发芽。发芽期要保证环境温度保持在22~25℃,温度过低则发芽缓慢,温度高会导致幼苗瘦弱,不利于姜的生长。

(2)幼苗期。从展叶开始,到具有两个较大的侧枝,即"三股杈"时期,为幼苗期,需65~75 d。此期,开始依靠植株吸收和制造养分,生长较慢,生长量较少,以促进根系发育,培育壮苗为主。在栽培管理上,消除杂草,适当进行遮阳,促进发根,培育好壮苗。有条件的情况下,还可以喷施"天达-2116"(壮苗专用型),2~3次,促其壮苗、壮根,提高光合效能,加快营养生长。

(3)旺盛生长期。从"三股杈"至收获,为茎、叶和根茎旺盛生长期,也是产品形成的主要时期,需70~75 d。旺盛生长前期以茎叶为主,后期以根茎生长和充实为主。在盛长前期应加强肥水管理,促进发棵,保持较强的光合能力;在盛长后期,则应促进养分运输和积累,并注意防止茎叶早衰,结合浇水和追肥进行培土,为根茎快速膨大制造有利的条件。

(4)根茎休眠期。姜不耐寒,通常在霜期到来之前收获贮藏,迫使根茎进入休眠,安全越冬。在贮藏过程中,需要保持适宜的温度和湿度,既要防止温度过高,造成根茎发芽,消耗养分,也要防止温度过低,避免根茎遭受冷害或冻害。

☞ *489.* 姜有哪些主要的病虫害? 应如何防治?

姜的主要发生病害为腐败病(又称姜病瘟)、炭疽病等。

姜瘟病防治方法有:实施轮作换茬,剔除病姜,采用土壤及种子消毒加以预防。增施钾肥,保持土壤湿润,浇水过多时及时排水,发现病株要尽早拔除。发病初期用50%的代森铵800倍液喷洒,每隔7~10 d 1次,连续2~3次;发病时可用50%琥胶肥酸铜可湿性粉剂 500 倍液、72% 农用链霉素可溶性粉剂 4 000 倍液、77% 可杀得可湿性粉剂 400～500 倍液、25% 络氨铜水剂 500 倍液喷雾防治。

炭疽病可用 80% 炭疽福美 800 倍液、炭疽停 800 倍液进行防治。

姜的重点防治虫害为姜螟(钻心虫)。可用 50% 敌百虫 800 倍液或 2.5% 敌杀死 500～1 000 倍液,在苗期每隔 10～15 d 喷洒 1 次,到 8 月,着重喷心叶。也可用 50% 杀螟松乳剂 500～800 倍液或 80% 敌敌畏乳油 1 000 倍液或 90% 敌百虫晶体 800～1 000 倍液喷雾防治。

☞ 490. 姜如何采收?

生姜的采收可分为收种姜、收嫩姜、收鲜姜 3 种。

(1)收种姜。生姜与其他作物不同,种姜发芽长成新株后,留在土中不会腐烂,重量一般不会减轻,辣味反而增强,仍可收回食用,南方称之为"偷娘姜",北方则称"扒老姜"。一般在苗高 20～30 cm,具 5～6 片叶,新姜开始形成时,即可采收。采收方法:先用小铲将种姜上的土挖开一些,一只手用手指把姜株按住,不让姜株晃动,另一只手用狭长的刀子或竹签把种姜挖出。注意尽量少伤根,收后立即将穴用土填满拍实。

(2)收嫩姜。初秋天气转凉,在根茎旺盛生长期,植株旺盛分枝,形成株丛时,趁姜块鲜嫩,提前收获。这时采收,新姜的组织鲜嫩含水分多,辣味轻,含水量多,适宜于加工腌渍、酱渍和糖渍。收嫩姜越早产量低,但品质较好;采收越迟,根茎越成熟纤维增加,辣味加重,品质下降,但产量提高。

(3)收老姜,或称收鲜姜。一般在当地初霜来临之前,植株大部分茎叶开始枯黄,地下根状茎已充分老熟时采收。一般应在收获前2～3 d浇一次水,使土壤湿润,土质疏松。收获时可用工具将生姜整株挖出,轻轻抖落根茎上的泥土,剪去地上部茎叶,保留2 cm左右的地上残茎,摘去根,即可贮藏或食用。

☞ 491. 什么是蒜?

蒜,又称葫蒜,为一年生或二年生草本植物,百合科葱属。地下鳞茎味道辣,有刺激性气味,称为"蒜头",可作调味料,亦可入药。蒜叶称为青蒜或蒜苗,花薹称为蒜薹,均可作蔬菜食用。地下鳞茎分瓣,按皮色不同分为紫皮种和白皮种,紫皮蒜的蒜瓣少而大,辛辣味浓,产量高,多分布在华北、西北与东北等地,耐寒力弱,多在春季播种,成熟期晚;白皮蒜有大瓣和小瓣两种,辛辣味较淡,比紫皮蒜耐寒,多秋季播种,成熟期略早。蒜还分为大蒜、小蒜两种,中国原产有小蒜,蒜瓣较小,大蒜原产于欧洲南部和中亚,最早在古埃及、古罗马、古希腊等地中海沿岸国家栽培,汉代由张骞从西域引入中国陕西关中地区,后遍及全国。中国是世界上大蒜栽培面积和产量最多的国家之一。

☞ 492. 蒜的营养价值有哪些?

现代医学认为蒜中含硫挥发物43种,硫化亚磺酸酯类13种、氨基酸9种、肽类8种、甙类12种、酶类11种。蒜苗、蒜薹、蒜头,三者都具有很好的营养价值和药用价值,都含有丰富的维生素C以及蛋白质、胡萝卜素、硫胺素、核黄素等人体必需的营养成分。常吃蒜苗和蒜薹能有效预防流感、肠炎等因环境污染引起的疾病,还具有消积食的作用,对于心脑血管也有一定的保护作用,可预防血栓的形成,同时还能保护肝脏。蒜含有大蒜素,大蒜素与维生素B_1结合可产生蒜硫胺素,具有消除疲劳、增强体力的奇效。大蒜含有的肌酸酐是参与肌肉活动不可缺少的成分。大蒜还能促进新陈代谢,并有降血压、降血糖的作用,外用可促进皮肤血液循环,去除皮肤的老化角质层,软化皮肤并增强其弹性,还可防日晒、防黑色素沉积,去色斑增白。大蒜还能提高人体免疫力,将新鲜的大蒜切片或捣碎后生吃有助于心脏健康。另外,蒜还有防癌抗癌的作用,为抗癌效果第一的蔬菜,大蒜中的几十种成分都有单独的抗癌作用。

☞ 493. 蒜的生长习性是怎样的?

蒜属耐寒长日照植物,生长适温 18～20℃,抽薹要求经过 10℃左右的一段低温时间。形成鳞茎要求 12 h 以上的长日照和高温。遇 26℃以上持续高温植株枯死,鳞茎进入休眠状态。蒜生育期短,适应性较强。大蒜的根是从蒜瓣基部发出的须根,主要根群集中在 25 cm 土层范围内的表土层中,横向展开在 30 cm 范围以内。因根系浅,根量较少,所以表现喜湿、喜肥的特点。

☞ 494. 蒜要什么时候种植?

在家庭种植蒜,种植时间从立秋后一直到来年立春前均可,但是立冬后种的大蒜就只能吃蒜苗了。

☞ 495. 蒜要怎么播种? 蒜瓣要怎么处理?

蒜可直接用蒜瓣进行栽种。

蒜可以直播也可育苗移栽。夏季气温高,蒜生长快,一般采用直播方法,播种要疏密适当,使苗生长均匀,播种可采用撒播或开沟条播、点播。育苗时由于苗地面积小,便于精细管理,有利于培育壮苗,再移植到大田种植。育苗移植可节省种子,且单株产量高,质量好。一般在地少而劳力又相对集中的地方,或秋冬适合蒜良好生长的季节多采用育苗移植的方法。一般苗期为 25 d,定植的株行距为 16 cm×16 cm 至 22 cm×22 cm,气温较高可适当密植,气候较凉可采用较宽的株行距。

家庭种植以直播为主,具体方法是在栽培箱或花盆中装好栽培土,用手抚平,用细孔喷壶浇透水,待水下渗后,将种子均匀撒播在土壤表层,用量适中,然后覆一层薄土,用水打湿,温度适宜 2～3 d 即可出苗。

☞ *496*. 如何进行蒜穴盘播种?

经过催芽的种子可以每穴两粒进行播种,未催芽的种子可以多播一些,具体方法可参考生菜穴盘播种。

☞ *497*. 蒜播种后的管理要注意什么?

蒜不耐过湿与干燥,每天要注意水分管理,浇水两次左右。必须注意土壤要排水良好,以防产生病虫害,浇水时应使用出水孔小的喷水壶,避免冲散种子。蒜容易滋生害虫,所以一旦发现虫子就要立刻除去。种植约 10 d 后,视基肥投入量及作物成长状况适度追肥。可在株间施肥,或喷洒有机液肥。

☞ *498*. 蒜多久才能出苗?

蒜种子发芽的最低温度 3～5℃,发芽适宜温度为 20～25℃,生长适温在 15～20℃。蒜极易出苗,在 20～25℃条件下 3 d 就可以出苗,如果长时间不发芽,就要检查种子的质量。

☞ *499.* 蒜幼苗的栽培需要注意什么?

在家中的阳台进行蒜的育苗主要需要控制温湿度和光照,保持土壤湿润,光照充足。

☞ *500.* 蒜什么时候采收?

蒜的采收时期与产量因生产季节不同而异,采收太早产量低,采收过迟品质差,一般是叶柄由青转白时采收。2～3月份播种的,播后50～60 d可采收;4～5月份播种的,播后30～40 d可采收;6～8月份播种的,播后25～30 d可采收。而在阳台种植的蒜,一般在播种后20～40 d后即可进行采收,采收时可从较大株的开始,整株拔起即可。

☞ *501.* 蒜为什么植株弱小?

弱光、过量的水分、过高的温度都会造成植株弱小,对于蒜来说,病毒病也会使苗期受害,病叶发生畸形,严重的生长受阻,使植株矮化,影响产量和品质。因此,蒜植株矮小时,不仅要考虑其生长环境是否不适,还要考虑是不是病毒病的影响。

☞ *502.* 蒜在生长过程中容易出现什么病虫害?

蒜在生长过程中的主要病害有:叶枯病、灰霉病等。

叶枯病该病为真菌性病害,病菌主要在病残体上越冬。高湿高温、氮肥过多、过于繁茂的徒长弱苗极易发病。病菌侵染叶片和花梗,一般多从叶尖开始发病,逐渐向下扩展。初生为白色圆形斑点,后扩大为密生黑色粉状霉层,最后叶和梗变黄枯死,并从病部折断。发病严重时,大蒜不易抽薹。

防治方法:①加强田间管理,提高植株的抗病性。②及时清除病残体。③喷施75％百菌清可湿性粉剂600倍液,或70％代森锰锌可湿性粉剂500倍液。

灰霉病该病为真菌性病害,主要危害叶片,多发生于植株生长中后期,病斑初为水渍状,后为白色或灰褐色,病斑扩大以后成梭形或椭圆形的灰白色大斑,半叶甚至全叶表面生灰褐色绒毛状霉层,组织干枯,易拔起。大蒜感染此病后,常造成叶柄和地下蒜头腐烂。

防治方法:①加强管理,合理密植,及时排除渍水。②增施磷钾肥,提高植株抗病能力。③发病初期,喷施70％代森锰锌可湿性粉剂500倍液,或50％速克灵可湿性粉剂1 500～2 000倍液。

害虫大蒜常见的害虫有根蛆、葱蓟马、潜叶蝇、蛴螬等。

防治方法:施用充分腐熟的有机肥作基肥,且蒜种与肥料应适当隔开,切不可将蒜种贴在肥料上种植。根蛆危害严重的地方,可用90％晶体敌百虫15 g对水1 kg溶解,再泼洒在粪土或基质上,拌和后施下。同时遭受根蛆、蛴螬危害时,可用90％晶体敌百虫1 000倍液喷洒基部。如发生葱蓟马、潜叶蝇,可用杀虫剂喷雾防治。

☞ *503.* 什么是韭菜?

韭菜,属百合科多年生草本植物,以种子和叶等入药。具健胃、提神、止汗固涩等功效。在中医里,有人把韭菜称为"洗肠草",不但如此,韭菜还有很多名字。韭菜还叫草钟乳、起阳草、长生草,又称扁菜。韭菜入药的历史可以追溯到春秋战国时期。韭菜适应性强,抗寒耐热,全国各地到处都有栽培。南方不少地区可常年生产,北方冬季地上部分虽然枯死,地下部进入休眠,春天表土解冻后萌发生长。

☞ *504.* 韭菜有哪些功效?

韭菜的营养价值很高,含有大量的维生素,如胡萝卜素、核黄素、尼克酸等,韭菜含的矿质元素也较多,如钙、磷、铁等。韭菜性味甘、辛、性温、无毒。含有挥发油及硫化物、蛋白质、脂肪、糖类、B族维生素、维生素C等,有健胃、提神、温暖的作用。根、叶捣汁有消炎止血、止痛之功。春季养生重在养肝,韭菜的根和茎贮存了大量养分吃韭菜可以增加人体脾胃之气,强化肝功能,是防春困的良蔬。此外,韭菜含有挥发性的硫化丙烯,因此具有辛辣味,有促进食欲的作用。韭菜除做菜用外,还有良好的药用价值。

☞ *505.* 韭菜的生长习性是怎样的?

韭菜属耐寒性蔬菜,对温度的适应范围较广,不耐高温。韭菜的发芽最低温度是 2～3℃,发芽最适温度是 15～20℃,生长适温是 18～24℃。气温超过 24℃时,生长缓慢,超过 35℃叶片易枯萎腐烂,高温、强光、干旱条件下,叶片纤维素增多,质地粗硬,品质低劣,甚至不堪食用。

韭菜为耐阴蔬菜,属长日照植物。较耐弱光,适中的光照强度,光照时间长,使叶色浓绿,肥壮,长势强,净光合速率高,贮存营养多,产量高,品质好。韭菜喜温、怕涝、耐旱,适宜 80%～95% 的土壤湿度和较低的 60%～70% 的空气湿度。

☞ *506*. **韭菜要什么时候播种？**

韭菜在家中一年四季均可播种。种子在地温 5℃以上时即可萌发,适宜的发芽温度 15～20℃。

☞ *507*. **韭菜播种前要做什么准备？**

韭菜种子较硬,吸水膨胀较慢,为使出苗快,播前要浸种催芽,开始用 40℃的温水浸泡,不断搅拌,水温降到 30℃以下时,继续浸种 12 h,再用清水搓洗干净,摊开晾一会儿,散去种子表面水分,将种子用湿布包好,放在 15～20℃下,每天用清水冲洗 1 次,3～5 d 后,当大部分种子露出白尖时,即可播种。

☞ *508*. **韭菜要怎么播种？**

可在花盆中种植,间隔 6～8 cm 用手指画出 0.5～1 cm 深的沟,沿着沟不重复地均匀播撒种子。播种后用周围的土填沟,并用手掌轻轻压平,再给土壤加水让种子深植于土壤中。

☞ *509*. **韭菜播种后的管理要注意什么？**

韭菜芽的出土能力较弱,所以,在播种的时候,注意覆土要薄。韭菜长到第二年以后就需要加强施肥,为下年的成长做准备。韭菜根会随着时间的增长,出现"跳根"的现象,每年都要向上长 1.5 cm 左右。这就需要每年向根部覆盖 1.5 cm 左右的营养土,保证肥料供给。也可以换盆,进行移栽。

☞ *510.* 韭菜多久才能出苗？

播种后如果土壤和温度适宜，1周左右韭菜就会出苗。如果长时间不发芽，就要检查种子的质量或提前催芽。

☞ *511.* 韭菜幼苗的栽培需要注意什么？

韭菜幼苗期要注意水肥的合理补给，保持土壤湿润，必要时可自制塑料小拱棚，提温保墒。要注意适时中耕除草和移苗补苗，以促使韭苗生长快，茎秆粗壮，叶片宽厚，有利于光合产物积累。

☞ *512.* 韭菜在育苗时需不需要施肥？

韭菜是比较耐肥的蔬菜，而且长期生长，因此可多用长效有机肥料。家庭阳台栽培，可在每次收割后追施1次有机肥，施肥时，将肥料在土表面薄薄撒施一层，随后浇水。

☞ *513.* 韭菜在栽培后期如何控制水分？

韭菜苗高20 cm之前，1周浇水1次，花盆有漏水口，不要积水。种植韭菜宜保持土壤疏松湿润，土壤过干影响韭菜生长，使纤维变粗，品质变差；过湿则容易烂根。所以，浇水一定要少浇勤浇，用小水不用大水。冬季，如果阳台温度较低可以将韭菜放到屋里有阳光的地方，回暖后再搬到阳台上。

☞ *514*. 韭菜如何采收？

在家中阳台栽培韭菜，可依家庭需要随时采收，以保证韭菜的新鲜。原则上，在韭菜长到 10 cm 以上时就可以收割。收割时用剪刀贴近地面 2 cm 处割取。之后韭菜就会再次抽出新叶。之后的采收可以等韭菜长得更高些。要想韭菜长得粗壮，叶片宽厚就要勤割多收。在生产上韭菜品质最好的季节一般为冬末春初。在家中栽培如果能够控制好水肥和温度，则全年都可以收获品质优良的韭菜。

☞ *515*. 韭菜后期还要不要追肥？

韭菜达到 10 cm 以上时，就可以结合采收进行追肥。每采收一次就可随水追肥。可以用稀释的营养液直接追肥，也可以直接施固体肥料。施肥时要薄而勤以氮肥、磷肥为主。多施有机肥可以增加韭菜的风味。

☞ *516*. 韭菜如何分株？

当韭菜长得太多时，我们就可以进行分株。用老韭菜进行分株，我们可以很快的种出更多的韭菜。一般在气温比较适中的4～5月进行，将栽培两年以上的韭菜连根一起挖出，注意不要伤根。去掉枯叶，10 株左右分成 1 份，剪至 10 cm 后移栽，每份相距10 cm，栽后浇透水，1 周内不要再浇水，新叶长出时就可以像以前一样施肥、浇水。

☞ *517.* 韭菜在生长过程中容易出现什么病虫害?

(1)韭菜疫病。韭菜疫病多发生在高温多雨的夏季,根、茎、叶、花薹均可受害,尤以地下的根状茎受害最重。病叶多从中下部开始发病。防治方法:可施用多菌灵或百菌清进行防治。

(2)锈病。韭菜疫病主要危害叶片,严重时可危害花薹。氮肥过多、钾肥不足时发病重。防治方法:可使用百菌清或多菌灵防治。

(3)韭菜迟眼蕈蚊。别名韭蛆,为小型蝇类。幼虫聚集在韭菜的地下部和柔嫩的茎部危害,使内茎腐烂,叶片枯黄而死。防治方法:可使用敌百虫进行灌根。

(4)葱蚜。以春、秋季发生量大,危害严重。葱蚜具群集性,初期都集中在植株分蘖处,当虫量大时布满全株。防治方法:采用黄板诱杀蚜虫或银灰色薄膜驱蚜。

☞ *518.* 什么是香菜?

香菜,别名胡荽、芫荽、香荽、漫天星等,为伞形科植物鞠荽的全草,伞形花笠,芫荽属,一二年生草本植物,是人们熟悉的提味蔬菜,状似芹,叶小且嫩,茎纤细,味郁香,原产地为地中海沿岸及中亚地区,现大部地区都有种植。香菜(芫荽)有大叶和小叶两种类型。大叶品种植株较高,叶片大,产量较高;小叶品种植株较矮,叶片小,香味浓,耐寒,适应性强,但产量较低。适合保护地栽培的主要有 5 个品种,即山东大叶、北京香菜、原阳秋香菜、白花香菜和紫花香菜。

☞ *519*. 香菜的营养价值有哪些?

香菜内含维生素 C、胡萝卜素、维生素 B_1、维生素 B_2 等,同时还含有丰富的矿物质,如钙、铁、磷、镁等。香菜性温味甘,能健胃消食,发汗透疹,利尿通便,祛风解毒,可治疗麻疹、伤风感冒、胃寒痛、治呕吐、痔疮肿疼与脱肛、胸膈满闷、高血压、消化不良、食欲不振等。

☞ *520*. 香菜的生长习性是怎样的?

香菜为浅根系蔬菜,吸收能力弱,所以对土壤水分和养分要求均较严格,保水保肥力强,有机质丰富的土壤最适宜生长。香菜属耐寒性蔬菜,要求较冷凉湿润的环境条件,在高温干旱条件下生长不良。香菜属长日照植物。在一般条件下幼苗在 $2\sim5℃$ 低温下,经过 $10\sim20$ d,可完成春化。以后在长日照条件下,通过光周期而抽薹。香菜能耐 $-2\sim-1℃$ 的低温,适宜生长温度为 $17\sim20℃$,超过 $20℃$ 生长缓慢,$30℃$ 则停止生长。对土壤要求不严,但土壤结构好、保肥保水性能强、有机质含量高的土壤有利于生长。

☞ *521*. 香菜要什么时候播种?

香菜喜冷,不耐炎热,播种太早,温度高,易抽薹开花,纤维多,降低产量与品质,失去商品价值;播种太晚,生长期短,产量低。南方地区以春、秋、冬三季栽培为宜,北方地区以秋季栽培为好,适宜播种期是 8 月中旬以后,产量高,品质好。阳台上的香菜在春、秋季均可进行播种,但要注意温凉的环境,避免阳光暴晒。

☞ *522*. 香菜播种前要做什么准备?

香菜的种子为双悬果,内有两粒种子,为提高发芽率,香菜在播种前需将果实搓开,可将种子放在平整的地面上,用不太坚硬的器物(木片等)均匀的将种子搓开,使其外壳破裂。然后将种子放入 50～55℃ 热水中,搅拌烫种 20 min,待水温降到 30℃ 左右时继续浸种,18～20 h 后播种。另外,香菜种子播种前需要低温处理能打破种子的热休眠才能更好地萌发。

☞ *523*. 香菜要怎么播种?

在生产当中香菜可以直播,也可育苗移栽。而在家中的阳台种植香菜,可以在穴盘内进行播种,也可直接在花盆、木盆、栽培箱、泡沫塑料箱里进行播种,将种子播在细碎的培养土上,覆土厚度以 1 cm 左右为宜,浇透水,保温保湿。具体的播种方式可以参考生菜的播种方式。

☞ *524*. 香菜播种后的管理要注意什么?

香菜喜湿润,应经常浇水,保持土壤湿润,但要注意及时排除积水,以免影响植株生长。香菜喜冷凉,栽培不易见大太阳,阳光过强时需加盖遮阳网。但在苗期不宜浇水过多,3～4 d 浇 1 次水即可,否则水量过大,容易引起烂根或产生根部病害。

☞ *525*. 香菜多久才能出苗?

香菜种子发芽适温为 18～20℃,超过 25℃ 发芽率迅速下降,超过30℃几乎不发芽。在适温条件下,香菜在播种后10～15 d可陆续出苗,浸种催芽要比干种直播提前 5 d 左右。如果长时间不发芽,就要检查种子的质量,注意是否已通过前处理,或提前催芽。

☞ *526.* **香菜幼苗的栽培需要注意什么?**

香菜幼苗期浇水不宜过多,3～4 d 浇 1 次为宜,但也要保证土壤湿润,否则如果土壤过硬或土壤板结,幼苗有可能出现顶不出土的现象,所以应该于播种后及时查苗,如发现有此现象,要抓紧时间喷水松土,以助幼芽出土,促进迅速生长。待苗长至 10 cm 时,植株生长旺盛,应勤浇水,保持土壤表层湿润。香菜属长日作物,12 h 以上的长日照能促进生育。另外,在气温高时阳台种植香菜需要控制阳台上的光照,避免强光直射。

☞ *527.* **香菜在育苗时需不需要施肥?**

香菜在播种前若使用普通土进行播种,可以施用一定量的有机肥和氮肥。用育苗基质栽培则可以再加入一些氮肥。

☞ *528.* **香菜需不需要间苗?**

在播种时,为了保证出苗数一般都会多播种子,所以要适当地间苗,当香菜幼苗长到 3 cm 左右的时候就可以进行间苗,定苗时的株距在保持在 2 cm 左右。

☞ *529.* **香菜什么时候移栽?**

香菜可以育苗移栽,在香菜幼苗长至约 5 cm 时可进行移栽。

具体的移栽方式可参考生菜的移栽。

☞ *530.* 移栽后的香菜要不要追肥？

最好不追肥，如果底肥不足可在收获前 10 d 左右进行根外追肥。

☞ *531.* 香菜什么时候采收？

在幼苗出土 30～50 d，苗高 15～20 cm 时即可进行采收，此时叶片与叶柄重量相近，含水量高，品质好，口感也较好。

☞ *532.* 香菜种植中要注意什么？

种植香菜时要防止其抽薹，苗期受低温影响，日照时间过长多会导致其抽薹，可以加强肥水管理，对其进行预防。另外要预防香菜因受到强光照射或间苗过晚而造成"红秆"，即香菜的茎叶部分由绿变红。

☞ *533.* 香菜在生长过程中容易出现什么病虫害？

香菜的主要病害有菌核病，叶枯病，斑枯病，根腐病等。叶枯病和斑枯病主要为害叶片，叶片感病后变黄褐色，湿度大时则病部腐烂，可以采用种子消毒为主的预防措施，方法是用"克菌丹"或"多菌灵"500 倍液在播种前浸种 10～15 min，冲洗干净后播种。根腐病主要危害根部，发病后主根呈黄褐或棕褐色，软腐，没有或几乎没有须根，用手一拔植株根系就断，地上部表现植株矮小，叶片枯黄，该病有可能是土壤长期过湿造成的，在栽培时要控制水分,不要沤根。

☞ 534. 什么是小茴香?

小茴香又名香丝菜,嫩叶作蔬菜。果实作香料用,亦供药用,根、叶、全草也均可入药。为伞形科多年生草本植物,作一、二年生栽培。全株具特殊香辛味,表面有白粉。原产地中海地区,我国各地普遍栽培,适应性较强。

☞ 535. 小茴香的营养价值有哪些?

小茴香菜含有丰富的维生素 B_1、维生素 B_2、维生素 C、维生素 PP、胡萝卜素以及纤维素,使它具有特殊的香辛气味的是茴香油,可以刺激肠胃的神经血管,促进消化液分泌,增加胃肠蠕动,有健胃、行气的功效,有助于缓解痉挛、减轻疼痛。茴香烯能促进骨髓细胞成熟并释放入外周血液,有明显的升高白细胞的作用,主要是升高中性粒细胞,可用于白细胞减少症。茴香还有抗溃疡、镇痛作用等。

☞ 536. 小茴香的生活习性是怎样的?

小茴香最适宜生长期的温度为 15～20℃,高于 25℃ 生长缓慢,低于 5℃ 生长受到抑制。播种时地温 5～10℃,15～16 d 出苗,12～15℃时 7～8 d 出苗。播种至成熟 85～95 d,开花到成熟 25～30 d。小茴香喜冷凉气候,较耐干旱,但不耐湿,由于小茴香植株矮小,根系较浅,一般分布在土层 5～10 cm 处。

☞ *537.* **小茴香的播种方式有什么？**

茴香有穴播和条播两种。冬播以穴播（行距 20～30 cm，穴距 9～12 cm）为主，春播以条播（30 cm 等行距、株距 5～8 cm）为主。套播用穴播。播深 1.5～2.5 cm，播后镇压。

☞ *538.* **小茴香播种前种子如何处理？**

播种前应进行催芽，先用 15℃ 左右的冷水浸泡种子 12～24 h，并进行搓洗，然后放在 18～20℃ 条件下催芽。待种子露白时开始播种，播后立即浇水，保持土壤湿润，以利出苗。

☞ *539.* **小茴香要如何进行管理？**

茴香不耐旱，播种后应立即浇水。出苗后及时进行间苗，保持株距 4 cm 左右，每个孔穴留一株苗，以利形成壮苗。结合间苗拔除杂草，并适当控制浇水进行蹲苗，待苗高 10 cm 时浇水宜勤，直至收获。苗高 30 cm 时进行追肥，以速效有机肥为主，增施过磷酸钙。

在茴香生长期喷施促花王 3 号能有效抑制主梢、赘芽、旁心疯长，促进花芽分化，多开花，多坐果，防落果，促发育。并结合使用菜果壮蒂灵增强茴香花粉受精质量，循环坐果率强，促进果实发育，无畸形、无秕粒，整齐度好、品质提高。

☞ *540.* **小茴香常见的病虫害有哪些？**

（1）灰斑病。雨季易发生，茎叶上生圆形的灰色斑，后变黑色，严重时全株死亡。发病时喷1∶1∶100倍波尔多液。

（2）白粉病。为害植株地上部分，较成熟的部位先发病，初期在叶片表面出现白粉状斑点，以后逐渐扩大，在茎、叶表面形成一层厚厚的白粉，严重时叶片褪色，坏死枯萎。在发病初期，及时用15％粉锈宁可湿性粉剂1 500～2 000倍液、25％敌力脱乳油3 000倍液等，每隔10～15 d喷1次，连喷2～3次。

（3）根腐病。主要为害根部，造成死苗或烂根，严重时植株成片坏死，对产量影响很大。用50％多菌灵可湿性粉剂500倍液、65％多果定可湿性粉剂1 000倍液等，在发病初期灌根。

（4）菌核病。主要为害茎、茎基及叶柄，被害植株外观呈凋萎状，病部呈褐色湿润状，后变软、腐烂，表面缠绕蛛丝状霉，后期病部表面及茎腔内产生黑褐色鼠粪状菌核。在发病初期，及时喷洒50％速克灵可湿性粉剂1 500～2 000倍液、50％农利灵可湿性粉剂1 000倍液或40％菌核净可湿性粉剂500倍液。

（5）灰霉病。主要为害叶片和叶柄，有时亦可为害球茎。多从衰老、坏死或渍水的叶片或叶柄开始发病，引起枝叶坏死腐烂，在病部表面产生灰色霉层。发病初期，用65％甲霉灵可湿性粉剂600倍液、50％多霉灵可湿性粉剂700倍液喷雾。

（6）病毒病。为害全株。病株叶片畸形皱缩，或扭曲纠结呈球状，或花叶斑驳状。早发病的植株矮缩，生长明显受抑制，不抽薹或结果少而小，迟感染的植株开花结实受影响。在发病初期，喷洒1.5％植病灵乳剂800～1 000倍液、20％病毒A可湿性粉剂500倍液或高锰酸钾1 000倍液，均有一定效果。

（7）蜗牛。为害花蕾及茎皮。发现蜗牛可用40％乐果加50％马拉松各一半，配成1 000倍液喷杀。发现蚜虫为害时，可喷洒40％的乐果乳油1 500倍液，每周1次，连喷2～3周。

（8）茴香虫。为害叶及小枝。发现害虫时喷90％敌百虫1 000倍液，每周1次，连喷2周。

☞ *541*. 小茴香何时采收?

小茴香植株生长到 30 cm 左右便可采收茴香菜。春播当年收割两次;秋播当年只收获 1 次,次年春季开始收割后,隔 40 d 左右可再次采收,全年可收割 4～5 次。

当籽实发黄、茎叶显萎枯时,即可收获小茴香果实。小茴香易落粒断枝,因此收获应在早晨或傍晚进行。小茴香以颗粒均匀、质地饱满、色泽黄绿、芳香浓郁、无柄梗者为佳品。应密封、阴凉、避光保存。

☞ *542*. 洋葱是什么?

洋葱,又名球葱、圆葱、玉葱、葱头等,为百合科葱属二年生草本植物。以地下肥大的肉质鳞茎为食用器官,洋葱的鳞片叶是它的变态叶,不能进行光合作用,是储存养分的部位。洋葱的起源已有 5 000 多年历史,20 世纪初传入中国。洋葱在中国分布很广,南北各地均有栽培,而且种植面积还在不断扩大,是目前中国主栽蔬菜之一。中国已成为洋葱生产量较大的 4 个国家(中国、印度、美国、日本)之一。

☞ *543*. 洋葱的营养价值有哪些?

洋葱中富含多种蛋白质、纤维素、胡萝卜素、维生素等。洋葱中含有的甲磺丁脲有降低血糖的作用。其中的蒜素及多种含硫化合物在较短时间内可杀死多种细菌和真菌。洋葱还能刺激胃、肠及消化腺分泌,增进食欲,促进消化,具有发散风寒、利尿、预防血栓形成、防癌抗衰老的作用,并且能够提高骨密度,有助于防治骨质疏松症。另外,洋葱有一定的提神作用,它能帮助细胞更好地利用葡萄糖,同时供给脑细胞热能,是糖尿病、神志委顿患者的食疗佳蔬。

☞ 544. 洋葱的生长习性是什么?

洋葱对温度的适应性较强。种子和鳞茎在 3～5℃ 下可缓慢发芽,温度升高到 12℃ 发芽迅速,生长适温幼苗为 12～20℃,叶片为 18～20℃,鳞茎为 20～26℃,健壮幼苗耐寒能力强,一段时间内可耐 -6～7℃ 的低温。鳞茎膨大需较高的温度,21～27℃ 生长最好,在 15℃ 以下不能膨大,温度过高就会生长衰退,进入休眠。温度较低时,根系的生长发育比叶部快,当温度升高到 10℃ 时,叶部生长反而快于根部。因此,在春季应适当提早播种和栽植种植,以便其形成较多的根系。

洋葱属长日照作物,每天有 12 h 以上的光照时间,能加速鳞茎的形成。在鳞茎膨大期和抽薹开花期需要 14 h 以上的长日照条件。鳞茎是洋葱为了保护幼苗度过不良环境的一种保护组织,其膨大是植株在高温、长光照下进入休眠前进行养分积累的表现。在高温短日照条件下只长叶,不能形成葱头。

☞ 545. 洋葱根据皮色可分为哪几种类型?

洋葱根据其皮色可分为白皮、黄皮和红皮 3 种。

(1)白皮种。鳞茎小,外表白色或略带绿色,肉质柔嫩,汁多辣味淡,品质佳,适于生食。

(2)黄皮种。鳞茎中等大小,鳞片较薄,外皮黄色,肉色白里带黄,肉质细嫩柔软,水分较少,味甜而稍带辣味,品质极佳。

(3)红皮种。鳞茎大,外皮为紫红色或暗粉红色,肉白里带红,组织致密,质地较脆,肉质不及黄皮种细嫩,水分较多,辣味较重,品质较差,但耐贮藏。

☞ 546. 洋葱的播种方法有什么?

洋葱播种方法一般有条播和撒播两种。

(1)条播。开 9～10 cm 间距的小沟,沟深 1.5～2 cm,播籽后用笤帚等工具横扫覆土,再将播种沟的土压实,随即浇水。

(2)撒播。先浇足底水,渗透后撒细土一薄层,再撒播种子,然后再覆土 1.5 cm。

☞ 547. 洋葱播种期如何确定?

播种期的选择根据阳台的温度、光照和选用品种的属性而定。洋葱对温度和光照都比较敏感,因此,秋播对播种期的选择十分重要,既要培育有一定粗壮程度的健壮秧苗,又要防止秧苗冬前生长发育过大,通过春化阶段,到第二年春季出现先期抽薹。一般在 9 月中下旬气温在 20℃ 左右时即可播种。掌握苗龄 50～60 d。

☞ 548. 洋葱种子如何浸种催芽?

为了加快出苗,可进行浸种催芽,浸种是用凉水浸种 12 h,捞出晾干至种子不黏结时播种。催芽是浸种后再放在 18～25℃ 下催芽,每天清洗种子 1 次,直至露芽时即可播种。

☞ 549. 洋葱如何播种?

播种时先浇足底水,再覆盖一层细干土,然后播种。撒播时,株距 2 cm 即可,播后覆盖 0.5~0.8 cm 厚细土,然后盖塑料膜保温保湿。也可采用干籽播种,其方法是:先播种,覆土后稍镇压再浇水,然后覆膜保温保湿。播种后直至出苗前都要保温保湿,如果土壤较干,要喷水。出苗后则要中耕松土,促使根部生长,并控温在 18~20℃,以保证冬前达到壮苗标准。播种量的多少与秧苗的健壮和先抽薹也有关系,密度太高,秧苗细弱,密度太稀,秧苗生长过粗,容易抽薹。

☞ *550*. 洋葱苗期如何管理?

洋葱苗期管理的中心是培育适龄壮苗,既要防止幼苗过大而导致先期抽薹,又要避免秧苗徒长和老化。

(1)水分管理。播种时浇足水后将地膜盖好压好边,一直到出苗前不揭膜,以利保温保水。出苗前一般不浇水,出苗后,小水勤灌,保持见干见湿。

(2)温度管理。出苗前以保温为主,控制昼温 20~25℃,夜温不低于 15℃,幼苗出齐后应降温,以防徒长。

(3)追肥管理。长出 2 片真叶后根据长势和土壤肥力状况追1~2 次追施化肥,每平方米追施尿素 10 g,施后及时浇水,或按尿素与磷酸二氢钾各 10 g 对水 10 kg 的比例配制溶液进行叶面喷施。

(4)培土育葱白。当出苗揭膜后,随着气温的上升要经常通风降温,加之葱苗根系不发达,导致秧苗生长很易受阻,要在苗的行间培筛好的细土 1~2 次,一则保护根系,二则利于培育壮苗便于移栽。

(5)病虫害防治。一般播种后 10 d 苗出齐,这时揭膜喷施95%恶霉灵 3 000 倍液或 400 倍普力克,每隔 7 d 连续喷 2~3 次,以防治猝倒病。苗期主要发生的虫害是地蛆,可用阿维菌素药液随水冲施,或者喷施 50%辛硫磷 600 倍液。

　　另外,幼苗发出 1～2 片真叶时,要及时除草,并进行间苗,撒播的保持苗距 3～4 cm,条播的 3 cm 左右。

☞ *551.* 洋葱的定植密度如何确定?

　　洋葱植株直立,合理密植增产效果显著。一般行距 15～18 cm,株距 10～13 cm。应根据品种、土壤、肥力和幼苗大小来确定定植的密度,一般早熟品种宜密,红皮品种宜稀,土壤肥力差宜密,大苗宜稀。要在保持洋葱个头在一定大小的前提下,栽植到最大的密度。

☞ *552.* 洋葱生长过程中对水分的要求是什么?

　　洋葱定植以后约 20 d 进入缓苗期,由于定植时外界气温已逐渐降低,而很多地区还未供暖,所以阳台气温一般偏低,这个期间浇水不能过多,因为水过多会降低土温,使幼苗缓苗慢。这个阶段对洋葱的浇水要少量多次,一般掌握的原则是不使秧苗萎蔫,不要让土面干燥,以促进幼苗迅速发根成活。洋葱根系小,在土壤中分布浅,吸收能力弱。因此,要求经常保持较高的土壤湿度和肥料浓度,以便为根系吸收创造良好的条件。

　　秋栽洋葱秧苗成活后即进入越冬期,要保证定植的洋葱苗安全越冬,就要适时浇越冬水。越冬后,进入茎叶生长期,这个阶段既要浇水,促进生长,但又要控制浇水,防止徒长。通过控制浇水来调节植株生长的方法即为蹲苗,蹲苗要根据温度情况、土壤性质和定植后生长状况来掌握,一般条件下,蹲苗 15 d 左右。当葱秧苗外叶变深绿,叶面蜡质增多,叶肉变厚,心叶颜色变深时,即结束蹲苗开始浇水。以后一般每隔 8～9 d 浇 1 次水,使土壤见干见湿,达到促进植株生长、防止徒长的目的。收获前要控制灌水,使鳞茎组织充实,加速成熟,防止鳞茎开裂。采收前 7～8 d 要停止浇水。洋葱叶身耐旱,保持比较适宜的空气及土壤湿度,空气湿度过高易发生病害。

☞ *553*. 洋葱的常见病虫害有哪些? 如何防治?

洋葱常见病害有黑斑病、紫斑病、炭疽病、霜霉病、软腐病、锈病等。

(1)黑斑病。初发病时,在叶片和花茎上形成黄白色长圆斑,发病后期,病斑上密生黑色短绒状霉层并具有同心轮纹。鳞茎初发时呈水浸状,而后病斑上生出霉层而变黑。在发病初期,用75%百菌清可湿性粉剂 600 倍液、50%扑海因可湿性粉剂 1 200～1 500 倍液喷洒。一般每隔 7～10 d 1 次,连续喷 3～4 次。

(2)紫斑病。主要为害叶片和种株的花梗,病部软化易折断。种株花梗发病率高,致使种子皱缩,不能充分成熟。收获前还能危害鳞茎导致腐烂。选用无病种子。发病初期喷 75%百菌清可湿性粉剂 500～600 倍液,或 58%甲霜灵锰锌可湿性粉剂 500 倍液,每隔 7～10 d 喷 1 次,共喷 3～4 次。

(3)炭疽病。此病的特征是轮生的黑色小粒点会突破表皮,用扩大镜可看黑色刚毛,湿度高时,可产生乳白色孢子堆。栽培时,选用抗病品种,最好与非葱蒜类作物实行 2～3 年轮作。喷洒75%百菌清或 50%托布津可湿性粉剂 600 倍液,或 1∶1∶(160～240)等量式波尔多液进行预防,如果发现病株,可连治 2～3 次。

(4)霜霉病。主要为害叶部和采种株的花薹。本病的特征为病斑较大、长椭圆形、黄白色,雨后病斑变为灰白色,潮湿时病斑上长出稀疏白霉,高温时长出灰紫色霉。在发病初期,及时进行药剂防治,可用 75%百菌清可湿性松剂对水 600 倍液、60%琥乙膦铝可湿性粉剂对水 500 倍喷施、1∶1∶240 波尔多液等药剂,每隔 5～7 d 喷 1 次,连续防治 2～3 次。

(5)软腐病。多在鳞茎膨大期发病。在外叶下部产生灰白色、半透明的病斑,使叶鞘基部软化而倒伏,鳞茎颈部出现水漫状凹陷,不久鳞茎内部腐烂,有汁液溢出并有恶臭。注意肥水管理,防止氮肥过量。在田间发病初期,喷洒 50% 琥胶肥酸铜、新植霉素稀释 4 000 倍液。视病情连续进行 2～3 次防治。

(6)锈病。主要发病部位是叶和花薹,很少在花器上发病。发病初期病部表面稍凸出,中心带有橙黄色的病斑,以后表皮破裂散出橙黄色粉末。增施农家肥,附加磷、钾肥,提高作物健康水平。在发病初期可用 15% 粉锈宁可湿性粉剂 2 000～2 500 倍液、65% 代森锌可湿性粉剂 500～600 倍液等喷洒,连续防治 2～3 次。

洋葱常见的虫害主要有葱潜叶蝇、葱蓟马、葱蝇等。用 2.5% 溴氰菊酯乳油 1 500～2 000 倍液、10% 吡虫啉可湿性粉剂 2 000～3 000 倍液、1.8% 齐墩螨素乳油 2 000～3 000 倍液喷雾防治。洋葱甘蓝夜蛾可用 2.5% 溴氰菊酯乳油 2 000～3 000 倍液、1.8% 齐墩螨素乳油 2 000～3 000 倍液防治。

☞ 554. 洋葱先期抽薹的原因是什么?

当秧苗茎粗大于 0.6 cm 时,在 2～5℃ 条件下经历 60～70 d,洋葱就可完成花芽分化。当茎粗超过 0.9 cm 时,洋葱感受低温的能力增强,通过春化所需的低温时间也相应缩短。当外界温度升高,日照时间延长时,洋葱就可抽薹开花。

不同品种对低温的感受能力不同,通过春化所需天数也不尽相同。一般南方品种在 2～5℃ 下经历 40～60 d 就可完成春化,北方品种在相同的低温条件下,通过春化需 100～130 d。洋葱对低温的感受程度与肥料、土壤水分、日照等因素也有关系。缺肥、干旱和弱光等条件容易诱导洋葱花芽分化而发生先期抽薹。

☞ *555.* 预防先期抽薹的措施有哪些？

（1）选用冬性强、对低温反应迟钝、耐抽薹的优良品种，是控制先期抽薹的重要措施。要尽可能选择北方型品种，一般红皮洋葱比白皮洋葱未熟抽薹少。引种时，一般从高纬度向低纬度引种不易发生抽薹，但从低纬度向高纬度引种则容易发生抽薹，所以在选择品种时要注意看洋葱是南方种还是北方种，然后根据实际情况决定，不要只看品种颜色、产量，还要考虑其生长特性。

（2）选择适宜的播种期和定植期，是防止洋葱先期抽薹的最有效的措施。早播，冬前幼苗易形成能通过春化的大苗，开春后抽薹率高。但播种太晚，幼苗过于细弱，降低抗寒能力，并最终影响产量。适时播种，幼苗较小，翌春不会先期抽薹。

（3）严格控制苗期肥水。冬季以前，不宜施肥过多，后期薄施肥水，使幼苗健壮生长。对较大的幼苗，控制灌水施肥。春暖后，加强肥水管理。如已有抽薹的，可用摘薹的办法，当薹的膨大部分露出时摘去，也可得到一定产量。

（4）掌握适宜的播种量，一般单株营养面积为 $4\sim5$ cm^2，防止秧苗密度过大而生长细弱，也可防止因营养面积过大而形成大苗。

（5）用激素控制抽薹用 0.25% 的乙烯利或 0.16% 的青鲜素在幼苗期或花芽分化后进行喷洒，对抑制先期抽薹有一定作用。

☞ *556.* 怎样鉴定洋葱的品质？

洋葱以葱头肥大、外皮光泽、不烂、无机械伤和泥土、鲜葱头不带叶，经贮藏后不松软、不抽薹、鳞片紧密、含水量少、辛辣和甜味浓的为佳。

☞ *557*. 不同季节的洋葱有哪些差别？

春天和夏天是洋葱的生产季节，所以市场上都有很新鲜的洋葱，新鲜洋葱外面的表皮比较薄，肉质厚，水分比较多，这样的洋葱辣味也小。秋天和冬天的洋葱很多都是经过长时间存储的，这些洋葱的辣味就会比较大一些，它的皮会大一些，水分也是会相对的少一些。

☞ *558*. 洋葱何时采收？

洋葱采收一般在 5 月底至 6 月上旬。当洋葱叶片由下而上逐渐开始变黄，假茎变软并开始倒伏；鳞茎停止膨大，外皮革质，进入休眠阶段，标志着鳞茎已经成熟，就应及时收获。收获时应注意不要碰伤葱头，以免损坏葱头，要小心轻放。

☞ *559*. 洋葱如何贮藏？

如果种植的洋葱不能及时食用，则需要进行贮藏。供贮用的洋葱以选择黄皮、扁圆形、水分含量低、辛辣味浓、鳞茎颈部细的为宜。收获后进行晾晒，晒至叶子发黄，葱头充分干燥，颈部完全变成皮质时为宜。处理好的洋葱应随即入贮，通常将它挂在屋檐下或室内。要求通风良好，并保持干燥。注意在贮藏前期洋葱易腐烂，所以前期要保持干燥；贮藏后期洋葱易抽芽，可在采收前 2～3 周，用 0.25% 新鲜素溶液喷洒洋葱，能抑制抽芽，也可在洋葱收获后用 0.25% 的新鲜素蘸根。

☞ *560*. 什么是樱桃萝卜?

樱桃萝卜(*Rap hanus sativus* L. var. *radculus pers*),是四季萝卜中的一种,因为形似樱桃,所以取名樱桃萝卜。樱桃萝卜是十字花科萝卜属,一、二年生草本植物。樱桃萝卜色泽鲜亮,生长期短,可适合生食,爽口味美,是广泛播种的小型蔬菜。萝卜起源于欧洲、亚洲温暖海岸,是世界上古老的栽培作物之一。古埃及人在4 500 年前就已经开始种植萝卜,在我国最早记载关于萝卜栽培的在 2 200 年前。

☞ *561*. 樱桃萝卜的营养价值有哪些?

樱桃萝卜含各种矿物质元素、微量元素和维生素、淀粉酶、葡萄糖、氧化酶腺素、苷酶、胆碱、芥子油、本质素等多种成分。每100 g 鲜萝卜中含糖类 5.7 g、蛋白质 1.0 g、粗纤维 0.5 g、维生素A 0.02 mg、维生素 B_1 0.01 mg、维生素 B_2 0.03 mg、维生素 C34 mg、钙 44 mg、磷 45 mg、铁 0.5 mg。淀粉酶含量较高。樱桃萝卜性甘、凉,味辛,具有通气消食、止咳化痰、利尿通便等功效。萝卜醇提取物还具有抗菌的作用。

☞ *562*. 樱桃萝卜的生长习性是怎样的?

樱桃萝卜为半耐寒蔬菜。生长适宜的温度范围为 5～25℃。种子发芽的适温为 20～25℃,生长适温在 20℃左右,肉质根膨大期的适温要稍低于生长盛期,为 6～20℃。当温度降到 6℃以下时,樱桃萝卜会生长缓慢,容易通过春化阶段,造成未熟抽薹。在0℃以下肉质根会遭受冻害。高于 25℃时,由于呼吸作用消耗增多,有机物积累少,肉质根纤维增加,品质变劣。樱桃萝卜属于长日照作物,日照时间超过 12 h 会抽薹开花。在生长期内,樱桃萝卜,偏好强光照,弱光条件下,光合作用减弱,有机物积累减少,不利于肉质根的膨大。樱桃萝卜的栽培,需要土质疏松、通气、排水良好的土壤。土壤含水量不宜太高,保持相对干燥状态,在肉质根膨大期要适当增加土壤湿度。在施肥时,要主攻磷、钾肥,促进根系的生长。

☞ 563. 樱桃萝卜要什么时候播种?

在阳台上栽培樱桃萝卜一年四季都可以播种。其生长期短,在播种后 30 d 左右就可以收获。

☞ 564. 樱桃萝卜播种前要做什么准备?

樱桃萝卜在播前可以浸种催芽。具体方法是:将萝卜种子浸在 25℃的温水中 1 h,之后置于湿纱布上,在 20℃下催芽,1～2 d 即可露白。

☞ 565. 樱桃萝卜要怎么播种?

樱桃萝卜是根类蔬菜,所以不适合移栽。在家中种植可以选择条播或撒播的方式进行种植。如果爱吃萝卜缨子,可以进行均匀的撒播,之后分次间苗。应用条播的手段进行播种,沟距控制在 5 cm 左右。播种深度控制在 1.5 cm 左右。

☞ *566.* 樱桃萝卜播种后的管理要注意什么？

樱桃萝卜在前期不需要太多水分，也不需要追肥。只要保持土壤相对不干即可。

☞ *567.* 樱桃萝卜多久才能出苗？

樱桃萝卜种子经过催芽，在播种 3 d 后就会出苗。如果长时间不发芽，可能是温度过低或湿度太大引起的。

☞ *568.* 樱桃萝卜需不需要间苗？

萝卜的幼叶可以食用，因此在家中播种时会多播很多种子。应用撒播的方式进行播种，可以在萝卜子叶展开后就结合采收进行多次间苗，最终定苗时株距要保持在 4 cm 以上。条播的条件下，播种量相对较小，则可以在幼苗抽出 1～2 片真叶时再进行间苗。在长到 3～4 片真叶时定苗，苗间距要不低于 3 cm。

☞ *569.* 樱桃萝卜要不要追肥？

对于土壤肥力较弱的，可以在樱桃萝卜定苗后进行一次追肥，追肥要偏重磷、钾肥。

☞ *570.* 樱桃萝卜什么时候采收？

樱桃萝卜在播种 30 d 左右时，在叶基部就会露出红色的肉质根。这时就可以陆续采收直径在 2～3 cm 的樱桃萝卜了。采收时,用小铲子将整个肉质根挖出。挖出的坑要用土壤填平。

☞ 571．樱桃萝卜种植中如何控制水分？

种植樱桃萝卜时要注意控水,在初期要控制浇水量,在肉质根膨大期要加大浇水量,保持见干见湿。

☞ 572．樱桃萝卜在生长过程中容易出现什么病虫害？

樱桃萝卜的球形肉质根膨大时容易出现空心,因为肉质根的组织细胞增长过快,而叶部向根球输送的同化物质与根膨大速度不一致,因此造成了根球中央部分的细胞内含物向外侧转移,形成劣质的空心根球。

防治方法:首先要及时收获上市;其次要在球根迅速膨大时注意及时浇水追肥,供给球根生长所需的充足养分。

☞ 573．什么是胡萝卜？

胡萝卜(*Daucus carota*)别名黄萝卜、丁香萝卜、葫芦菔金,又被称为胡芦菔、红菜头、黄萝卜等,为伞形科二年生草本植物,以呈肉质的根作为蔬菜来食用。根据肉质根形状,一般分三个类型:短圆锥类型、长圆柱类型、长圆锥类型,根色有紫红、橘红、粉红、黄、白、青绿。胡萝卜原产亚洲西部,阿富汗是紫色胡萝卜最早培植地,有2 000多年的栽培历史。

☞ 574．胡萝卜的营养价值有哪些？

胡萝卜富含蔗糖、葡萄糖、淀粉、胡萝卜素以及钾、钙、磷等。

每 100g 鲜重含 1.67～12.1 mg 胡萝卜素,含量高于番茄的 5～7 倍,食用后经肠胃消化分解成维生素 A,可促进机体的正常生长与繁殖,维持上皮组织、防止呼吸道感染,保持视力正常,治疗夜盲症和眼干燥症,妇女进食可以降低卵巢癌的发病率。其内含琥珀酸钾,有助于防止血管硬化,降低胆固醇,并防治高血压。胡萝卜素可清除致人衰老的自由基,B 族维生素和维生素 C 等营养成分也有润皮肤、抗衰老的作用。胡萝卜还可以抗癌、降压、强心、抗炎、抗过敏的作用,有地下"小人参"之称。

☞ *575.* 胡萝卜的生长习性是怎样的?

胡萝卜为半耐寒性蔬菜,发芽适宜温度为 20～25℃,生长适宜温度为昼温 18～23℃,夜温 13～18℃,温度过高、过低均对生长不利,胡萝卜根系发达,因此,深翻土地对促进根系旺盛生长和肉质根肥大起重要作用。要求土层深厚的沙质壤土,土壤湿度为土壤最大持水量的 60%～80%,若生长前期水分过多,地上部分生长过旺,会影响肉质根膨大生长;若生长后期水分不足,则直根不能充分膨大,致使产量降低。过于黏重的土壤或施用未腐熟的基肥,都会妨碍肉质根的正常生长,产生畸形根。

☞ *576.* 胡萝卜什么时候播种?

胡萝卜一般夏、秋、晚春播种,秋、冬季采收。根据苗期需要较高温度,根部肥大期要求凉爽的特点,以及不同地区的气候、不同类型阳台的特点和不同品种来安排播种期,使苗期处于较高温季节,根部肥大期处在凉爽季节。

如果想在夏季采收到新鲜胡萝卜,可采用早熟品种春播,且春季播种不能过早,必须使苗期避开过长的低温时期,防止幼苗通过春化阶段而造成先期抽薹。

☞ *577*. 如何测定胡萝卜种子的发芽率？

胡萝卜种子种胚很小,果皮及胚中还含有抑制发芽的胡萝卜醇,常发育不良或无胚出土力差,发芽率较低,且种子寿命只有2～3年。如果想要知道胡萝卜种子的出苗率,可自行用简单的方法进行测试。从买回的胡萝卜种子中倒出 50 g,用冷水浸种 4 h,沥干后装入布袋中,在 25℃下保湿催芽,并每隔 12 h 用冷水浸漂3 min,增加袋中氧气、防止有机酸、微生物等有害物的形成。直到有 80%～90% 的种子能露白,就证明种子质量过关,可以播种。

☞ *578*. 胡萝卜播种前要做什么准备？

一般采用新种子播种,如果用陈种子播种,不但发芽率低,而且长出的肉质根很容易分叉。胡萝卜的种子果皮厚,上生刺毛,果皮含有挥发油,并且为革质,吸水透气性差,易相互黏结一团,因此播前应将种子上的刺毛搓去,这样不但播种均匀,还能使种子和土壤密切结合充分吸水,有利于发芽。

胡萝卜种子播种前,用相当于种子重量 90% 的水浸种,并分两次加水。第一次加水一半,使种子湿润,经 3～5 h 后再加入剩余部分的水,同时将种子与水拌匀,在 24 h 内最好每 1 h 翻动1 次,24～48 h 内每隔 3～5 h 翻动 1 次,此后每天早晚各翻动1 次,4～5 d 后种子即已膨胀或已开始萌动,此时将种子置于干净的容器中,上面覆盖湿布,在 0℃条件下放置 10～15 d,而后取出即可播种。

☞ *579*. 胡萝卜要怎么播种？

胡萝卜可进行条播或撒播，播前浇透水。条播时开 3～5 cm 深的小沟，行距为 15～20 cm。播种时，要保证播种深度在 2～3 cm，太深了，不易出苗；太浅了，又容易干种，不利于生根发芽。播种后，要覆土镇压，覆土厚度 2 cm 为宜，不能露籽。镇压要均匀，这样可以有效防止土壤里的水分蒸发掉。可混播出苗快的白菜、小圆红萝卜或菠菜等，防止土壤板结，也可为胡萝卜幼苗遮阳。胡萝卜经 7～10 d 即可出土。

☞ *580*. 胡萝卜如何间苗？

胡萝卜喜光，种植过密不利于肉质根的形成，因此，幼苗出齐后要及时间苗。第一次间苗在 1～2 片真叶，苗高 3 cm 时进行，留苗密度以 3～5 cm 见方为宜；第二次间苗在苗高 7～10 cm 时进行，以 6～7 cm 见方留苗为宜；第三次即定苗，在株高 15～20 cm 时进行，以 10 cm 见方为宜。

☞ *581*. 胡萝卜怎样追肥？

胡萝卜的施肥以基肥为主，追肥为辅，肥料须充分腐熟。追肥主要在生长前期施用，氮肥不宜过多，以防徒长。定苗时结合浇水追磷酸二铵和氯化钾，催苗苗壮而快速生长。在肉质根开始生长时，追施速效有机液肥或磷酸二铵、氯化钾等。

☞ 582. 胡萝卜种植中如何控制水分？

胡萝卜叶面积小，蒸发量少，根系发达，吸收力强，比较耐旱。前期水分过多影响直根膨大生长，后期水分不足，直根亦不能充分膨大。苗期要求经常保持土壤湿润，不要过干或过湿。幼苗 7～8 叶时，趁土壤湿润适当深锄蹲苗，促进主根下伸和须根发展，并抑制叶部徒长。经 10～20 d 肉质根明显膨大时，开始充分浇水，经常保持土壤湿润。

☞ 583. 胡萝卜播种后各个时期的管理要注意什么？

(1)发芽期。从播种到第 2 片真叶出现，大约需要 15 d。胡萝卜虽然耐旱，但种子发芽比较慢，在这一阶段里，要经常检查出苗情况，当有幼苗出土时，要浇 1 次透水。

(2)幼苗期。由第 3 片真叶长到 6 片叶子，大约 25 d。当幼苗长到 4 片叶子时，要进行一次间苗，间苗时要拔去叶片过厚而短的苗，留下比较健壮的幼苗。这期间结合中耕除草，给幼苗生长创造良好的土壤环境，促进幼苗快速生长。待幼苗长到 6 片叶子时，还要进行一次定苗，株距在 8 cm 左右。

(3)叶生长盛期。这一时期大约 30 d。这期间要满足叶片增长的营养需要，所以要适当进行追肥。一般情况下，施腐殖酸螯合型的硫酸钾复合肥，施肥量不要过大，且必须结合灌水，防止土壤溶液浓度过高，造成烧苗。这个时期水肥视胡萝卜苗的生长而定，土壤见干见湿，避免勤施勤浇，以防止叶部徒长，造成抽薹开花、大头小尾等现象。如果发生抽薹开花，要及时拔除，以免影响肉质根品质形成。

(4)肉质根生长期管理。这一时期约 60 d。这期间要保持最大叶面积,为肉质根膨大贮藏丰富的营养物质,马上要进行第二次追肥。施硫酸钾复合肥,追肥后还要及时灌水,以便促进肉质根肥大。

☞ 584. 胡萝卜在生长过程中容易出现什么病虫害?

病害主要有根腐病、软腐病、花叶病毒病、黑腐病等。

(1)根腐病。主要侵染根系,初呈水浸状,而后产生褐斑,逐渐向肉质根的内部侵染,直至整个肉质根腐烂。病株地上部分萎蔫而死。一旦发病,应及时把病株及邻近病土清除,并在病穴及其周围喷洒 0.4%的铜铵合剂。同时,可喷洒 25%甲霜灵可湿性粉剂800 倍液,或 64%杀毒矾可湿性粉剂 500 倍液,或 75%百菌清可湿性粉剂 600 倍液,或 40%乙膦铝可湿性粉剂 200 倍液,或 70%百德富可湿性粉剂 600 倍液等药剂,防止病害蔓延。

(2)软腐病。主要为害地下部肉质根,地上部茎叶变黄萎蔫,根部染病初呈湿腐状,后扩大,病斑形状不定,周缘明显或不明显,肉质根组织软化,呈灰褐色,腐烂汁液外流,具臭味。发病初期喷洒 14%络氨铜水剂 300 倍液,或 50%琥胶肥酸铜(DT)可湿性粉剂 500 倍液。

(3)花叶病毒病。植株生长旺盛叶片受侵,轻者形成明显斑驳花叶,或产生大小为 1~2 mm 的红斑,心叶一般不显症,重者呈严重皱缩花叶,有的叶片扭曲畸变。在田间与香石竹潜隐病毒 CaRLV 混合侵染时,植株多表现为斑驳或矮化。发病初期开始喷洒3.85%三氮唑核苷·铜·锌水剂 500 倍液或 0.5%菇类蛋白多糖水剂 250~300 倍液、20%盐酸吗啉胍·乙酮可湿性粉剂 500 倍液。

(4)黑腐病。主要为害肉质根、叶片、叶柄及茎。叶片染病,形成暗褐色斑,严重的致叶片枯死。叶柄上病斑长条状。茎上多为梭形至长条形斑,边缘不明显。湿度大时表面密生黑色霉层。肉质根染病,在根上形成不规则形或圆形稍凹陷黑色斑,严重时病斑扩展,深达内部,使肉质根变黑腐烂。药剂防治发病初期开始喷洒75％百菌清可湿性粉剂 600 倍液、40％克菌丹可湿性粉剂 300～400 倍液,或 56％霜霉清可湿性粉剂 700 倍液、50％甲霜铜可湿性粉剂 600 倍液,或 50％扑海因可湿性粉剂 1 500 倍液等,每隔 10 d左右 1 次,连续防治 3～4 次。

虫害主要有胡萝卜微管蚜、茴香凤蝶、根线虫和蚜虫等。微管蚜、茴香凤蝶可用 10％氯氰菊酯乳油 2 000～3 000 倍液等药剂喷雾防治。根线虫和蚜虫可用 40％乐果 1 000 倍液喷射。

☞ 585．胡萝卜什么时候采收?

胡萝卜具体什么时候能够收获完全可以从植株特征来判断。当胡萝卜的肉质根成熟时,大多数会表现出心叶呈黄绿色,外叶稍有枯黄状,因直根的肥大,地面会出现裂纹,有的根头部稍露出土表。在采收前浇透水,等渗透半天后土质变得松散时,就可以将胡萝卜从土里拔出来。

☞ 586．青萝卜是什么?

青萝卜(*Raphanus sativus*)就是中国萝卜中的绿皮萝卜,青萝卜除埋入土里部分其他部分通体全绿。冬季产的青萝卜脆甜。青萝卜包括:沙窝萝卜、葛沽萝卜、翘头青萝卜、露头青萝卜等。青萝卜在我国主要产自天津和山东。天津青萝卜,又称卫青萝卜,是沙窝萝卜、田水堡萝卜、葛沽萝卜和灰堆萝卜的统称。细长圆筒形,皮翠绿色,尾端玉白色。整个萝卜上部甘甜,至尾部有少许辣味,是优良品种,极耐贮藏。潍县萝卜,品种包括大缨、小缨和二缨3 个品系。潍县萝卜叶色深绿,肉质根均呈圆柱形,地上部占全长

3/4，为青绿色，地下部为白色。潍县萝卜既可做蔬菜，也可生食。

☞ 587. 青萝卜的营养价值有哪些？

青萝卜富含人体所需的营养物质，淀粉酶含量很高，肉质致密，色呈淡绿色，水多味甜、微辣，是著名的生食品种，人称"水果萝卜"。除生食外，还可做汤，干腌、盐渍和制作泡菜等。

青萝卜还具有药用价值，有消积、祛痰、利尿、止泻等效用，被人们所喜爱。青萝卜所含热量较少，纤维素较多，吃后易产生饱胀感，这些都有助于减肥。青萝卜能诱导人体自身产生干扰素，增加机体免疫力，并能抑制癌细胞的生长，对防癌、抗癌有重要作用。萝卜中的芥子油和精纤维可促进胃肠蠕动，有助于体内废物的排出。常吃萝卜可降低血脂、软化血管、稳定血压，预防冠心病、动脉硬化、胆石症等疾病。但阴盛偏寒体质、脾胃虚寒者等不宜多食，胃及十二指肠溃疡、慢性胃炎等患者也应少食萝卜。

☞ 588. 青萝卜的生长习性是怎样的？

青萝卜为半耐寒性蔬菜。种子在 2～3℃ 时开始发芽，适温为 20～25℃，幼苗期能耐 25℃ 左右的高温，也能耐 -2℃ 的低温。萝卜茎叶生长的温度范围可比肉质根生长的温度范围广些，为 5～25℃，生长适温为 15～20℃；而肉质根生长的温度范围为 6～20℃，适宜温度为 18～20℃。所以青萝卜营养生长期的温度以由高到低为好，前期较高的温度，有利于小苗和形成繁茂的叶丛，为肉质根的生长打下基础。以后温度逐渐降低，有利于光合产物的贮藏积累和肉质根的膨大。

土壤水分是影响青萝卜产量和品质的重要外界因素。适于肉质根生长的土壤有效含水量为 65%～80%；青萝卜在不同生长期的需水量有较大差异。在发芽期和幼苗期需水不多，也不宜太少。

☞ *589*. 青萝卜播种前要做什么准备？

青萝卜对营养元素的吸收量会随着生长阶段的不同而变化，所以在生育前期，要供给足够的营养。青萝卜的栽培以施底肥为主，追肥为辅，所以施底肥是种植萝卜前的必要准备工作。播种前要对种子进行挑选，挑出劣质的种子。要尽量选择颗粒饱满的种子进行播种。

青萝卜的主根很深，如果土壤结实，通气不良，就会影响根系的生长，不但会造成青萝卜弯曲和分叉，还会因土壤保墒能力差，通气不好，影响青萝卜的产量，青萝卜在播种前将种植基质或土壤与底肥充分翻动混匀，这样做能够改善土壤的物理性状，更利于肥效的均匀发挥。

☞ *590*. 青萝卜要怎么播种？

青萝卜一般 8 月上旬播种。种植青萝卜要严格掌握播种深度，如果播种过深，会在子叶出土前过度消耗种子内所贮藏的营养物质，使幼苗出土后过于柔弱。当然播种也不能过浅，不但使种芽易于风干，而且幼苗出土后，容易倒伏造成幼苗弯曲，影响青萝卜肉质根的生长。一般播种沟深度为 1.5 cm 左右。播种沟开好后就可以播种了，播种时需要注意的是种子撒放要均匀，种子播下后，为了防止播种沟内水分散失，要及时覆土。覆土的厚度为 2～3 cm，不可过厚，否则会妨碍种芽出土。

☞ *591.* 青萝卜播种后的管理要注意什么？

间苗要本着去弱留壮的原则,拔除多余的种苗时要谨慎小心,避免碰到其他幼苗,一般第一次间苗的留苗间距为 4～5 cm。青萝卜幼苗出土后,要供给充足的水分。青萝卜幼苗经一段时间生长,由于浇水等原因,会造成土壤板结,土壤板结后,既影响了空气流通,又增加了水分蒸发,非常不利于青萝卜的生长,所以在青萝卜定苗后,要及时中耕。

☞ *592.* 青萝卜需不需要间苗？

青萝卜幼苗的子叶完全展开,苗高 4～5 cm 时,由于幼苗生长非常拥挤,会造成营养供应不足,光照受到遮挡,进而影响幼苗的生长发育,此时就需进行第一次间苗了。当萝卜长至 4～5 片真叶时,青萝卜的生长更加旺盛,需再进行一次间苗。这次间苗,就基本固定了植株的间距,因此结合间苗同时完成了定苗工作。青萝卜的定苗间距为 35～40 cm,留苗过密营养供应不充分,通风不良,光照不足,会严重影响青萝卜的质量,留苗过稀会降低产量。

☞ *593.* 青萝卜要不要追肥？

青萝卜的生长需要的营养量很大,此期应及时对青萝卜进行追肥。施肥可使用氮、磷、钾复合肥,将氮、磷、钾复合肥与水以 1∶1 000 的比例配制成叶面肥进行喷施。在生长期可每 10～15 d 追施一次。喷施叶面肥,具有吸收快,效果显著的优点,但要注意的是喷施叶面肥应在晴天早上进行,露天阳台雨前不可喷叶面肥施,以防止降低肥效。青萝卜在根膨大期的生长量很大,因此除了充足的水分供应外,还要每周施肥一次,施肥可用磷酸二铵和尿素,施用比例为 1∶1。

☞ 594．青萝卜种植中如何控制水分?

从出现真叶到破肚之前,叶的生长都远比肉质根生长快,这时就应少浇水,促进根部向下生长。当青萝卜肉质根充分肥大后,就可进行收获了,为了增加青萝卜中的水分含量,在青萝卜收获前 3～5 d,要对青萝卜浇水 1 次,此次浇水量要大一些,最好能使土壤的湿润层达到 30 cm,使青萝卜肉质根的含水量达到 80%。

☞ 595．青萝卜为什么会出现歧根?

阳台种植青萝卜发生歧根的主要原因是土质过于坚硬或土中有石块,肉质根不能逐渐下扎,而在侧根着生处生出突起,这个突起膨大发育后就形成了歧根。另外,如果施用未腐熟的农家肥,肉质根的先端扎在肥料上,发生烧根损伤,不能继续伸长生长,也是形成青萝卜歧根的一个原因。因此在种植前,将种植土整平整细,不留坷垃,清除石块,施用农家肥一定要充分腐熟。

☞ 596．青萝卜为什么会出现糠心?

青萝卜出现糠心的主要原因是水分失调,在肉质根膨大期正是青萝卜植株吸收作用和蒸腾作用最旺盛的时候,水分消耗量很大,如果此时温度过高,会使肉质根中一部分薄壁细胞缺乏营养物质和水分而造成糠心。因此在青萝卜的根膨大期要 3 d 浇水 1 次,这样可有效防止青萝卜糠心的发生。

☞ *597*. 青萝卜在生长过程中容易出现什么病虫害?

如果发现青萝卜的叶片出现黄褐色的病斑时,就说明青萝卜感染了霜霉病,防治霜霉病可使用 500 倍液的甲霜灵对受害植株每周喷施 1 次,连喷 2～3 次即可防治;黑腐病是由黑腐菌引起的病害,主要症状是根部中心变黑以及肉质根的维管束变黑腐烂,后形成空洞。高温多雨、灌水过量、排水不良、肥料未腐熟、连作及人为伤口或虫伤多利于发病。药剂防治可在发病初期喷洒 41% 的好力克悬浮剂 5 000 倍液。最易发生的虫害是菜青虫,菜青虫会啃食叶片,使叶片上出现大量孔洞,除此之外菜青虫的粪便还会污染幼苗芯叶,引起腐烂,杀灭菜青虫可用 90% 敌百虫 1 000 倍液或苏云金杆菌 500～800 倍液,进行喷施杀灭。

☞ *598*. 青萝卜什么时候采收?

青萝卜的生长期为 80～100 d,8 月上旬播种,10 月下旬以后就可以陆续收获。青萝卜肉质根充分肥大后,一般采用拔收的方法,在拔收中要小心地将青萝卜从泥土中拔出。萝卜表皮层缺乏蜡质、角质等保护层,保水力差,容易蒸散脱水。贮藏时必须保持低温高湿的条件。

☞ *599*. 什么是马铃薯?

马铃薯(*Solanum tuberosum*),茄科茄属,一年生草本植物,别称地蛋、洋芋、土豆等。其人工栽培地最早可追溯到公元前 8 000 年到公元前 5 000 年的秘鲁南部地区。植株高 15～80 cm,无毛或被疏柔毛;茎分地上茎和地下茎两部分。马铃薯是中国五大主食之一,其营养价值高、适应力强、产量大,是全球第三大重要的粮食作物,仅次于小麦和玉米。目前,已培育出紫色、红色、黑色、黄色等多种彩色马铃薯。

☞ *600*. 马铃薯的营养价值有哪些?

一般新鲜马铃薯中含有大量的淀粉、蛋白质、脂肪、粗纤维、B族维生素及钙、磷、铁等营养元素,丰富的膳食纤维,有助促进胃肠蠕动,疏通肠道。除此以外,马铃薯块茎还含有禾谷类粮食所没有的胡萝卜素和抗坏血酸。具有抗衰老、通便排毒、减肥瘦身等功效,但是马铃薯含有一些有毒的生物碱,通常多集中在土豆皮里,因此食用时一定要去皮,发了芽的土豆更有毒,食用时一定要把芽和芽根挖掉,并放入清水中浸泡,炖煮时宜大火。

☞ *601*. 马铃薯的生长习性是怎么样的?

马铃薯的生长需要适宜的土壤水分、肥料、充足的光照和较低的温度。马铃薯性喜冷凉,对温度的要求是:15℃条件下出苗后7 d形成块茎,在25℃条件下需21 d形成块茎。块茎生长的适温是16~18℃,当地温高于25℃时,块茎停止生长;茎叶生长的适温是15~25℃,超过39℃停止生长。其地下薯块形成和生长需要疏松透气、凉爽湿润的土壤环境。

☞ *602*. 马铃薯种薯如何选择?

在选用良种的基础上,选择薯形规整,具有本品种典型特征,薯皮光滑、色泽鲜明,大小适中的健康种薯作种。选择种薯时,要严格去除表皮龟裂、畸形、尖头、芽眼坏死、生有病斑或脐部黑腐的块茎。

☞ *603* . 马铃薯如何播种？

马铃薯用块茎繁殖，把土豆按芽眼切成块状，一般以切成 20～30 g 为宜。切块时要纵切，使每一个切块都带有顶端优势的芽眼。切块时要剔除病薯，切块的用具要严格消毒，以防传病。也可使用小整薯作种，避免切刀传病，有显著的防病增产效果。但小薯一般生长期短，成熟度低，休眠期长，而且后期常有早衰现象。

可以用桶、大型花盆等深度至少有 24 cm 的容器种植马铃薯，一般来说，一个花盆里只可以种植一个土豆，而大桶可以种植好几个。3 月份或 9 月份播种，适时早播，使马铃薯的整个生育期处于相对冷凉、气温较低的季节，使薯块的形成和膨大避开高温时期。一般情况下，培土厚度不低于 12 cm。播种时，如果覆土厚度不够，出苗后随苗生长培土 1～2 次。因为一旦覆土太薄，地温变化较大，匍匐茎就容易窜出地面，不利于马铃薯生长。

☞ *604* . 马铃薯如何催芽？

催芽是马铃薯栽培中一个防病丰产的重要措施。播前催芽，可以促进早熟，提高产量。同时，催芽过程中，可淘汰病烂薯，减少播种后病株率，提高成活率，有利于全苗壮苗。

催芽方法：将种薯与沙分层相间放置，厚度 3～4 层，并保持在 20℃左右的最适温度和经常湿润的状态下，经 10 d 左右即可萌芽。催芽时，用 0.1%～0.2%高锰酸钾液浸种 10～15 min 或用 2%硫脲浸种 20 min，均可提高催芽效果。家庭催芽如果没有上述催芽条件，也可将马铃薯堆放催芽，保持干燥，并及时清理掉腐烂的马铃薯，当芽长达到 0.5～1 cm 时，将带芽薯块置于室内散射光下使芽变绿。

☞ *605.* 马铃薯的水肥特性是什么？

马铃薯的幼苗期需水量不大，可结合追肥浇水。进入发棵期对水分需求增大，土壤相对湿度应保持在 70％～80％。在发棵期后期，应适当控制浇水量，适当降低土壤湿度，促使植株开始结薯。进入结薯期后，是需水最大时期，应始终保持土壤湿润状态，在马铃薯采收前 10 d 应停止浇水，以免块茎含水量过多，不耐储藏。

马铃薯的施肥，一般是以"有机肥为主，化肥为辅，重施基肥，早施追肥"为原则。马铃薯在生长期中形成大量的茎叶和块茎，需要较多的营养物质。有机肥中含有丰富的有机物，有利于培肥、疏松土壤，提高土壤肥力，更有利于马铃薯块茎膨大和根系生长。施足基肥对马铃薯增产起着重要的作用，基肥应挖穴施于 10 cm 以下的土层中，以利于植株吸收，并且能够促进结薯层的土壤疏松。肥料三要素中，以钾的需要量最多，氮次之，磷最少。马铃薯生长期间需要水肥最多的是开花期，同时也是有机肥逐渐熟化、腐解释放养分的阶段。此时，基肥中的有机肥料和无机肥料的转化效益不断扩大，满足了马铃薯生长期间对养分的需求，促进了植株生长发育。

☞ *606.* 马铃薯种植过程中怎样进行田间管理？

应及时松土、培土，并适时浇水、中耕除草，合理施肥，同时应在土豆开花前、块茎形成期和膨大期适时喷洒地果壮蒂灵，以有效控制地表上层枝叶狂长，加速地下块茎超快膨大，增强抗御虫害能力，确保土豆的优质高效和丰收。

☞ *607.* 马铃薯常见病虫害有哪些？如何防治？

马铃薯最易感染病害,真菌病有晚疫病、疮痂病、早疫病;细菌病有环腐病、青枯病;病毒病有花叶病、卷叶病、类病毒病以及支原体病害等;虫害有蚜虫、块茎蛾、线虫、地老虎和蛴螬等。

防治方法:可用 200 倍液福尔马林溶液浸种,然后堆积并覆盖严密,闷种 2 h,再摊开晾干同时加强栽培管理,播种前精选种薯,淘汰带菌块茎。在马铃薯生长后期培土可减少游动孢子囊侵染薯块的机会。

☞ *608.* 马铃薯收获期如何确定？

马铃薯的生长期分为休眠期、发芽期、幼苗期、发棵期及结薯期。发棵期主茎开始急剧拔高,主茎叶已全部建成,并有分枝及分枝叶的扩展。发棵期完成后,便进入以块茎生长为主的结薯期。此期茎叶生长日益减少,基部叶片开始转黄和枯落,植株各部分的有机养分不断向块茎输送,块茎随之加快膨大,尤在开花期后 10 d 膨大最快。结薯期的长短受制于阳台的小气候条件、病害和品种熟性等,一般为 30~50 d。

当马铃薯植株生长停止,茎叶大部分枯黄时,块茎很容易与匍匐茎分离,周皮变硬,比重增加,干物质含量达最高限度,即为食用块茎的最适收获期。

☞ *609.* 什么是红薯？

红薯(*Ipomoea batatas*(L.)Lam.)原名番薯,又名地瓜、红苕、红芋、白薯、甘薯、紫甘薯、朱薯、金薯等,属管状花目,旋花科一年生草本植物。常见的多年生双子叶植物,草本,其蔓细长,茎匍匐地面。地下部分具圆形、椭圆形或纺锤形的块根,块根的形状、皮色和肉色因品种或土壤不同而异。块根,无氧呼吸产生乳酸,皮色发白或发红,肉大多为黄白色,但也有紫色,除供食用外,还可以制糖和酿酒、制酒精。

☞ 610. 红薯的营养价值有哪些?

红薯块根中含有 60%～80% 的水分,10%～30% 的淀粉,5% 左右的糖分及少量蛋白质、油脂、纤维素、半纤维素、果胶、灰分等,若以 2.5 kg 鲜红薯折成 0.5 kg 粮食计算,其营养成分除脂肪外,蛋白质、碳水化合物等含量都比大米、面粉高,且红薯中蛋白质组成比较合理,必需氨基酸含量高,特别是粮谷类食品中比较缺乏的赖氨酸在红薯中含量较高。此外红薯中含有丰富的维生素(维生素 A、维生素 B、维生素 C、维生素 E),其淀粉也很容易被人体吸收。有抗癌、保护心脏、预防肺气肿、糖尿病、减肥、美容等功效,有"长寿食品"之誉。红薯是一种理想的减肥食品,它的热量只有大米的 1/3,而且因其富含纤维素和果胶而具有阻止糖分转化为脂肪的特殊功能。

☞ 611. 红薯的生长习性是怎样的?

红薯喜光喜温,属不耐阴的作物。光照不足,叶色变黄,严重脱落,没有叶子。红薯的适应性很强,耐酸碱性好,能够适应土壤 pH 4.2～8.3 的范围。红薯喜钾,钾能加强光合作用,促进营养物质向薯块转移。

☞ *612*. 红薯育苗前要做什么准备？

要育好薯苗首先要选用无病无伤、未受冻的薯种，夏薯生命力强，感病害轻，出苗快而多，所以最好选用夏薯作种薯。为了防止种薯带病，可用温水或药剂浸种。温水浸种时用 51～54℃ 的温水浸 10 min 即可，浸种时要严格掌握水温和时间，种薯初下温水时要不断上下翻动，使其受热均匀。

☞ *613*. 红薯什么时间育苗？

红薯种应在 2 月中旬至 4 月中旬以前全部育完。春薯育种多在惊蛰前后，淮河以南地区在 2 月中旬以后开始育种，淮河以北地区在 4 月 10 日以前育完。家庭种植红薯数量少，可直接到市场上购买红薯苗，直接定植。

☞ *614*. 红薯需不需要间苗和定植？

选取粗壮薯苗，按每株薯苗剪 2～3 段作种苗，每段种苗长4～6 节的规格进行栽苗。种苗剪好后用 Bt 等生物菌浸泡 1 h 后，再进行移栽。栽插株距 33～43 cm，采取顺垄单行三角形定植方式，采用平植露头法或平植埋茎节藏头法栽植。定植后根据土壤含水情况，酌情浇好定苗水。红薯应在保证成活的基础上争取浅栽，栽插深度一般以 5～6 cm 为宜，栽插时要求封土严密，深浅一致，使叶片露出地面，浇水时不沾泥浆，秧苗露头要直，不宜露得过长，以防大风甩苗影响成活。

☞ *615*. 红薯定植后的管理要注意什么？

当红薯主茎长至 50 cm 时，选晴好天气上午摘去顶芽，分枝长至 35 cm 时继续把顶芽摘除。此法可抑制茎蔓徒长，避免养分消耗，促进根块膨大。发根分枝结薯期，从栽插到有效薯数基本稳定，春薯约需 45 d，夏秋薯在 35 d 左右，是长根、分枝培育壮苗时期，要及时查看、补苗、中耕松土，增温保墒，除草。施用提苗肥，打顶促分枝。

☞ *616*. 红薯要不要追肥？

掌握"农家肥为主，化肥为辅，底肥为主，追肥为辅"的施肥原则。红薯对氮、磷、钾三要素的需求因生育时期不同而异。氮肥以茎叶生长时期吸收较多，块根膨大时期吸收较少；磷肥在茎叶生长中期吸收较少，块根膨大时期吸收较多；而钾肥的吸收从栽插到收获都比氮、磷多，以块根膨大时期更为显著，因此，红薯施肥应围绕这一特点进行，N：P：K＝5：6：20。红薯有机种植禁止施用任何化学肥料，以基肥施用为主，一般基肥用量占总施肥量的 60%～80%。

☞ *617*. 红薯种植中如何控制水分？

种薯出苗前一般不浇水，以利高温催芽、防病和出苗。红薯在定植时浇了定苗水后，在栽插后 30～40 d，开始分枝、拖蔓，需水量增大，此时若遇干旱，要及时浇水，可采取沟灌方式，但灌水量不能超过垄高 1/2。整体来看，水分管理掌握土壤基本湿润为宜。若遇雨天应及时排涝，以防积水造成薯苗徒长，出现只长柴根不结薯的现象。

☞ *618*. 红薯在生长过程中容易出现什么病虫害？

病害主要有病毒病、叶斑病、疮痂病、红薯瘟、红薯蔓割病、红薯软腐病等。病害防治方法：首先是采用脱毒苗、对种苗消毒；其次是根据不同的病害进行药剂防治。于生理性病害的控制和防治：由于土壤缺素、生理性缺素、环境不良等因素（过干、过湿、日烧、高温、低温），引起缺素症、日灼、老化、弱小、萎蔫等多种生理性病害。防治方法：选用抗性品种或不敏感的品种；选用生长势强的健壮品种；适当浇水，使地表、植株保持干燥；保持适当的密度；种植地块保持轮作可减免发生。对于非侵染性病害，用硫黄和铜制剂防治。对于细菌性病害，如软腐病，适当浇水，使地表、植株保持干燥。真菌病害，如霜霉病、锈病及其他土传病害，采取覆膜和滴灌措施，保持环境干燥，可以防治。

虫害主要有茎螟、天蛾、卷叶螟、叶甲、小蟓甲、金针虫、金龟子、蝼蛄、地老虎、斜纹夜蛾、蚜虫和白粉虱等。虫害防治方法：轮作，水田实行水旱轮作，早茬种水稻，秋种红薯或晚茬种水稻，冬种红薯；或春夏季种水生蔬菜，秋冬季种红薯；采用组培脱毒育苗方式。定植后每隔 15 d 喷施 1 次 500 倍益生菌液。定植后 2～3 个月淋施 1 次白僵菌或烟叶（烟茎）水。各次淋药时间要错开 15 d。茎螟防治，种植后 20 d 喷 1 次印楝素或鱼藤酮防治红薯茎螟，每隔 10 d 喷 1 次，连续喷 2～3 次。

☞ *619*. 红薯什么时候采收？

收获过早会降低产量，收获过晚会受低温冷害的影响，红薯的收获适期，一般是在气温下降到 15℃时开始收刨，气温在 10℃以上或地温在 12℃ 以上即在枯霜前收刨完毕,一般在寒露前后收刨完毕。挖时尽量不要损坏它的表皮。

☞ *620.* 什么是芥菜?

芥菜又名叶用芥菜、辣菜、春菜。原产于我国,栽培历史悠久。长江以南地区普遍栽培。十字花科芸薹属。株高 20～60 cm,根系较浅,须根多。叶着生在短缩茎上,有椭圆、卵圆、倒卵圆、披针等形状,叶色有绿、深绿、绿色间血丝状条纹等颜色。叶面平滑或皱缩,花冠黄色。种子呈圆形或椭圆形,红褐色。芥菜类蔬菜多为二年生蔬菜作物,要经过第一年冬天的低温,翌年春暖长日照下抽薹开花结实。除雪里蕻外,其他芥菜类蔬菜所需低温一般不太严格,有的甚至不通过低温也可以抽薹开花结实。

☞ *621.* 芥菜的营养价值有哪些?

叶用芥菜含有的维生素 A、维生素 C 和维生素 D 都很丰富。具有提神醒脑的功效,芥菜还含有大量的抗坏血酸,是活性很强的还原物质,参与机体重要的氧化还原过程,能增加大脑中氧含量,激发大脑对氧的利用,有提神醒脑,解除疲劳的作用。其次还有解毒消肿之功,能抗感染和预防疾病的发生,抑制细菌毒素的毒性,促进伤口愈合,可用来辅助治疗感染性疾病。还有开胃消食的作用,因为芥菜腌制后有一种特殊鲜味和香味,能促进胃、肠消化功能,增进食欲,可用来开胃,帮助消化。

☞ *622.* 芥菜的生长习性是怎样的?

芥菜喜冷凉润湿,忌炎热、干旱,稍耐霜冻。适于种子萌发的平均温度为 25℃。最适于叶片生长的平均温度为 15℃,最适于食用器官生长的温度为 8～15℃,但茎用芥菜和包心芥食用器官的形成要求较低的温度,一般叶用芥菜对温度要求较不严格。孕蕾、抽薹、开花结实需要经过低温春化和长日照条件。

☞ 623．芥菜适于什么容器栽培?

在阳台、天台或庭院种植芥菜,可选用的栽培容器有花盆、木盆,专业栽培箱、泡沫塑料箱等,深度以 20 cm 为宜。

☞ 624．芥菜播种前要做什么准备?

无论是叶用芥菜或结球芥菜其种子细小为培育壮苗在育苗前必须做好如下工作:

(1)精选种子。买回的种子首先应进行精选除去混入的杂质,选取留饱满的种粒,由于种子细小一般通过水洗,即将种子浸入水中并不断搅拌,捞出秕粒和杂物,沉入水底者为饱满种粒。

(2)晒种。经水选出的种子马上将其摊开晾晒,以减少其含水量,晾晒时要不时地翻动,让所有的种粒能够均匀受光,促进其内部的物质转化结束休眠,提高发芽率,出苗较一致。

(3)种子消毒。用杀菌剂如多菌灵等溶液浸没种子 5～10 min,不断搅动,让种子全面接触药液杀死所病菌。

(4)浸种。让种子吸足水分,以种子内部物质转化种皮变软促进出芽,放于湿水中浸饱 3～4 h,这时可加入营养全面的叶面肥让它吸入以增加营养,提高出芽率,有利于培育壮苗。

(5)催芽。种子的发芽除了需要一定的水分、空气外,还需要适宜的温度,因此将经过浸种后的种子置于 25～30℃ 的环境中,以保证种子早出芽,且出芽整齐均匀,有利于幼苗期的管理。

☞ 625．芥菜要怎么播种？

芥菜种子细小，培养土应细碎均匀。种子均匀撒播在培养土上，播后覆盖一薄层培养土，夏季应加盖遮阳网保湿，出苗后揭去。种子在出苗前应注意早晚浇水。叶用芥菜一般在夏季和初秋种植较好，以秋播为主，可直播，也可育苗移栽。也可与瓜、果、豆类蔬菜间作。

☞ 626．芥菜播种后的管理要注意什么？

芥菜定植后应浇足水，以利缓苗。炎热季节应每天早晚淋水，其他季节可视天气及植株生长情况而定，原则是经常保持土壤湿润。

芥菜性喜冷凉湿润的气候条件，不耐霜冻，也不耐炎热和干旱。生长适宜温度为15～20℃。高于25℃则生长缓慢，品质差。整个生长期需要充足的光照，同时经常要保持土壤湿润。培育壮苗是芥菜丰产优质的关键。

☞ 627．芥菜幼苗期管理应该注意些什么？

幼苗期的管理目的是确保幼苗及时出苗，出苗整齐均匀、茎粗、叶色浓绿。因此主要工作是保温保湿，但土壤湿度不能过大，更不能有积水，以免土壤内空气不足易烂种。

播种后2～3 d即可出苗，撒播出苗较多，故应及时间苗，一般幼苗长到2～3片真叶时可定苗，苗距约10 cm。幼苗出现第一真叶时，进行间苗，间苗时注意拔除病苗、弱苗、变种苗，新高脂膜喷施在植物表面，能防止病菌侵染，提高抗自然灾害能力，提高光合作用强度,保护禾苗苗壮成长。

从出苗至 2～3 片真叶这期间应喷 1～2 次叶面肥以促苗壮苗。这时幼苗生长加快,应及时进行间苗,保留苗距 4～5 cm,以免叶片相互遮阳光。幼苗期还要注意防蚜虫。待芥菜幼苗长到14～16 cm,具有 5～6 片真叶时即可进行定植。

☞ 628. 芥菜在幼苗时需不需要施肥?

芥菜是一种耐肥的蔬菜,需肥量较大,应经常追施速效肥料,一般结合灌水进行,肥料可用尿素或复合肥,整个生长期可施肥2～3 次。经常松土,以利营养吸收,并防止土壤板结。

☞ 629. 植物生长剂应该如何使用?

芥菜定苗后可喷施绿风 95 或通微 1 号等调节剂,以增加叶片光合作用,同时有明显的增产抗病效果。白露节后昼夜温差大是芥菜迅速膨大期,要用磷酸二氢钾根外追肥和膨大素交替喷施,一般每 10 d 1 次连喷 3 次。膨大素每 10 g 对水 6 kg、磷酸二氢钾30 g 对水 3 kg 增产效果显著。

☞ 630. 芥菜的病虫害有哪些?

芥菜的主要虫害是蚜虫和菜青虫。蚜虫可用氧化乐果 1 500倍液或用氰戊菊酯 1 000 倍液进行防治。菜青虫抗性较强可用高效氯氰菊酯、盛菊、辛硫磷等杀虫剂按使用说明混合使用,效果较好。

芥菜的病害主要是软腐病和黑腐病,应以预防为主。播种前把种子浸湿,每 250 g 种子用 50 g 菜丰宁拌匀播种,防病效果显著。在芥菜的生长期,可用菜丰宁 2 g 加水 1 kg、代森铵 500～700 倍液交替喷洒,每隔 10 d 喷 1 次,这样可以有效控制病害发生。

☞ *631*. 芥菜什么时候开始采收?

从播种至采收约需 30 d,10～12 片叶时即可。

☞ *632*. 草莓的营养价值有哪些?

草莓富含氨基酸、果糖、蔗糖、葡萄糖、柠檬酸、苹果酸、果胶、胡萝卜素、维生素 B_1、维生素 B_2、烟酸及矿物质钙、镁、磷、铁等,这些营养素对生长发育有很好的促进作用,对老人、儿童大有裨益。草莓更是富含维生素 C,其维生素 C 含量比苹果、葡萄高 10 倍以上,饭后吃一些草莓,可分解食物脂肪,有利消化。

草莓还有较高的药用价值,草莓味甘酸、性凉、无毒,能润、生津、利痰、健脾、解酒、补血、化脂,对肠胃病和心血管病有一定防治作用,积食胀痛、胃口不佳、营养不良或病后体弱消瘦,是极为有益的。另外,国外学者研究发现,草莓中的有效成分还可抑制癌症肿瘤的生长。服饮鲜草莓汁可治咽喉肿痛、声音嘶哑症,草莓汁还有滋润营养皮肤的功效。

☞ *633*. 草莓的生长习性是怎样的?

草莓喜光,喜潮湿,怕水渍,不耐旱,喜肥沃透气良好的沙壤土。其种子发芽期为 10～15 d,生长适宜温度为 15～25℃,春季气温上升到 5℃ 以上时,植株开始萌发,最适生长温度为 20～26℃。一般盆栽草莓要求温度为 20～25℃,冬季室温保持在 15℃ 以上。花盆要放在通风向阳处,盆土经常保持湿润为宜。

☞ *634*．适合阳台种植的草莓盆栽品种有哪些？

草莓很适合在室内、阳台等处进行观赏性盆栽。盆栽草莓，首先应选择品质优良，休眠浅，叶片直立，果形端正、粒大、香味浓郁，观赏性好的品种，适宜在阳台种植的品种包括甜查理、全明星、四季草莓、极晶、欧洲四季红、宝交早生等，全年可以多次开花结果，家庭盆栽品种以四季草莓为最佳。

☞ *635*．如何选择草莓种苗？

种植草莓无需进行播种，可直接买苗进行移栽，种苗可以到花卉市场、草莓基地、种苗站以及当地蔬菜花卉研究机构购买。草莓苗的繁殖主要是利用母株在生长过程中产生大量匍匐茎苗进行无性繁殖，这种方法具有繁殖系数高，采苗容易，秧苗质量好，不易感染土传病害等优点，因此在购买时可以选择无性繁殖获得的草莓苗。

☞ *636*．草莓移栽前期有什么准备工作？

移栽草莓时首先要选择合适的花盆，可根据个人的喜好和实际需要选择盆，如栽植株数多可选择大盆，栽植株数少则用小盆。一般陶瓷盆很适合栽植草莓，选用直径 25～35 cm，深 30 cm 左右的花盆，或规格相近的木桶、木箱等作盆。移栽前，花盆要放入水中浸泡后使用。

草莓为浅根性植物，喜沙性、透气性较好的肥沃土壤，因此理想的盆土是腐殖质土。草莓对土壤水分的要求较敏感且适宜在中性微酸的土壤中生长。取用含腐殖质多的土壤，比如可取花园或树林下的表层土,再混合一部分田间土,还可将土、有机肥、沙各 1 份混合,并施入少量复合肥。配制好的培养土用 0.3% 的高锰酸钾水溶液消毒,放置待用。

☞ *637.* 草莓如何移栽?

盆栽时间一年四季均可,但秋季栽植比春季成活率高。栽植草莓要选择健壮秧苗,须根要发达,而且无病虫害。栽植时将苗木根系剪留 10 cm 左右。要将弓背朝外使其根均匀,茎直立。盆内先装一部分营养土,把根向四周舒展开,继续填土。栽植深度以不露根,不埋心为原则,把土按实,将苗位固定。盆土不要填太满,土面与盆口保持 3 cm 左右的距离,便于以后培土。栽后立即浇透水,待水渗下后,把露在外面的须根加土盖严,并轻轻将苗向上提一下,再压实,以使根土结合紧密和深浅适宜。放置阴凉处 3~5 d,然后搬到光线充足处。

☞ *638.* 草莓在移栽后如何进行水肥管理?

草莓植株生长适温 15~30℃,根系生长适温 15~20℃,开花结果期适温为 15~20℃,因此要控制房间温度在 15℃以上。草莓根浅,叶密,蒸腾作用强,怕旱,移栽后要经常浇小水,保持盆内土壤湿润,不能过干或过湿。栽后 7 d 内每天要浇 1 次水,随后每隔 2~3 d 浇 1 次水,特别是花期和果实成熟时不可缺水。家庭种植容易忽视空气湿度的管理,草莓生长期间空气湿度不能太高,温度适宜的前提下,浇水后要适当开窗通风降湿。盆栽草莓以施用有机肥水为主,可用腐熟的豆饼水浇施,每隔 7 d 浇 1 次,浓度不宜过大。四季草莓 1 年多次开花结果,营养消耗多,要加强养分补充。一般每周追肥 1 次。草莓喜光,光照不足则植株生长瘦弱,产量和质量降低,因此盆栽草莓要置于阳光充足的地方,而且要经常转动花盆,使之受光均匀。

☞ 639. 草莓移栽后怎样进行植株管理?

盆栽草莓应加强植株管理。草莓移栽后要去除匍匐茎,匍匐茎对养分消耗很大,新抽生的幼嫩匍匐茎,必须及时摘除,以减少养分消耗,提高果实质量。还要及时摘除老叶和病虫叶,草莓的叶片不断更新,老叶的存在不利于植株生长发育,并易发生病虫害。如发现植株下部叶片成水平着生,开始变黄,叶柄基部也开始变色时,对这种叶片应及时摘除。草莓进入花果期,应注意疏去弱果、畸形果,将无效的高层次花,在花蕾分散期适量疏除,每株保留2~3个花序,每一花序保留 4~5 个果,坐果后在果实下铺垫清洁干草,以增加果实着色度,避免烂果,提高果实品质。

☞ 640. 种植草莓需要换盆吗?

草莓每年往上抽生一段新茎,新茎的基部又发新根,而下部的老根则逐渐死亡。由于草莓茎和根每年都要上移,为了保证新茎基部有发根的适宜环境,必须在新茎基部培土,在盆内加一层土,培土厚度以露出苗心为度。若有条件,春季结果后于立秋前后换一次盆,新盆加入新的营养土,将植株带土倒出后放入新盆内,稍栽深一些。若植株已结果两年,换盆是可将植株周围的土抖掉,露出根系,仔细将新根下部一段似夹杂状的根状茎瓣掉,然后栽入比原盆稍大的新盆内,起到更新复壮的作用。当然,在家庭中种草莓也可省去此步骤,直接购买新苗即可。

☞ 641. 草莓如何防寒越冬？

冬季来临时,可将盆移到阳光充足的地方,再用塑料袋或塑料薄膜把盆套上,保温保湿,以防发生冻害,影响草莓的生长发育。

☞ 642. 草莓什么时候采收？

当草莓变红时即可采收,但刚变红的草莓甜度可能不够,可能变红后 5 d 再采收草莓,采摘时注意动作轻柔,以拇指、食指轻捏草莓梗,便可摘下。

☞ 643. 草莓为什么只开花不结果？

草莓在夏季开花,如果室内温度过高,会阻碍其花芽分化,即使开花,花后也不容易结果,如果室内温度超过 30℃,会影响草莓结果,当然,营养不足也会阻碍其结果。可对其补充养分,也可在开花时帮助进行人工授粉。

☞ 644. 为什么草莓果子长不大？

草莓越结越小,是营养跟不上引起的,原因可能是开花结果过多,营养分散、光照不足、肥料不足等,也可能是开花时空气湿度太高,影响了果实的品质。在开花时可以去除大部分的花,留 3～5 朵就可以,要及时施肥。如花后不结果,或果实发育不良,应及时将残花残果摘除,以免空耗养分,影响日后生长。

☞ 645. 草莓的病害有哪些?

草莓病虫较多,对产量、品质影响较大的有草莓疫病、灰霉病、叶斑病、黄萎病、白粉病、炭疽病、烂果病、草莓枯萎病、芽枯病、线虫病、病毒病等。家庭种植盆栽草莓病虫害一般发生较少或较轻,容易发生的虫害有蚜虫、粉虱及叶螨等,病害有褐斑病、灰霉病等。

草莓黄萎病发病时,1～2片叶变黄,弯曲畸形,逐渐枯死;草莓灰霉病为草莓花期病害,花瓣、果实、叶上均可发生,果实发病则密生灰霉;草莓叶斑病是草莓的常见病害,发生普遍,发病较轻时生产无明显影响,主要为害叶片、叶柄、果梗、嫩茎和种子,在叶片上形成暗紫色小斑点,扩大后形成近圆形或椭圆形病斑,边缘紫红褐色,中央灰白色,略有细轮,使整个病斑呈蛇眼状,病斑上不形成小黑粒;草莓白粉病主要侵害叶片和嫩尖,花、果、果梗及叶柄也可受害。

对草莓病害可采取综合防治的方法,首先在选苗应购买脱毒的组培苗,该方法可以大大减小草莓发病的几率,加强土肥水管理,增强植株长势,提高自身的抗病能力,一旦发现病蔓、病果要及时摘下,还可以利用药剂对其进行治理,如白粉净、甲基托布津、粉锈宁、退菌特、特富灵等。另外要对草莓上的蚜虫粉虱等进行防治,一旦发现要及时杀灭。

☞ 646. 什么是豆瓣菜?

豆瓣菜(*Nasturtium officinale* R. Br.)别名西洋菜、水田芥、凉菜、耐生菜、水芥、水蔊菜等,多年生水生草本植物。原产我国、欧洲、印度和东南亚很多地区都有。中国以广州、汕头一带和广西栽培较多,北方地区又从欧洲引进大叶优质品种,利用旱地种植或无土栽培,已较大面积开发利用。

☞ 647. 豆瓣菜的营养价值有哪些?

豆瓣菜的营养物质比较全面,含有丰富的维生素及矿物质。具有清燥润肺、化痰止咳、利尿等功效。西方国家和我国广东人民认为,豆瓣菜是一种能润肺止咳、益脑健身的保健蔬菜,罗马人用豆瓣菜治疗脱发和坏血病。西洋菜还可以有效预防"自由基"的积累,锻炼前 2 h 食用西洋菜可以有效预防剧烈运动带来的损伤。

☞ 648. 豆瓣菜的生长习性是怎样的?

豆瓣菜喜欢冷凉气候,较耐寒,不耐热。一般在秋季栽植,冬春收获。豆瓣菜生长最适温度为 15～25℃,20℃左右生长迅速,品质好,10℃以下生长缓慢,0℃以下容易受冻,30℃以上生长困难,持续高温,易枯死。

豆瓣菜要求浅水和空气湿润,生长盛期要求保持 5～7 cm 的浅水。水层过深,植株易徒长,茎叶变黄。水层过浅,新茎易老化,影响产量和品质。豆瓣菜生长期适宜的空气相对湿度为 75%～85%。

豆瓣菜喜欢光照,生长期要求阳光充足,以利进行光合作用,提高产量和品质。如果生长期光照不足,或者栽植过密,茎叶生长纤弱,降低产量和品质。豆瓣菜在各种土壤中均可种植,以黏壤土和壤土最适宜。要求耕作层 10～12 cm 以上,土壤中性,pH 最适为 6.5～7.5,不宜连作。

☞ *649.* 豆瓣菜要什么时候播种?

南方温暖地区于 8～9 月份分期播种。北方栽培宜春播。

☞ *650.* 豆瓣菜播种前要做什么准备?

由于豆瓣菜种子很小,播种前宜用 3～4 倍的细土拌匀再播,以使撒得均匀些。如种子量很少,宜用浅盆育苗,先用瓦片覆盖盆底的排水孔,装营养土至盆沿下 2 cm 处,抹平表土,将盆放入有水的大盆内润水,润透水即可撒种子。

☞ *651.* 豆瓣菜要怎么播种?

将种子和细土均匀地撒在土面上,再盖一层薄细土,以盖平种子为度、盆上再覆盖薄膜保湿。育苗期间不能从盆向上浇水,只能在大水盆内润水,或喷雾。早春育苗常出现小苗开花的现象,把小花摘去,植株能继续生长。

☞ *652.* 豆瓣菜什么时候定植?

选择生长健壮、苗茎较粗、节间短、绿叶完整、茎叶浓绿、无病虫害、高 10 cm 左右的播种苗,10 月上旬按行距 12～15 cm,株距 8～10 cm,1 穴 2～3 株栽植。栽植时,稍压株苗基部使之黏着泥土,将阳面朝上,基部两节连同根系斜栽,以利于发根生长。定植后即浅灌水,畦面要保持 1～2 cm 的浅水层,定植后 25～30 d 可收获。

☞ *653*. 豆瓣菜要不要追肥?

施肥以薄施为原则,当秧苗移栽约 1 周成活后开始追肥,以后每隔 10 d 施 1 次。每次用尿素加水泼施。最适用充分发酵后的麻酱水稀释 6～8 倍施用,使植株茎叶浓绿茂盛。若中下部叶片暗红色则是缺肥的表现,应及时追施速效肥。采收期每采收 1 次,追肥 1 次,以速效氮肥为主。

☞ *654*. 豆瓣菜如何水培?

豆瓣菜适于水培,于 7～8 月份播种育苗,或 9 月份开始截取无性繁殖苗或 12～15 cm 长的枝条,按 5 cm×10 cm 距离直接施入定植板的孔中,每个孔中插 3 支。20～25 d 后便可采收。水培需作循环水设施,作为营养液用水,除井水外还可以用河水、自来水、雨水等,并可根据各地的水质配制营养液。豆瓣菜水培的管理很简易,而且对营养液的配方、浓度、pH 要求不严格,极易水培。

☞ *655*. 豆瓣菜如何扦插繁殖?

当春季温度上升至 25℃以上时不再采收,留着老茎度过盛夏后,用老茎萌发的新芽种植。或割取长 15 cm 左右的植株上部嫩茎苗,按株行距 3 cm×10 cm 定植。定植时应使种苗基部浅埋土中,旱地栽培可用小铲开浅穴,把种苗斜插泥土中。栽插后灌透水,以后每天都要浇灌水,保持潮湿状态,尤其是气温较高的季节,早晚浇 1 次凉水。北方冬季在温暖的地方扦插,插植后防旱保湿即可,要用流动水浇灌,不能长时间浸泡死水。

☞ *656.* 豆瓣菜在生长过程中容易出现什么病虫害？

豆瓣菜的病害主要有褐斑病。褐斑病主要为害叶片。可选用70％代森锰锌500倍液或40％甲基硫菌灵可湿性粉剂500倍液或60％多菌灵盐酸盐超微粉600倍液喷雾，每隔7～10 d喷1次，连喷2～3次。

虫害主要有蚜虫，为害菜株的幼嫩叶片和心叶。可选用抗蚜威可湿性粉剂喷雾，或30％赛马乳油1 000～1 500倍液喷雾，或50％马拉硫磷乳油1 000～1 500倍液喷雾，对叶背应喷施周到。药剂应交替使用，以延缓蚜虫抗药性产生时间。

☞ *657.* 豆瓣菜什么时候采收？

一般定植后25～35 d，苗高25～30 cm时便可收割，从植株基部割下。一次移栽多次采收，在采收时留茎部约5 cm。采收应选择傍晚或阴天早晨进行，避免阳光照射。

☞ *658.* 豆瓣菜如何留种？

（1）种子留种法。能开花结籽的品种，冬春开花，春夏采种，如广西百色地区每年1月份定植种苗，3月份陆续开花，4～5月份当种荚转黄时随熟随收。

（2）老茎留种法。华南地区当春季温度上升至25℃以上时不再采收，就地留种。度过盛夏后只有基部老茎和根系得以保存作种。

☞ *659*. 什么是芽苗菜？它有哪些分类？

凡是利用植物的种子、根、茎或者枝条等在黑暗、弱光（或不遮光）的条件下，直接长出来可供食用的芽苗、芽球、嫩芽、幼茎或幼梢，均可称为芽苗类蔬菜，简称芽菜。芽苗菜按照营养来源的不同，大概分为两大类。

（1）种芽菜。直接利用种子里贮藏的养分，培育成芽或芽苗。人们经常食用的有绿豆、黄豆、红豆、萝卜、豌豆、荞麦等在适宜的环境下，进行培育，多在子叶展开时食用，或者根据需要长出小苗食用。种芽菜可以在土壤中培育，也可以不要土壤或介质，只要给予适当的温度和湿度，放在容器中，就可以生长发芽，几天以后就可以长成可供食用的芽茎。

（2）体芽菜。利用二年生或多年生植物的宿根、肉质根、根茎或枝条中积累的养分，培养成可供食用的芽球、嫩芽、幼茎或幼梢。按照食用器官的不同，体芽菜又大概分为：①用宿根培育出的嫩芽或嫩梢，常见的有菊花脑、蒲公英、马兰等。②利用地下嫩茎培育的，如竹笋、生姜、石刁柏等。③利用植株或枝条的嫩芽的，如花椒芽、香椿芽等。

☞ *660*. 芽苗菜有哪些营养特色？

芽苗菜生长周期短，操作简单，非常适宜家庭种植，而且可以随采随用，更保持了芽苗菜的营养成分。

（1）营养物质容易吸收。芽苗菜在生长过程中将储存在种子中的蛋白质、淀粉和脂类转变成能被人容易吸收利用的氨基酸、多种维生素如维生素 A、维生素 E、维生素 C 等，多种矿物质如钙、铁、锌等营养物质，提高了人体营养物质的吸收。

（2）无污染。家庭种植的芽苗菜不喷施农药、肥料等,仅需喷洒清水,使用的工具和原材料都经过严格挑选,很容易就可以做到无污染的绿色蔬菜。

（3）具有保健功效。因为芽苗菜含有丰富的营养,在抗癌、减肥、抗衰老、抗疲劳等方面具有一定的作用,在心血管疾病方面也有一定的疗效。例如:黑豆苗能够软化血管,增加人体的抵抗能力;香椿芽能够降低血糖,对抑制肝癌、骨癌等多种癌症的癌细胞生长有抑制作用。另外,芽菜富含膳食纤维,能促进肠道的蠕动,可以预防和治疗便秘。

☞ 661. 芽苗菜生产中有哪些需要注意的问题?

（1）烂种。烂种是芽苗菜生产中经常遇到的问题,发生烂种的原因很多,主要有:①环境条件不适宜。芽苗菜生长要求适宜的温度和湿度,在高温和高湿的环境下,很容易导致烂种。②栽培器具没有彻底消毒或清洗不干净,如沾有油污等。③喷洒的清水不干净或在浇水不及时。④种子本身带有病菌。因此针对以上问题在生产中要精选种子并对种子和生产器具进行消毒。选择清洁的水源,家庭种植可以选用符合饮用水标准的自来水。在管理上要按照种子的生长特性严格控制环境条件,尽量减少烂种的发生率。此外,一旦发现烂种要及时剔除,减少烂种蔓延的几率。

（2）芽苗出得不整齐。在种植芽苗时出现出苗不整齐的主要是由于:①播种或洒水不均匀或者苗盘放置的不平,导致部分种子吸收不到水。②苗盘没有倒盘(即把苗盘变换方位或上下位置)导致穴盘芽苗所处的环境有所差异如光照、通风情况等,致使芽苗出得不整齐。

（3）纤维过多。主要是栽培过程中温度和湿度没有控制好,形成的芽苗容易老化,纤维多,口感不好。另外,强光照射也容易使芽苗纤维含量高,影响芽苗品质。

☞ 662. 什么是绿豆芽?

绿豆(*Vigna radiata*(Linn.)Wilczek.),属于豆科,别名青小豆、植豆等。原产地在印度、缅甸地区。现在东亚各国普遍种植,在中国已有两千余年的栽培史。绿豆芽即绿豆的芽,为绿豆的种子经浸泡后发出的嫩芽,食用部分主要是下胚轴。

☞ 663. 绿豆芽的营养价值有哪些?

绿豆芽脆嫩可口,营养丰富,可以多做荤素菜搭配,深受人们的喜爱。绿豆芽含有多种维生素、矿物质等营养物质,具有清热解毒、利尿除湿等功效,另外可清除血管壁中胆固醇和脂肪的堆积,防治心血管病变,还有降压、降脂、解毒等作用,可有效控制餐后血糖上升,可以防治口腔溃疡。

☞ 664. 绿豆芽的生长习性是怎样的?

绿豆属温性、耐热,发芽的最低温度为 10℃,最适宜的温度为 21～27℃,但不要超过 32℃。家庭培育绿豆芽可以用塑料薄膜、空调等加温保温设施设备来调节绿豆芽的发芽温度。

☞ 665. 绿豆芽什么时候播种?

绿豆芽容易栽培,一年四季家庭均可以种植。夏天 3～4 d 就可以培养一茬,冬季时间要长点大概需要 7～10 d。

☞ *666.* 绿豆芽播种前要做什么准备？

（1）培养容器。为了防止种植过程中种子腐烂，家庭种植绿豆芽只要能够漏水的平底容器，都可以用来种植。

（2）纱布或白纸。可以在培养容器的底部和种子上面铺上白纸或纱布，既能防止发出的嫩芽透过容器底部，又具有一定的保湿性。

（3）喷壶。绿豆芽在栽培过程中，需要喷洒清水，应选择喷水量小，但洒水均匀的喷壶。

（4）托盘。放在培养容器下面，防止水漏到地面。

☞ *667.* 绿豆芽要怎样进行选种？

用来发绿豆芽的种子，需要选用成熟、颗粒饱满、发芽率高、无病虫害的种子。在播种之前，要对种子进行筛选，剔除瘪、有虫眼的种子，同时要将混杂在种子内的小石头等杂质剔除。然后用水清洗种子，洗去种子上面的灰尘，同时不断地搅拌种子将漂浮在水面的杂质和瘪种捞出。

☞ *668.* 绿豆芽播种前要如何进行浸种？

将选好的种子清洗干净后，要对绿豆进行浸种。浸种的方法是：将绿豆放在不透水的容器中，水量要漫过绿豆。夏季直接用自来水浸泡绿豆，一般浸种 4 h 左右；冬季可用 30℃ 左右的温水浸泡，6 h 左右种子微微发胀即可。

☞ *669*. 绿豆芽要怎样进行播种？

培养容器底部铺上纱布或白纸，根据容器的大小，平铺上沥干水分的绿豆，然后用喷壶洒上清水，盖上纱布。

☞ *670*. 绿豆芽播种后如何进行管理？

将播好种子的容器放在室内或背阴的阳台均可。如果环境温度较低，可以盖上塑料薄膜保温。一般每天浇水 3～5 次或根据种子的干燥程度增加或减少喷水次数。夏季为了防止绿豆腐烂，每天可以同自来水冲洗绿豆 1～2 次，冲洗时要注意自来水的冲击力度，不要折断刚发出的嫩芽。

☞ *671*. 绿豆芽如何采收？

当部分绿豆芽长出 5 cm 左右就可以食用了。采收时可以用手捏住长大的绿豆芽，轻轻地抖动，将未长好的绿豆芽抖掉，放在容器中继续生长。采收的绿豆芽放在清水中，将绿豆壳漂洗掉。

☞ *672*. 什么是黄豆芽？

黄豆芽又名黄豆种子芽。是豆科、大豆属，一年生草本植物大豆的嫩芽，芽菜类蔬菜，以下胚轴和子叶供食用。

☞ *673*. 黄豆芽的营养价值有哪些？

黄豆芽是一种营养丰富，味道鲜美的蔬菜，是较多的蛋白质和维生素的来源。黄豆芽具有清热明目、补气养血、防止牙龈出血、心血管硬化及低胆固醇等功效。春天是维生素 B_2 缺乏症的多发季节,春天多吃些黄豆芽可以有效地防治维生素 B_2 缺乏症。豆芽中所含的维生素 E 能保护皮肤和毛细血管,防止动脉硬化,防治老年高血压。另外因为黄豆芽含维生素 C,是美容食品。常吃黄豆芽能营养毛发,使头发保持乌黑光亮,对面部雀斑有较好的淡化效果。吃黄豆芽对青少年生长发育、预防贫血等大有好处。常吃黄豆芽有健脑、抗疲劳、抗癌作用。

☞ 674. 黄豆芽的生长习性是怎样的?

黄豆芽怕热,适宜生长的温度为 22～25℃,最高不能超过27℃。温度过高会出现烧芽、生长乏力、烧根或死芽。

☞ 675. 黄豆芽发芽前要做什么准备?

把豆种去掉泥沙杂质和破碎或未成熟的种子,然后把豆种倒入塑料盆和陶瓷盆中,放入清水,搓洗种子,去掉泥土,捞出浮在水面的瘪豆、嫩豆和杂质。黄豆的种皮薄而柔软,蛋白质含量高。豆种泡水后,种皮易皱缩,吸水速度比绿豆芽快,只要种子吸水基本达到饱和发胖、豆嘴明显突出即可,一般在 25℃ 水中浸豆 2～4 h即可。

☞ 676. 黄豆芽要怎么发芽?

把经过浸水的种子冲洗净,捞起沥干,直接铺在已经消毒的发芽容器中,随时用覆盖物盖严。温度控制在 25℃ 左右,每隔 3～4 h 冲洗和翻动 1 次。

☞ *677*. 黄豆芽多久才能出苗？

黄豆芽 8～12 h 后种壳胀裂。在 25～30℃下,经 12 h,芽长可生长到 1 cm。

☞ *678*. 黄豆芽发芽后的管理要注意什么？

黄豆芽培育种植技术与绿豆芽基本相同。在豆芽栽培中,要做好遮光、防止紫外线射入。因豆芽耐热性较弱,所以对浇水要求严格。每天淋水次数与温度密切相关,当室温在 21～23℃时,每天淋水 6 次;室温在 25～28℃时,每天淋水 8 次。在寒冷天气,水温低于 20℃时,需要加热水调节,用温水冲淋。冲淋要均匀、要淋透。冲淋排干后,用覆盖物覆盖。另外,黄豆芽长到 1.5 cm 时,要特别注意防止受冷、受热、缺水,否则会引起伤芽、红根、腐烂和脱水。

☞ *679*. 黄豆芽种植中如何控制水分？

掌握好水温,定时浇水,用水不可忽冷忽热,以防芽根成红棕色。浇水水温不宜太高,水头不宜太短,否则会使豆芽只长根不长梗。芽长 50 mm 时应提高水温,增加热量以防芽根发黑。当豆芽将好时,应降低最后 3 次浇水的水温,发芽完毕及时取出,以防豆芽出现中间烂的现象。

☞ *680*. 黄豆芽为什么出现腐烂？

豆芽会烂有几个原因:

（1）豆种有问题，发芽前先用水筛选过，将劣质豆种扔掉。

（2）小部分存在腐烂的情况，温度因此提高，细菌滋生，豆芽无法呼吸，将大部分腐烂。

（3）因为容器过大，放的豆子多，所以呼吸作用也大，放出的热也较高，所以体质比较差的豆子会先腐烂。

（4）容器没有用漂白水消毒。

（5）直接采用自来水，自来水水质不理想会加重腐烂。

☞ 681. 黄豆芽什么时候采收？

当黄豆芽下胚轴长到 10 cm 左右，真叶尚未伸出时，即可采收。采收时要自上而下轻轻将豆芽拔起，放入水池中冲洗，去掉种皮、未发芽和腐烂的豆芽，捞起沥干后即可食用。

☞ 682. 什么是红豆芽？

红豆芽作为一种蔬菜是指利用红豆种子在黑暗或弱光条件下，采用无土栽培的方法，直接生长出来可供食用的幼茎，俗称银芽。红豆芽具有口感爽脆、纤维少、清洁无污染、营养丰富等特点。

☞ 683. 红豆芽的营养价值有哪些？

红豆芽的品质好、营养高，且具有独特药用价值。红豆还含有多种无机盐和微量元素，如钾、钙、镁、铁、铜、锰、锌等。

☞ 684. 红豆芽的生长习性是怎样的？

红豆芽生产过程要求在黑暗或弱光条件下进行。红豆芽对温度的要求较低,一般来说在 20~25℃时为最适温度。但低于 20℃时生长缓慢,易烂种、烂根,不利于产品的形成。高于 25℃时生长迅速,纤维化程度高,易倒伏、烂脖、根系生长明显,产品质量差。

☞ 685. 红豆芽要什么时候播种?

全年都可以播种。

☞ 686. 红豆芽播种前要做什么准备?

为提高种子的发芽率和吸水能力,种子应提前进行晒种 1~2 d。要剔去虫蛀、破残、畸形种子、杂质和其他品种种子。经清选后的种子,淘洗 1~2 次。洗去尘土等使之洁净后即可进行浸种,浸种时间以红豆种皮已充分吸胀为准。浸种后可立即进行播种催芽也可待幼芽"露白"后再进行播种和催芽。催芽天数为 5~7 d。

☞ 687. 红豆芽要怎么播种?

铺上浸湿的棉布、无纺布或泡沫片等。把催好芽的红豆均匀播在上面,不能堆叠,上面再覆盖一层棉布。最后淋水,并将其置于无光处。温度控制在 20~25℃。每天喷水 3~4 次,空气湿度保持在 80%~90%。每天调换苗盘 1 次。

☞ 688. 红豆芽什么时候采收?

可采收食用的标准:芽苗色白,苗高 8~10 cm,整齐,子叶未展或始展,无烂根、烂脖(茎基),无异味,茎柔嫩未纤维化。

☞ *689*. 红豆芽种植中如何控制水分？

红豆芽栽培所采用的基质是纸张或白棉布，其保水能力不同于一般无土栽培的其他基质，加之红豆芽本身鲜嫩多汁，在温度较高的情况下容易造成脱水形成烂脖，或产生酒精味。因此必须进行频繁的补水工作。一般每天应进行 4～5 次喷淋，以保持较高的空气相对湿度。温度的控制可以通过水温调节来进行。如气温高时可多浇井水或自来水，气温低时可用温水进行浇灌。

☞ *690*. 红豆芽在生长过程中容易出现什么病虫害？

红豆芽很少发生病虫害。但是为了保证食用标准，仍应进行严格的预防。针对发病原因，可采用控制温湿度和通风等生态防病方法。预防可用 2％～5％的高锰酸钾溶液对生产用具进行浸泡 1～2 h 消毒，洗涤晒干后使用。避免使用化学农药防治。一旦发现烂根、烂脖或有异味产生，应丢弃不予食用。

☞ *691*. 什么是黑豆芽？

黑豆芽是一种口感鲜嫩营养丰富的芽菜。是指利用黑豆种子在黑暗或弱光条件下，采用无土栽培的方法，直接生长出来可供食用的幼茎。

☞ *692*. 黑豆芽的营养价值有哪些？

黑豆芽含有丰富的钙、磷、铁、钾等矿物质及多种维生素，含量比绿豆芽还高。还含有丰富的蛋白质、脂肪、氨基酸和微量元素等营养成分,还含有异黄酮、维生素 E、皂苷、花青素和不饱和脂肪酸等生物活性物质。与黄豆和绿豆相比,黑豆具有更高的抗氧化、抗肿瘤和抗炎症作用,能提高人体的免疫力。

☞ 693 . 黑豆芽的生长习性是怎样的?

黑豆芽一般要求在黑暗或弱光条件下进行。黑豆芽对温度的要求较低,一般来说在 20~25℃时为最适温度。

☞ 694 . 黑豆芽要什么时候播种?

全年都可播种。

☞ 695 . 黑豆芽播种前要做什么准备?

经由预选后的豆粒,在进入育芽容器之前,正常先倒进 60℃的热水中,浸泡 1~2 min,随后用冷水淘洗 1~2 次,目标是为了调剂取豆粒种子发芽时有关的氧化酶系的活性,给休眠状况的种子以温度刺激,有助于豆粒发芽整齐一致。浸种处理的办法是:1 kg 黑豆约需 1 kg 水,豆粒浸种的最适水温为 20~23℃。冬天浸种时,普通用温水浸泡,夏天能够用冷水直接浸种,豆粒浸种时间需 8~12 h。

☞ 696 . 黑豆芽要怎么播种?

所用黑小豆必须用新种,发芽率高于 90%。播种不用任何农肥,可采用吸水性较强的新闻纸放在苗盘内,用水将纸润湿后即可把种子均匀撒播盘中。上面铺粗布用来保湿。室温保持在 22℃

左右,2～3 d 就可长至 1 cm 左右,此时即可分开上架,每天喷水3 次,以保持纸盘内湿润并不积水。在 20℃ 条件下,1 周左右长度达 8 cm 长时即可采收。

☞ 697. 黑豆芽什么时候采收?

黑豆芽菜生产周期短,10 d 左右就可采收。一般在两片真叶尚未展开,芽高 3～10 cm 时食用。

☞ 698. 什么是香椿苗?

香椿苗即香椿树种子所发的苗芽,类似豆芽。由于采摘香椿树的嫩芽有季节限制,在夏、秋、冬三季人们不易吃到新鲜的香椿,因此人们将香椿树种放在温暖潮湿的环境里,使其自然发芽,从而成为香椿苗。与香椿芽相比,香椿苗具有更为浓郁的香味、更好的口感,重要的是一年四季都能享用。

☞ 699. 香椿苗的营养价值有哪些?

香椿苗有清热解毒、健胃理气功效。它的味道芳香,能起到醒脾、开胃的作用。香椿苗还是治疗糖尿病的良药。现代营养学研究也发现,香椿苗有抗氧化作用,具有很强的抗癌效果。具有清热解毒、健胃理气、祛风除湿、利尿解毒之功效。是辅助治疗肠炎、痢疾、泌尿系统感染的良药。

☞ 700. 香椿苗的生长习性是怎样的?

种芽生长适温为 15～25℃,注意遮阳,避免直射光照射,以防降低品质。

☞ *701.* 香椿苗播种前要做什么准备？

选当年采收新香椿种子，清除杂质，种子去翅。用 55℃温水浸种，浸泡 12 h 后捞出，漂洗，沥去种子表面水分，置于 23℃恒温下催芽。2～3 d 后，种芽长到 1～2 mm 时即可播种。

☞ *702.* 香椿苗要怎么播种？

预先将育苗盘洗刷干净，底层铺放一层白纸，白纸上平摊一层厚约 2.5 cm 的湿珍珠岩（珍珠岩与水量体积比为 2∶1），然后将已催好芽的香椿种子均匀撒播于基质上，播后种子上再覆盖厚约 1.5 cm 的珍珠岩，覆盖后立即喷水，喷水量为覆盖层珍珠岩体积的 1/2，也可直接喷珍珠岩，再覆盖。

☞ *703.* 香椿苗什么时候采收？

播后 12～15 d，当种芽下胚轴长达 10 cm 以上、尚未木质化，子叶已完全展平时采收最佳。采收时将种芽连根拔出，冲洗干净，即可食用。

☞ *704.* 什么是豌豆苗？

豌豆（*Pisum sativum* L.）别名青豆、荷兰豆、小寒豆、麻豆等，豆科豌豆属，春播一年生或秋播越年生攀缘性草本植物。豌豆以豆子为主要食用器官，另外嫩豆荚、嫩梢等部位也可供食用。豌豆起源于亚洲西部、地中海地区和埃塞俄比亚等地区。豌豆现在是世界第四大豆类作物,在我国也有广泛的栽培。豌豆苗是利用豌豆种子在弱光条件下进行培养获得的幼嫩小青苗,嫩梢和嫩叶可供食用。

☞ 705. 豌豆苗的营养价值有哪些?

豌豆苗营养丰富,含有蛋白质、维生素类物质、多种矿物质如钙、铁、磷等。豌豆苗脆嫩可口,食用方法多样,既可清炒也可与荤菜搭配,有利尿、消肿、止痛等功效。

☞ 706. 豌豆苗的生长习性是怎样的?

豌豆发芽的适宜温度为 20~25℃,豌豆苗较耐寒,栽培期间,可以通过遮阳,通风以及调控豌豆苗的生长温度,生长适温 9~23℃,但要求在较弱的光照条件下生长,如果光照过强,会使豌豆苗的叶片肥大,下胚轴或茎秆粗壮,虽然产量较高,但纤维素含量高,口感较差。豌豆苗在室内和室外均可培育,但在室外须要用遮阳网进行遮阳,尤其在夏季,最好在室内进行培育。

☞ 707. 豌豆苗要什么时候播种?

在阳台上培育豌豆苗一年四季都可以播种。利用无土栽培,从播种到收获只需要几天,在秋冬季温度较低时可以利用塑料薄膜进行保温,或放在室内用空调加温。生长迅速,操作简单,可以根据自己的需要随时进行种植。

☞ *708*. 豌豆苗播种前要做什么准备？

参见绿豆芽部分。

☞ *709*. 豌豆苗播种前要如何进行选种？

芽苗菜对种子的要求较高,应选用种皮厚、发芽率高、生长迅速的品种来生产豌豆苗,除此以外,播种前还要将畸形、发霉、腐烂等种子剔除,要保证种子的整齐度和产量。

☞ *710*. 豌豆苗播种前要如何进行浸种？

豌豆在播前要进行浸种。具体方法是:将种子用水淘洗 2~3 次,以清除干瘪种子及种子上的灰尘,然后用种子体积的 2~3 倍的水,浸泡 6~12 h,可以根据环境温度,适当的增加或缩减浸泡种子的时间,以种子发胀为度。浸泡结束后,用清水漂洗,同时用手轻轻地揉搓,去除种皮上的黏液,控干水分,准备进行播种。

☞ *711*. 豌豆苗要怎么播种？

家中种植可以采用无土栽培豌豆苗,用可以漏水的平底容器来播种,下部放上托盘。清洗干净后,在底部铺上纱布或纸张,将种子平铺在盘底,长 54 cm,宽 28 cm 的平底盘,播种量一般 300~500 g(干种)为宜,初学者将种子薄薄地铺一层即可,防止管理不当,导致种子发霉发烂。

☞ *712.* 豌豆苗播种后的管理要注意什么？

豌豆发芽的适宜温度为 20～25℃，播种后每天用清水喷洒 3～5 次。夏季温度较高，为了防止豌豆霉烂，每天可用自来水冲洗 1 次。如果放在阳台进行培育，夏季要进行遮光处理，防止强光直射。冬季温度较低，要进行加温保温处理，必要时需要补光。

☞ *713.* 豌豆苗什么时候采收？

当豌豆苗长到 10 cm 左右时，就要尽快采收了，防止豌豆苗老化，影响口感。采收时一般用剪刀从根部剪收。如果胚根没有受到伤害，在适宜的环境条件下，继续培养，还能长出豌豆芽。

参 考 文 献

[1] 安新哲,吴海东,王鑫.甘蓝、花椰菜无公害标准化栽培技术.北京:化学工业出版社,2009.

[2] 安志信,等.洋葱种植技术.北京:金盾出版社,2008.

[3] 蔡葆,等.甜菜生产实用技术问答.北京:金盾出版社,2006.

[4] 陈贵林,等.蔬菜嫁接育苗彩色图说.北京:中国农业出版社,2010.

[5] 陈杏禹,王爽.稀特蔬菜栽培.北京:中国农业大学出版社,2011.

[6] 陈勇兵,王克磊.蔬菜育苗实用技术.杭州:浙江工商大学出版社,2010.

[7] 催小伟,刘保才,等.城镇家庭小菜园.郑州:中原农民出版社,2011.

[8] 范双喜,李光晨.园艺植物栽培学.北京:中国农业大学出版社,2007.

[9] 范妍芹.辣椒周年生产关键技术问答.北京:金盾出版社,2013.

[10] 费显伟.园艺植物病虫害防治.北京:高等教育出版社,2010.

[11] 葛晓光.蔬菜栽培二百题.北京:中国农业出版社,1997.

[12] 巩振辉.茄子、南瓜栽培新技术.杨凌:西北农林科技大学出版社,2005.

[13] 顾樵.生物光子学.北京:科学出版社,2007.

[14] 郭洁,王海峰,祝海燕,等.王乐义蔬菜栽培答疑丛书:大葱洋葱栽培答疑.济南:山东科学技术出版社,2012.

［15］郭世荣.无土栽培学.2版.北京:中国农业出版社,2011.

［16］郭巍杰.庭院栽培与养殖.北京:中国社会出版社,1999.

［17］韩世栋,等.蔬菜嫁接百问百答.北京:中国农业出版社,
2008.

［18］韩世栋,鞠剑峰.蔬菜生产技术.北京:中国农业出版社,
2011.

［19］韩玉珠.花椰菜标准化生产技术.北京:金盾出版社,2009.

［20］《家庭·生活·健康》丛书编委会.素食配餐与营养食谱.北
京:中国人口出版社,2013.

［21］贾文海,贾智超.蔬菜育苗百事通.北京:中国农业出版社,
2011.

［22］焦彦生,马蓉丽.提高辣椒商品性栽培技术问答.北京:金盾
出版社,2011.

［23］李成佐,张荣萍.洋葱·韭黄栽培技术一点通.成都:四川科
学技术出版社,2009.

［24］李海平.芽苗菜无公害栽培技术.北京:中国社会出版社,
2006.

［25］李建永,等.大棚花椰菜青花菜高效栽培技术.济南:山东科
学技术出版社,2012.

［26］李式军,郭世荣.设施园艺学.北京:中国农业出版社,2011.

［27］李贞霞,等.结球甘蓝栽培技术.郑州:中原农民出版社,
2006.

［28］刘厚诚,等.野菜栽培与加工技术.北京:中国农业出版社,
2004.

［29］刘世琦.蔬菜栽培学简明教程.北京:化学工业出版社,2007.

［30］刘世琦,张自坤.有机蔬菜生产大全.北京:化学工业出版社,
2010.

［31］吕家龙.蔬菜栽培学各论(南方本).3版.北京:中国农业出

版社,2003.

[32] 青草记,赵晶.秀秀我的果菜园.北京:中国农业出版社,
2011.

[33] 邱业先.芽苗菜生产技术.南昌:江西科学技术出版社,2004.

[34] 屈小江.蔬菜多茬立体栽培百问百答.北京:中国农业出版
社,2009.

[35] 任华中,邓莲,刘丽英.葱蒜类蔬菜栽培技术问答.北京:中国
农业大学出版社,2008.

[36] 孙树侠.怎样吃能控制糖尿病.合肥:安徽科学技术出版社,
2013.

[37] 孙志慧.食物营养速查全书.天津:天津科学技术出版社,
2013.

[38] 谭宗九,等.马铃薯高效栽培技术.北京:金盾出版社,2008.

[39] 汪炳良.蔬菜育苗技术问答.北京:中国农业出版社,1999.

[40] 王从亭,张建国,等.名优蔬菜四季高效栽培技术.北京:金盾
出版社,2009.

[41] 王迪轩,等.家庭小菜园养护实用技术.北京:化学工业出版
社,2010.

[42] 王云福,梁琦.农民科学选种及致富选项400问.长春:吉林
出版集团有限责任公司,2008.

[43] 王志和.大棚辣椒栽培答疑.济南:山东科学技术出版社,
2011.

[44] 韦春爱.姜的丰产栽培技术.北京:科技文献出版社,2011.

[45] 巫东堂,程季珍.无公害蔬菜施肥技术大全.北京:中国农业
出版社,2010.

[46] 吴海东,等.绿色蔬菜自己种.北京:化学工业出版社,2012.

[47] 谢文纬,李瑞芬.防癌抗癌怎样吃营养世家的食养食疗之道.
沈阳:辽宁科学技术出版社,2013.

［48］杨怀森.农业生态学.北京:农业出版社,1992.

［49］尹立荣.胡萝卜栽培技术和病虫害防治.天津:天津科技翻译出版公司,2009.

［50］于广建.蔬菜栽培.北京:中国农业科学技术出版社,2009.

［51］张凤仪,张晨,赵跃红.蔬菜嫁接育苗图解.北京:金盾出版社,2010.

［52］张菲,李宗珍,等.萝卜胡萝卜高效栽培技术.济南:山东科学技术出版社,2012.

［53］张俊花,等.稀特绿叶蔬菜栽培一本通.北京:化学工业出版社,2013.

［54］赵德婉,等.生姜高产栽培.北京:金盾出版社,2010.

［55］赵庚义,等.家庭小菜园入门.北京:中国农业出版社,2008.

［56］郑世发,等.南方菜园月月农事巧安排.北京:金盾出版社,2009.

［57］中国农业百科全书总编辑委员会.中国农业百科全书(蔬菜卷).北京:中国农业出版社,1990.

［58］中央电视台《农广天地》栏目.常见植物种植.上海:上海科学技术文献出版社,2009.

［59］朱立新,张承和.萝卜胡萝卜栽培技术问答.北京:中国农业大学出版社,2008.

［60］朱士农,张爱慧.园艺作物栽培总论.上海:上海交通大学出版社,2013.

［61］朱鑫.稀特蔬菜家庭种植技术.天津:天津科技翻译出版公司,2012.